高职高专机电及电气类"十二五"规划教材

模具制造技术

(第 二 版)

主 编 刘 航

副主编 张磊明 南 欢

参 编 李宏林

主 审 贾宝勤

U0312867

西安电子科技大学出版社

内 容 简 介

　　本书较全面、系统地讲述了现代模具制造过程中常用和特殊的加工工艺，主要供模具设计与制造专业使用。全书共分 6 章，分别是模具制造工艺规程，模具零件的机械加工，模具电火花加工，模具制造的其它方法及典型零件加工实例，模具装配工艺，模具零件的加工质量。为了使学生能深入学习本课程，每章均配有思考题。

　　本书以模具制造工艺原理为主线，从工艺实施的生产实际出发，将模具常规制造工艺和特殊制造工艺有机地结合起来，补充了一些当今模具制造的前沿实用技术，以适应高职院校专业教学改革的急切要求。

　　本书供高等职业技术院校、中等专业学校的模具设计与制造、数控、机械制造等机械类专业使用，也可供职业大学、业余大学等的相关专业使用，还可供有关工程技术人员参考。

　　★本书配有电子教案，需要的老师可与出版社联系，免费提供。

图书在版编目(CIP)数据

模具制造技术 / 刘航主编. —2 版. —西安：西安电子科技大学出版社，2012.8
高职高专机电及电气类"十二五"规划教材
ISBN 978-7-5606-2863-9

Ⅰ. ①模⋯　　Ⅱ. ①刘⋯　　Ⅲ. ①模具—制造—高等职业教育—教材　　Ⅳ. ①TG76

中国版本图书馆 CIP 数据核字(2012)第 160398 号

策　　划　马乐惠
责任编辑　邵汉平　马乐惠
出版发行　西安电子科技大学出版社（西安市太白南路 2 号）
电　　话　(029)88242885　88201467　　　邮　　编　710071
网　　址　www.xduph.com　　　　　　　电子邮箱　xdupfxb001@163.com
经　　销　新华书店
印　　刷　陕西华沐印刷科技有限责任公司
版　　次　2012 年 8 月第 2 版　　2012 年 8 月第 6 次印刷
开　　本　787 毫米×1092 毫米　1/16　印 张 18.5
字　　数　432 千字
印　　数　18 001～21 000 册
定　　价　28.00 元

ISBN 978 - 7 - 5606 - 2863 - 9 / TG · 0041

XDUP 3155002 - 6

上述各公式中，当工序尺寸是基本尺寸时，算出的余量称为公称余量。但是，毛坯制造和各工序加工都不可避免地存在着误差，因而无论是工序余量还是总余量，都是变动值。于是，又出现了最大余量和最小余量。

工序尺寸的偏差规定按"入体原则"进行标注。所谓入体原则，就是对于轴类零件等被包容面的尺寸，工序尺寸偏差取单向负偏差，工序基本尺寸等于最大极限尺寸；对于孔类等包容面的尺寸，工序尺寸偏差取单向正偏差，工序基本尺寸等于最小极限尺寸。但对于毛坯表面，制造偏差一般取双向偏差即正负值。

最大余量、最小余量、公称余量与工序尺寸及公差的关系如图 1-14 所示。其中图 1-14(a) 为外表面加工，图 1-14(b) 为内表面加工。根据图 1-14(a)可得出轴类零件加工的最大余量、最小余量和公称余量的计算公式。图 1-14(b)内表面的计算公式可按同理推导。

$$Z_i = \frac{d_{i-1} - d_i}{2}$$
$$Z_{i\,max} = Z_i + \delta_i$$
$$Z_{i\,min} = Z_i - \delta_{i-1}$$
$$T_i = \delta_{i-1} + \delta_i$$

式中：d_{i-1}、d_i——分别为上道工序尺寸和本道工序尺寸；

　　　$Z_{i\,max}$、$Z_{i\,min}$——分别为最大工序余量和最小工序余量；

　　　T_i——工序余量公差；

　　　δ_{i-1}、δ_i——分别为上道工序的工序公差和本道工序的工序公差。

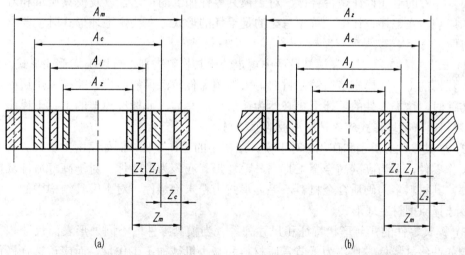

A_m—毛坯尺寸；A_c—粗加工尺寸；A_j—精加工尺寸；A_z—终加工尺寸；
Z_a—毛坯余量；Z_c—粗加工余量；Z_j—精加工余量；Z_z—终加工余量

图 1-14　工序余量和尺寸分布图

1.5.2　加工余量及毛坯下料尺寸的确定

1. 确定加工余量的方法

(1) 经验估算法：由工艺人员根据经验确定加工余量。模具零件多数属于单件或小批生产，为了确保余量足够，选定的加工余量一般较大。

(2) 查表修正法：以生产实践和试验研究积累的有关加工余量的资料数据为基础，反复验证，列成表格，使用时按具体加工条件查表修正余量值。此法应用较广，查表时应注意表中数据的适用条件。

表 1-8 列出了中小尺寸模具的工序余量，可供参考使用。

表 1-8　中小尺寸模具零件加工工序余量

本工序→下工序		本工序 R_a/μm	本工序单边余量/mm
锻	车、刨、铣	3.2～12.5	锻圆柱形，2～4 锻六方，3～6
车、刨、铣	粗磨	8～1.6	0.2～0.3
	精磨	0.4～0.8	0.12～0.18
刨、铣、粗磨	外形线切割	0.4～1.6	装夹处：大于 10 非装夹处：5～8
精磨、插、仿铣	钳工锉修打光	1.6～3.2	0.05～0.15
铣、插	电火花	0.8～1.6	0.3～0.5
精铣、钳修、精车、精镗、磨、电火花、线切割	研抛	0.4～1.8	0.005～0.01

2. 毛坯设计、质量要求及下料尺寸的计算

模具零件的毛坯设计是否合理，对于模具零件加工的工艺性以及模具质量和寿命都有很大的影响。在毛坯设计中，首先考虑的是毛坯的形式。在决定毛坯形式时主要考虑以下几个方面：

(1) 模具材料的类别。在模具设计中规定的模具材料类别，可以确定毛坯形式。例如，精密冲裁模的上、下模座多为铸钢材料，大型覆盖件拉深模的凸模、凹模和压边圈零件为合金铸铁时，这类零件的毛坯形式必然为铸造件；又如，非标准模架的上、下模座材料多为 45 钢材料，毛坯形式应该是厚钢板的原型材。

(2) 模具零件的类别和作用。对于模具结构中的工作零件，例如精密冲裁模和重载冲压模的工作零件，多为高碳高合金工具钢，毛坯形式应该为锻造件。对于高寿命冲裁模的工作零件，其材料多为硬质合金材料，毛坯形式为粉末冶金件。对于模具结构中的一般结构件，多选择原型材毛坯形式。

(3) 模具零件的几何形状特征和尺寸关系。当模具零件的不同外形表面尺寸相差较大时，例如凸缘式模柄零件，为了节省原材料和减少机械加工工作量，而应该选择锻件毛坯形式。

模具零件的毛坯形式主要分为：原型材、锻造件、铸造件和半成品件四种。

1) 原型材

原型材是指利用冶金材料厂提供的各种截面的棒料、丝料、板料或其它形状截面的型材，经过下料以后直接送往加工车间进行表面加工的毛坯。

原型材的主要下料方式有：

(1) 剪切法。对于厚度 $t \leqslant 13$ mm 的钢板材可以在机械式剪板机上进行下料，而对于厚

21 世纪机电及电气类专业高职高专规划教材

编审专家委员会名单

主　任：李迈强

副主任：唐建生　李贵山

机电组

组　　长：唐建生（兼）

成　　员：（按姓氏笔画排列）

王春林	王周让	王明哲	田　坤	宋文学
陈淑惠	张　勤	肖　珑	吴振亭	李　鲤
徐创文	殷　铖	傅维亚	巍公际	

电气组

组　　长：李贵山（兼）

成　　员：（按姓氏笔画排列）

马应魁	卢庆林	冉　文	申凤琴	全卫强
张同怀	李益民	李　伟	杨柳春	汪宏武
柯志敏	赵虎利	戚新波	韩全立	解建军

项目策划：马乐惠

策　　划：马武装　毛红兵　马晓娟

电子教案：马武装

第二版前言

本书经过 6 年的实际使用，赢得了师生的一致好评。编者调研了使用该书的院校，征求了用户的反馈意见，结合目前高等职业技术院校学生的学习现状及近几年在本课程教学过程中出现的一些新情况、新特点、新内容，在本次再版过程中大幅度压缩了课时，删除了某些繁琐陈旧内容，加入了大量适合高职院校学生学、做的模具加工工艺和方法，书中许多模具制造实例就是生产中的商品模具，十分具有代表性。这一次改版，其目的就是使现阶段的学生学了该课程后，能够掌握当前模具加工工艺、模具装配工艺的基本理论知识，熟悉当前模具加工的各种加工方法，具有会查阅有关模具制造标准、手册、图册等技术资料，在市场经济环境中编制各种模具零件制造工艺规程的基本能力，真正服务于当前模具生产第一线。

本课程的教学时数为 60 学时左右。全书共 6 章，分别是模具制造工艺规程、模具零件的机械加工、模具电火花加工、模具制造的其它方法及典型零件加工实例、模具装配工艺、模具零件加工质量。

本书编写分工为：西安理工大学高等技术学院刘航副教授编写了前言、绪论、第 1 章、第 4 章和第 5 章；深圳工业职业技术学院张磊明副教授编写了第 2 章；陕西工业职业技术学院南欢副教授编写了第 3 章；西安理工大学高等技术学院李宏林讲师编写了第 6 章。陕西国防工业职业技术学院贾宝勤教授担任主审。

本书以模具制造工艺原理为主线，对传统的教学内容和课程体系进行了重组和整合，从模具制造工艺实施的生产实际出发，插入了大量的实例，将模具零件的工艺分析，模具零件工艺规程的制定，模具制造工艺过程及分析，模具火花电加工，超声波加工，化学及电化学加工，型腔的冷、热挤压成形技术，超塑成型技术，铸造成型技术，合成树脂模具制造，冷冲模装配工艺、塑料模装配工艺特点和应用以及获取"双证"等内容有机结合起来，注重了模具制造工艺原理的实际应用，以适应培养模具制造生产一线技术应用型人才的需要。本书的内容编排力求适应高等职业院校的教学需要。从生产实际出发，简明、通俗。

由于编者水平有限，书中难免会有不妥之处，恳切希望广大读者批评指正。

编 者

2012 年 7 月

第 一 版 前 言

本书按照教育部颁布的高等职业技术院校模具设计与制造专业《模具制造技术》教学大纲编写，是高等职业技术院校模具设计与制造专业、数控专业和机械制造专业的教学用书，也可供有关工程技术人员参考。

在开始编写本书之前，编者特邀请西仪集团有限责任公司、陕西烽火通信集团有限公司、陕西长岭电子科技有限责任公司、西安航空发动机(集团)公司、广东汉达集团以及天津绿点集团等的一批技术专家就模具设计与制造技术进行了研讨。根据研讨形成的模具设计与制造技术岗位的技能要求及知识要求，对模具制造技术岗位上的新技术、新工艺的应用情况进行了调研，基于编者从事模具设计与制造二十多年之经验，并结合目前高等职业技术院校学生的学习现状及近几年在本课程教学过程中出现的一些新情况、新特点，最终确定了全书编写的思路和架构体系。

本课程的教学时数为 70~80 学时。全书共由 8 章组成，分别是模具制造工艺规程，模具零件的机械加工，模具电火花加工，模具制造的其它方法，模具装配工艺，模具零件的加工质量，模具生产技术管理及模具加工技术的发展。

本书编写分工为：西安理工大学高等技术学院刘航副教授编写绪论、第1~4章和第7章；深圳信息职业技术学院张磊明副教授编写第8章；陕西工业职业技术学院南欢工程师编写第6章；西安理工大学高等技术学院李宏林工程师编写第5章。陕西国防工业职业技术学院贾宝勤教授担任主审。

本书以模具制造工艺原理为主线，对传统的教学内容和课程体系进行了重组和整合，从模具制造工艺实施的生产实际出发，将模具制造工艺过程及分析，模具电火花加工，超声波加工，化学及电化学加工，型腔的冷、热挤压成型技术，超塑成型技术，铸造成型技术，合成树脂模具制造，冷冲模装配工艺，塑料模装配工艺，提高模具加工精度的途径，模具生产技术管理，模具技术状态鉴定，快速成型技术的特点和应用，模具高速铣削加工的工艺特点等内容有机结合起来，注重模具制造工艺原理的实际应用，以适应培养模具制造生产一线技术应用型人才的需要。本书的内容编排力求适应高等职业院校的教学需要，从生产实际出发，简明、通俗。

由于编者水平有限，书中难免会有不妥之处，恳切希望广大读者批评指正。

编　者
2005 年 8 月

目　　录

绪　论

❖＋❖

由于模具成型具有优质、高效、省料和低成本等优点，因此在国民经济各个部门，尤其是在机械制造、汽车、家用电器、仪器仪表、石油化工、轻工用品等工业部门得到了极其广泛的应用，占有十分重要的地位。据统计，利用模具制造的零件，在汽车、飞机、电机电器、仪器仪表等机电产品中占 70%；在电视机、手机、计算机等电子产品中占 85% 以上；在手表、洗衣机、电冰箱等轻工产品中占 85% 以上。

模具制造水平的高低，已成为衡量一个国家产品制造水平高低的重要标志，振兴和发展模具工业日益受到国家的重视和关注。国务院颁布的《关于当前产业政策要点的决定》，就把模具制造技术的发展作为机械行业的首要任务。

1．我国模具制造业的现状及发展

据资料统计，2005 年我国模具销售额达 610 亿元，同比增长 25%，排在世界第三位。2011 年我国模具销售额已达 1240 亿元，进出口值近 30 亿美元，其中出口约为 22 亿美元。在模具产品中，有些产品已接近或达到国际水平。在国家产业发展的政策引导下，预计未来数十年，模具需求量每年仍以 15% 的幅度递增，这将形成一个巨大的需求市场。当前，我国的模具制造技术已从过去只能制造简单模具发展到可以制造大型、精密、复杂、长寿命的模具。

2．我国模具制造技术取得的主要进步

(1) 研究开发了几十种模具新钢种及硬质合金新材料，并采用了一些热处理新工艺，使模具寿命得到延长。

(2) 发展了一些多工位级进模和硬质合金模等新产品，并根据国内生产需要研制了一批精密塑料注射模。

(3) 研究开发了一些新技术和新工艺，如三维曲面数控仿形加工、模具表面抛光、表面皮纹加工以及皮纹辊制技术、模具钢的超塑性成形技术和各种快速制模技术等。

(4) 模具加工设备已得到较大的发展。国内已能批量生产精密坐标磨床、CNC 铣床、加工中心、CNC 电火花线切割机床以及高精度的电火花成形机床等，高速加工中心和五轴加工中心已经在企业应用。

(5) 模具计算机辅助设计(CAD)、计算机辅助制造(CAM)和计算机辅助分析(CAE)已在国内得到开发和应用。

3．我国模具制造技术的不足

虽然我国模具制造技术已得到很大发展，但仍然不能满足国民经济高速发展的需要，

与发达国家相比还存在较大不足。其原因是：

(1) 专业化和标准化程度低。目前，我国有冲压模、塑料模、压铸模和模具基础技术等50多项国家标准，近300个标准号。但总体来说，模具专业化程度小于20%，而标准化程度也只有30%左右。

(2) 模具品种少，效率低，经济效益也差。比如，塑料制品的模具满足率仅约40%，仪器仪表行业的模具满足率仅为60%。

(3) 制造周期长，模具精度不高，制造技术落后，与模具制造业相适应的先进设备相对较少。

(4) 模具寿命短，新材料使用量仅约10%，模具的热处理技术仍为薄弱环节。

4. 我国模具制造技术的发展方向

根据我国模具制造技术的发展现状及存在的问题，今后我国模具制造技术应向如下几方面进行发展：

(1) 开发、发展精密、复杂、大型、长寿命的模具，以满足国内市场的需要。

(2) 加速模具零部件标准化和商品化，建设有特色的专业化模具标准件生产企业，组建区域模具钢及标准件市场，以提高模具质量，缩短模具制造周期。

(3) 积极开发和推广应用模具 CAD / CAM / CAE 技术，提高模具制造过程的自动化程度。加快研究和自主开发三维 CAD / CAM / CAE 软件，同时搞好引进软件的二次开发，提高软件智能化、集成化程度。

(4) 积极开发模具新品种、新工艺、新技术和新材料；开发高速切削、电火花镜面加工、激光加工、复合加工、超精加工等模具加工新技术；开发高性能的模具材料，推广应用新型模具钢；对国外引进的新钢种要作二次研究，充分发挥其具有的优越性；进一步研究提高模具寿命的方法，建立正确选材用材的专家系统。

(5) 发展模具加工成套设备，以满足高速发展的模具工业需要。结合市场结构调整，进一步研究快速成形技术，开发适合我国国情的高性能、低成本的快速成形制造设备并使之商品化。

(6) 提高模具材料的热处理水平，扩大光亮淬火的适用范围。

(7) 建立模具高级人才培训基地，提高劳动力素质，提高模具工业技术水平。

5. 学习本课程的基本要求

"模具制造技术"课程是模具设计与制造专业的主要专业课之一。本课程的任务是使学生掌握模具制造所需的主要工艺方法及其选用原则，能够安排一般模具零件的制造工艺，处理一般工艺问题，熟悉模具的工艺性分析，了解国内外先进的制模技术及模具制造的新工艺、新技术。

本课程具有很强的实践性和综合性。因此，在学习本课程时，除了重视理论学习之外，还要重视实验、实习，注意理论与实践的结合，向具有丰富的实际经验的工程技术人员学习，注重应用。在冲压模具和塑料模设计完成之后，应安排一次模具制造技术的课程设计，以巩固和加深已经学过的理论知识，提高学生综合分析和解决模具制造技术中实际问题的能力。

第1章 模具制造工艺规程

❖❖❖❖❖❖❖❖❖❖❖❖❖❖❖❖❖❖❖❖❖❖❖❖❖❖❖❖❖❖❖❖❖❖❖

1.1 基 本 概 念

1.1.1 生产过程和工艺过程

1. 生产过程

生产过程是指将原材料转变为成品的全过程。一般模具产品的生产过程包括原材料的运输和保管，生产的技术准备，毛坯的制造，模具零件的各种加工，模具的装配、检验，模具产品的包装和发送等。

在现代模具制造中，为了便于组织专业化生产和提高劳动生产率，一副模具的生产往往由许多工厂协作完成。如模具零件毛坯由专业化的毛坯生产企业来承担，模具上的导柱、导套、顶杆等零件由专业化的模具标准件厂来完成。这样，一个工厂的模具生产过程往往是整个模具产品生产过程的一部分。

一个工厂的生产过程又可划分为各个车间的生产过程。如铸锻车间的成品铸件就是机加工车间的毛坯，而机加工车间的成品又是模具装配车间的原材料。

2. 工艺过程

工艺过程是指直接改变加工对象的形状、尺寸、相对位置和性能，使之成为成品的过程。工艺过程是生产过程中的主要过程，其余如生产的技术准备、检验、运输及保管等，则是生产过程中的辅助过程。

1.1.2 模具的机械加工工艺过程

用机械加工方法直接改变毛坯的形状、尺寸和表面质量，使之成为模具零件的工艺过程，称为模具的机械加工工艺过程。而将模具零件装配成一副模具的生产过程，就称为模具的装配工艺过程。

模具的机械加工工艺过程由若干个顺序排列的工序组成，毛坯依次通过这些工序而变为成品。

1. 工序

一个或一组工人，在一个工作地点，对一个或同时对几个工件加工所完成的工艺过程，称为工序。图 1-1 所示的限位导柱，加工数量较少时，有五道工序，两端面在装配时磨平，见表 1-1；加工数量较大时，就需要九道工序，见表 1-2。

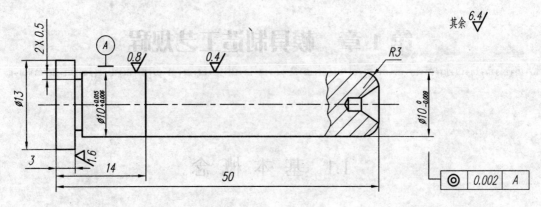

图 1-1　限位导柱简图

划分工序的主要依据是：

(1) 加工零件的工人不变；

(2) 加工的地点不变；

(3) 加工的零件不变；

(4) 加工须连续进行。

表 1-2 中第 5、6 和 7 号工序虽然都是磨削工序，但加工地点各不相同，应划分为三道工序。第 2、3 号工序的加工地点虽然可在同一台车床上完成，但由于零件加工数量大，应先将一批零件的两端面、双顶尖孔在一台车床上全部加工完毕，重新对刀后再车外圆、切槽、倒角，其间的加工不是连续的，因此属于两道工序。

表 1-1　限位导柱的加工工艺过程(单件生产)

工序号	工序名称	工序内容	工作地点
1	备料	$\phi 20 \times 70$	
2	车	① 车两端面，车钻双顶尖孔； ② 双顶尖装夹，车全部外圆，$\phi 10^{+0.015}_{+0.006}$ 及 $\phi 10^{\ 0}_{-0.009}$ 处留余量 0.15； ③ 切槽，倒角，样板刀车 R3	车床
3	热处理	淬火、回火 HRC50～55	
4	磨	① 研双顶尖孔； ② 双顶尖装夹，磨 $\phi 10^{+0.015}_{+0.006}$ 及 $\phi 10^{\ 0}_{-0.009}$ 至尺寸	外圆磨床
5	校验		

表 1-2　限位导柱的加工工艺过程(成批生产)

工序号	工序名称	工 序 内 容	工作地点
1	备料	$\phi18\times70$	
2	车	① 车两端面; ② 车钻双顶尖孔	车床
3	车	① 双顶尖装夹,车全部外圆,$\phi10^{+0.015}_{+0.006}$ 及 $\phi10^{\ 0}_{-0.009}$ 处留余量 0.15; ② 切槽,倒角,样板刀车 R3	车床
4	热处理	淬火、回火 HRC50～55	
5	磨	① 研双顶尖孔; ② 双顶尖装夹,磨 $\phi10^{+0.015}_{+0.006}$ 及 $\phi10^{\ 0}_{-0.009}$ 至尺寸	外圆磨床
6	磨	砂轮机上装碗形砂轮,割去吊装段顶尖孔	砂轮机
7	磨	专用夹具安装,多件集中磨平两端面,保证尺寸 50	平面磨床
8	钳	研光 R3	
9	校验		

2. 工步

在一个工序内,往往需要采用不同的刀具和切削用量对不同的表面进行加工。为便于分析和描述工序的内容,工序还可进一步划分为工步。当加工表面、切削工具和切削用量中的转速与进给量均不变时,所完成的这部分工序称为工步。如表 1-1 中的工序 2 内有三个工步。

3. 安装与工位

为了在工件的某一部位上加工出符合规定技术要求的表面,须在机械加工前让工件在机床或夹具中占据一个正确的位置,这个过程称为工件的定位。工件定位后,由于在加工过程中受到切削力、重力等的作用,因此还应采用一定的机构将工件夹紧,以使工件先前确定的位置保持不变。工件从定位到夹紧的整个过程统称为安装。在一个工序内,工件的加工可能只需安装一次,也可能需要安装几次。工件在加工过程中应尽量减少安装次数,因为多一次安装就多一份误差,而且还增加了安装工件的辅助时间。

为了减少工件的安装次数,常采用各种回转工作台、回转夹具或移位夹具,使工件安装后可在几个不同位置进行加工。此时工件在机床上占据的每一个加工位置称为工位。图 1-2 所示为利用回转台在一次安装中顺次完成装卸工件、钻孔、扩孔和铰孔 4 个工位的加工实例。

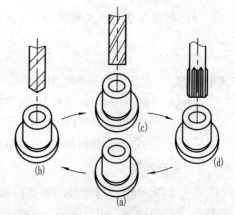

图 1-2　多工位加工实例

(a) 装卸工件; (b) 钻孔; (c) 扩孔; (b) 铰孔

4. 工步的合并

构成工步的任一因素(加工表面、刀具或切削用量)改变后，一般即变为另一个工步，但为简化工序内容的叙述，有时需将一些工步加以合并。

(1) 对于性质相同、尺寸相差不大的表面，可合并为一个工步。如表 1-2 的工序 2 中两个端面的车削(车两端面)及两个不同尺寸的外圆表面的车削(车全部外圆)，习惯上各算作一个工步。

(2) 对于那些在一次安装中连续进行的多个(数量不限)相同的加工表面，可合并为一个工步。图 1-3 所示的模具垫板零件上有 6 个 ϕ10 mm 的孔需分别钻削，由于这 6 个加工表面完全相同，因此合并为一个工步，即钻 6 个 ϕ10 mm 孔。

(3) 为了提高生产率而将几个表面用几把刀具同时进行加工，或用复合刀具同时加工工件的几个表面，也算作一个工步，称为复合工步。图 1-4 所示为用一个钻头和两把车刀同时加工导套内孔和外圆的复合工步，需合并为一个工步。

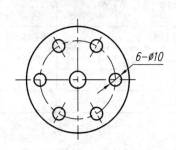

图 1-3　模具垫板零件

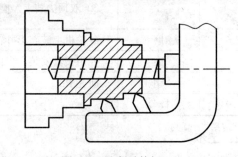

图 1-4　导套零件加工

5. 走刀

在一个工步内，由于被加工表面需切除的金属层较厚，因此需要分几次切削，则每一次切削就是一次走刀。走刀是工步的一部分，一个工步包括一次或几次走刀。

1.1.3　生产纲领与生产类型

1. 生产纲领

每批需要制造的产品数量称为生产纲领，也称为生产量。零件的生产纲领 $N_{零}$ 可按下式计算：

$$N_{零} = N_{产} n(1+\alpha)(1+\beta)$$

式中：$N_{产}$——产品的生产纲领(台/批)；

　　　n——每台产品中的零件数量(件/台)；

　　　α——零件的备品率(百分数)；

　　　β——零件的平均废品率(百分数)。

2. 生产类型

零件的生产纲领确定后，就要根据车间的具体情况按一定期限分批投产，每批投入的零件数量称为批量。模具制造业的生产类型主要分为两种：单件生产和批量生产(大批量生产的情况在模具制造业中很少出现)。

单件生产：每一个产品只做一个或数个；一个工作地点要进行多品种和多工序的作业。模具制造通常属于单件生产。

成批生产：产品周期地成批投入生产；一个工作地点需分批完成不同工件的某些工序。例如，模具中常用的标准模板、模座、导柱、导套等都属于成批生产类型。根据产品的特征和批量的大小，成批生产又可分为小批生产、中批生产和大批生产。

模具生产类型的工艺特点见表1-3。

表1-3 模具生产类型的工艺特点

特　点	单　件　生　产	成　批　生　产
零件互换性	配对制造，无互换性，广泛用于钳工修配	普遍具有互换性，保留某些试配
毛坯制造与加工余量	木模手工造型或自由锻造，毛坯精度低，加工余量大	部分用金属模或模锻，毛坯精度高，加工余量较小
机床设备及布置	通用设备，按机床用途排列布置	通用机床及部分高效专用机床，按零件类别分工段排列
夹具	多用通用夹具，由划线法及试切法保证尺寸	专用夹具，部分靠划线保证
刀具与量具	采用通用刀具及万能量具	多采用专用刀具及量具
对工人的技术要求	熟练	中等熟练
工艺规程	只编制简单的工艺规程卡	有较详细的工艺规程，对关键零件有详细的工序卡片
生产率	低	高
制造成本	高	低

1.2　模具零件的工艺分析

对模具零件进行工艺分析，就是要从加工制造的角度来研究模具零件图的各个方面是否存在不利于加工制造的因素，并将这些不利因素在制造开始前予以消除，这是确保后续制造过程顺利、高效及高质量实施的前提与基础，也是极其关键的环节。

1.2.1　零件图纸的完整性与正确性检查

零件图纸的完整性与正确性检查包括：

(1) 检查相关零件的结构与尺寸是否吻合；

(2) 检查零件图的投影关系是否正确、表达是否清楚；

(3) 检查零件的形状尺寸和位置尺寸是否完整、正确。

若发现错误或遗漏，可与设计者核对或提出修改意见。

1.2.2　零件材料加工性能审查

需审查零件的材料及热处理标注是否完整、合理。此时，应注意如下事项：

(1) 需先淬硬、再用电火花或线切割加工的型腔或凹模类零件，不宜用淬透性差的碳素工具钢，而应采用淬透性好的材料，如 Cr12、Cr4W2MoV 等；

(2) 形状复杂的小零件，因热处理后难于进行磨削加工，所以必须采用微变形钢，如 Cr12MoV、Cr2Mn2SiWMoV 等。

1.2.3　零件结构工艺性审查

零件结构工艺性是指所设计的零件进行加工时的难易程度。若零件的形状结构能在现有生产条件下用较经济的方法方便地加工出来，该零件的结构工艺性就好；反之，则零件的结构工艺性差。如果属于模具结构本身需要，对应的零件即使形状结构很复杂，制造时难度较大，仍需采取特殊的工艺措施予以保证，则不属于零件结构工艺性差之列。

模具零件结构工艺性差的主要情况有：

(1) 不必要的清角形状；

(2) 不必要的极窄槽；

(3) 不必要的极小尺寸型孔或外表面；

(4) 矩形凸模类零件四面都设计了吊装台肩(应修改为两面吊装台肩)；

(5) 尺寸接近的圆形过孔和圆形排料孔(应修改成统一尺寸的圆形过孔或排料孔)；

(6) 不必要的平圆底锪孔(应改为 120° 的钻底孔形状)等。

1.2.4　零件技术要求检查

零件的技术要求包括：

(1) 加工表面的尺寸公差；

(2) 加工表面的几何形状公差；

(3) 各表面之间的相互位置公差；

(4) 加工表面的粗糙度；

(5) 热处理要求和其他技术要求。

应分析图纸上技术要求是否完整、合理，在现有生产条件下能否达到或还需采取什么工艺措施方能达到。

1.3　定位基准的选择

1.3.1　基准的概念

模具零件由若干个表面组成，要确定各个表面的位置则离不开基准，不指定基准就无法确定零件各个表面的位置。从机械制造与设计的角度来看，可将基准的概念表述为：用以确定零件上其他点、线、面位置所依据的点、线、面称为基准。

基准按其作用不同，可分为设计基准和工艺基准两大类。

1．设计基准

设计零件图时用以确定其他点、线、面的基准称为设计基准。图 1-5 所示为导套零件，其外圆和内孔的设计基准是零件的轴线，端面 *B* 的设计基准是端面 *A*，内孔 *D* 的轴线则与 ϕ30h6 外圆的设计基准相同，是零件的轴线。

2．工艺基准

零件在加工和装配过程中使用的基准称为工艺基准。按其用途不同又可分为定位基准、测量基准和装配基准。

(1) 定位基准。工件在夹具或机床上定位时使用的基准即为定位基准。该基准使工件的被加工表面相对于机床、刀具获得确定的位置。图 1-5 所示的导套零件若使用芯棒在外圆磨床上磨削 ϕ30h6 外圆表面时，内孔即为定位基准。

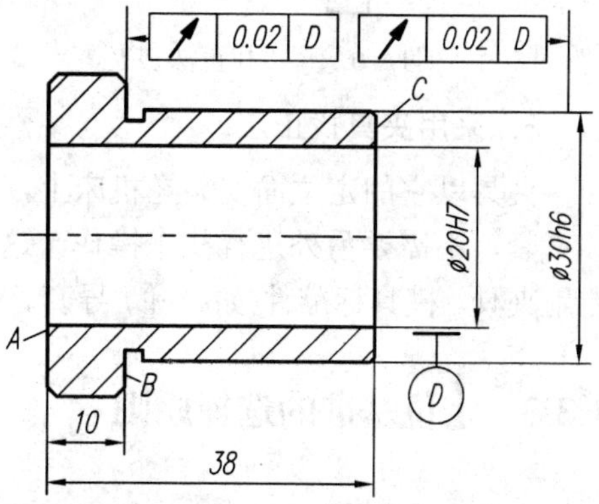

(2) 测量基准。测量工件已加工表面位置及尺寸时所依据的基准称为测量基准。如图 1-5 所示的导套零件，当以内孔为基准(套在检验芯棒上)检验 ϕ30h6 外圆的径向跳动和端面圆跳动时，内孔即为测量基准。

图 1-5　导套

(3) 装配基准。装配时用来确定零件在模具中的位置时所依据的基准称为装配基准。装配基准常常就是零件的主要设计基准。

1.3.2　工件的安装方式

在各种不同的机床上加工模具零件时，有各种不同的安装方式，可归纳为三种：直接找正法、划线找正法和采用夹具找正法。

1．直接找正法

由工人利用百分表或划针盘上的划针，以目测法校正工件的正确位置称为直接找正法。图 1-6 所示为在车床上用四爪单动卡盘精车型芯，为使表面 *B* 的余量均匀，工人缓慢地转动夹持工件的卡盘，用百分表找正，其定位精度可达 0.02 mm。直接找正法适用于大多数模具零件的加工。

2．划线找正法

图 1-7 所示是一模板的刨削加工。可先在工件上按设计要求划出中心线、对称线及各待加工表面的加工线，工件定位时再用划针按划线位置找正来确定其正确的加工位置。这种按划线找正确定工件加工位置的方法，叫做划线找正法。其定位精度一般为 0.2～0.5 mm。

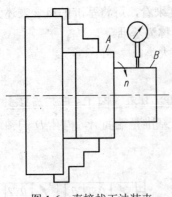

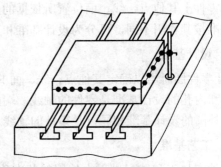

图 1-6　直接找正法装夹　　　　图 1-7　划线找正法装夹

3. 采用夹具找正法

夹具以它的定位面安装在机床上，工件按六点定位原则直接放置在夹具的定位元件上并夹紧，不需要另外进行找正操作。这种方法装夹迅速，定位精度高，但需要设计和制造专用夹具。模具标准件(如导柱、导套、推杆、拉料杆等)进行成批生产时，可采用夹具安装。

1.3.3　定位基准的选择原则

模具零件机械加工的第一道工序只能用毛坯上未经加工的表面作为定位基准，这种基准称为粗基准。在以后的工序中，则应用经过较好加工的表面作为定位基准，该基准称为精基准。

有时可能会遇到这样的情况：工件上没有能作为基准用的恰当的表面，这时就必须在工件上专门设置或加工出定位基准，称为辅助基准。图 1-8(a)所示的工艺夹头的外圆表面及其顶尖孔与图 1-8(b)所示的加工时旋入圆锥定位柱 2 头部螺孔内的工艺夹头 1，其外圆表面就是辅助基准。辅助基准在模具零件的工作中并无用处，完全是为了工艺上的需要而加工或设置的。加工完毕后，如有必要，可以去除辅助基准。在制定工艺规程时，总是先考虑选择什么样的精基准来保证零件各个表面的加工质量，然后再考虑选择什么样的粗基准把精基准加工出来。

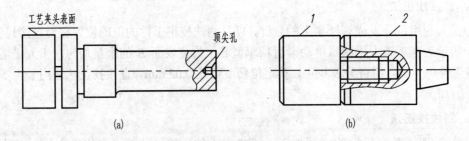

图 1-8　辅助基准实例

1. 精基准的选择原则

选择精基准时，主要应考虑减少定位误差和保证加工质量两个方面。

选择精基准时一般应遵循以下原则：

(1) 基准重合原则。尽量选择零件上的设计基准作为工艺定位的精基准，这样可以消除因基准不重合产生的误差，这就是基准重合原则。图1-9所示为哈夫型腔零件，当加工表面 B、C 时，从基准重合原则出发，应选择表面 A(设计基准)为定位基准。加工后，表面 B、C 相对 A 面的平行度取决于机床的几何精度，尺寸精度误差则取决于机床→刀具→工件工艺系统等一系列工艺因素。

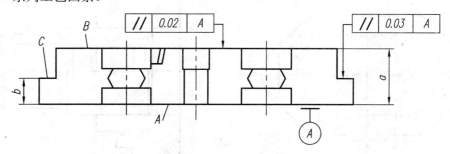

图1-9 基准重合

(2) 基准统一原则。一个零件的各个工序间应尽可能选用统一的定位基准来加工各表面，以保证各表面间的位置精度，这就是基准统一原则。执行基准统一原则既有利于保证工件各加工表面的相互位置精度，又能减少夹具类型，从而节省夹具的设计制造费用，是比较经济合理的。例如，加工轴类模具零件常用两端顶尖孔作为精基准，工件支承在顶尖上，始终被两顶尖限制了3个移动2个转动共5个自由度，这是生产实践中采用基准统一原则的典型实例。

(3) 自为基准原则。某些精加工工序要求加工余量小而均匀时，常选择加工表面本身作为定位基准，称为自为基准原则。例如，在模板上铰销钉孔，浮动镗导柱安装孔或导套孔等，加工余量都很小，为使余量分布均匀，都以被加工孔表面本身作为定位基准。自为基准时，加工表面与其他表面之间的位置公差应由前面的加工工序保证。

(4) 安装可靠原则。选择精基准时，应考虑能保证工件的装夹稳定可靠，并使夹具结构简单、操作方便。所以，精基准应选择面积较大、尺寸及形状公差较小、表面粗糙度较小的表面。

2. 粗基准的选择原则

精基准选定之后，就应在最初的工序中把这些精基准加工出来，这时工件的各个表面均未加工过，究竟选择哪个表面作为粗基准，一般应遵循以下原则：

(1) 若工件必须首先保证某重要表面余量均匀，则应选择该表面为粗基准。图1-10所示为冲压模座，其上表面 B 是安装其他模板的基准面，要求其加工余量均匀。此时就需将上表面 B 作为粗基准，先加工出模座的下表面 A，再以下表面 A 作为精基准加工上表面 B，这时上表面 B 的加工余量就比较均匀，且又比较小。

(2) 若工件必须首先保证加工表面与不加工表面之间的位置要求，则应选择不加工表面作为粗基准。图1-11所示为模具的导套零件，其外圆柱表面 A 是不加工表面，但加工时需保证与加工表面 B、C 之间的位置要求，所以应选择不加工表面 A 作为粗基准。如果零件上存在多个不加工表面都与相关的加工表面有位置精度要求，则选位置精度要求较高的不加工表面作为粗基准。

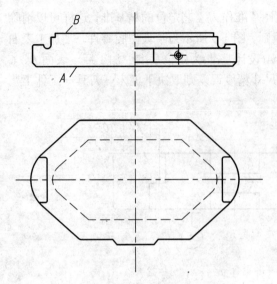

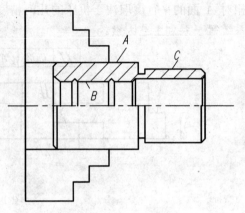

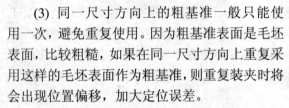

图 1-10　冲压模座的粗基准选择　　　　　图 1-11　导套粗基准选择

(3) 同一尺寸方向上的粗基准一般只能使用一次,避免重复使用。因为粗基准表面是毛坯表面,比较粗糙,如果在同一尺寸方向上重复采用这样的毛坯表面作为粗基准,则重复装夹时将会出现位置偏移,加大定位误差。

图 1-12 所示是注射模的导套零件,如果重复使用毛坯表面 *B* 定位分别加工表面 *A* 和 *C*,必将使 *A*、*C* 两表面产生较大的同轴度误差,因此该零件的粗基准应选择表面 *A* 或 *C*。只有零件的毛坯精度较高,相应的加工面位置精度要求不高,重复装夹产生的加工误差能控制在允许的范围内,这时的粗基准才允许重复使用。

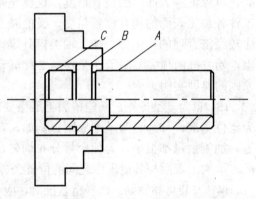

图 1-12　注射模导套

(4) 选作粗基准的表面应尽可能宽大、平整,没有飞边、浇口或其他缺陷,这样可使定位稳定、准确,夹紧方便、可靠。

1.4　工艺路线的拟定

工艺路线的拟定就是对工艺规程进行总体安排,其主要任务是:
(1) 选择表面加工方法;
(2) 确定表面的加工顺序;
(3) 划分工序并确定工序内容;
(4) 选择定位基准和进行必要的尺寸换算等。

1.4.1 表面加工方法的选择

模具零件上既有简单的基本表面，如外圆、内孔和平面，又有一些较为复杂的成形表面。这些表面有着不同的加工质量要求，因此必须选择不同的表面加工方法。下面是选择表面加工方法时应考虑的因素。

1. 经济精度和经济粗糙度

首先要根据被加工表面的形状、特点、加工的质量要求和各种加工方法所能达到的经济精度和经济粗糙度来确定加工方法以及分几次加工。所谓经济精度和经济粗糙度，是指在正常条件下一种加工方法所能达到的精度和粗糙度。表1-4～表1-7分别列出了外圆、内孔、平面和成形表面的各种加工方法所能达到的经济精度和经济粗糙度，可供选择加工方法时参考。

表 1-4　外圆柱面加工的经济精度和经济粗糙度

加工方法	经济精度	经济粗糙度 R_a/μm	加工方法	经济精度	经济粗糙度 R_a/μm
粗车	IT11～13	12.5～50	精磨	IT6～7	0.4～0.8
半精车	IT9～10	2.5～10	研磨	IT6～7	0.025～0.2
精车	IT7～8	0.8～3.2	抛光	IT6～7	0.025～0.2
粗磨	IT8～9	0.8～3.2	精细车	IT6	0.2～1.6

表 1-5　圆柱孔面加工的经济精度和经济粗糙度

加工方法	经济精度	经济粗糙度 R_a/μm	加工方法	经济精度	经济粗糙度 R_a/μm
钻孔	IT11～13	12.5～50	半精镗	IT8～9	0.8～6.3
粗扩(镗)	IT10～11	3.2～12.5	精镗	IT6～7	0.2～1.6
锪孔	IT10～11	3.2～12.5	细镗	IT5～6	0.1～0.4
粗铰	IT8～9	1.6～6.3	粗磨	IT8～9	0.8～3.2
手精铰	IT6～7	0.4～3.2	研磨	IT6～7	0.012～0.2

表 1-6　平面加工的经济精度和经济粗糙度

加工方法	经济精度	经济粗糙度 R_a/μm	加工方法	经济精度	经济粗糙度 R_a/μm
粗刨(铣)	IT11～13	12.5～50	端面精车	IT7～8	0.8～3.2
半精刨或铣	IT8～11	3.2～12.5	端面精磨	IT6～7	0.2～1.6
精刨(铣)	IT7～8	0.8～3.2	粗磨	IT7～8	0.8～1.6
粗磨	IT7～8	0.8～1.6	精磨	IT6～7	0.4～0.8
端面粗车	IT11～12	12.5～50	研磨	IT6～7	0.012～0.2
端面半精车	IT8～10	3.2～12.5	刮研	IT6～7	0.1～0.8

表 1-7 成形表面加工的经济精度和经济粗糙度

加工方法	经济精度	经济粗糙度 R_a/μm	加工方法	经济精度	经济粗糙度 R_a/μm
仿形铣	0.2～0.5	1.6～3.2	线切割(快)	±0.01 mm	0.4～1.6
成形磨削	IT6	0.4～1.6	线切割(慢)	±0.005 mm	0.2～0.8
光曲磨	±0.01 mm	0.2～0.4	冷挤压	IT8～10	0.1～0.4
坐标磨	0.005 mm	0.1～0.2	陶瓷型铸造	IT13～16	1.6～6.3
电火花	0.01～0.05 mm	0.8～1.6	电铸	0.02～0.05 mm	0.2～0.4

2. 零件材料及机械性能

决定加工方法时要考虑加工零件的材料及其机械性能。如对淬硬钢应采用磨削或电加工方法;而对于有色金属,为避免磨削时堵塞砂轮,一般采用高速精细车或金刚镗削的方法进行精加工。

3. 零件生产类型

选择加工方法时还要考虑生产类型。由于模具零件大都属于单件或小批生产,因此以采用通用设备、通用工装以及一般加工方法为主。

4. 现有设备及技术条件

选择加工方法时还要充分利用现有设备,挖掘企业的潜力,发挥工人及技术人员的积极性和创造性。在尽量减少外协工作量的同时,也应考虑不断改进现有的工艺方法和设备,推广新技术,不断提高本企业的工艺技术水平。

此外,选择加工方法时还应考虑一些其他因素的影响,如工件的重量、加工方法所能达到的表面物理性能及机械性能等。

1.4.2 加工阶段的划分

对于加工质量要求较高的零件,工艺过程应分阶段施工。模具加工工艺过程一般可分为以下几个阶段:

1. 粗加工阶段

粗加工阶段的主要任务是切除大部分的加工余量,提高加工效率。此阶段的加工精度低,表面粗糙度值较大(IT12 级以下, R_a＝50～12.5 μm)。

2. 半精加工阶段

半精加工阶段使主要表面消除粗加工留下的误差,达到一定的精度及精加工余量,为精加工做好准备,并完成一些次要表面(如钻孔、铣槽等)的加工(IT10～12 级, R_a＝6.3～3.2 μm)。

3. 精加工阶段

精加工阶段使各主要表面达到图样要求(IT7～10 级, R_a＝1.6～0.4 μm)。

4. 光整加工阶段

对于精度和粗糙度要求很高(IT6 级及 IT6 级以上精度)、加工表面的 R_a 值在 0.2 μm 以下的零件，需采用光整加工。但光整加工一般不能纠正几何形状误差和相互位置误差。

有时若毛坯余量特别大，表面极其粗糙，在粗加工前还设有去皮加工，称为荒加工。荒加工常常在毛坯准备车间进行。

划分加工阶段的实质是为了贯彻机械加工"粗精分开"的原则。划分加工阶段具有以下优点：

(1) 保证零件加工质量。由于粗加工阶段切除的余量较多，产生的切削力较大、切削热较多，所需的夹紧力也较大，因此引起工件的加工误差大，不能达到高的加工精度和小的表面粗糙度要求。将加工过程划分阶段后，可以使工件粗加工留下的误差，在半精加工和精加工中逐步得到修正和缩小，从而提高加工精度和获得更小的表面粗糙度，最终达到零件的加工质量要求。同时，各加工阶段之间的时间间隔，相当于一个自然时效处理过程，有利于加工应力的平衡和释放，为进一步精加工奠定良好基础。

(2) 合理使用加工设备。粗加工时应采用功率大、刚性好、精度较低的高效率机床以提高生产率，精加工时则应采用高精度机床以确保工件的精度要求。这样，既能合理使用设备，使各类机床的性能特点得到充分发挥，又能获得较高的生产率和加工精度，同时还有利于保持高精度机床的精度稳定性。

(3) 便于安排热处理工序。为了充分发挥热处理的作用和满足零件的热处理要求，在机械加工过程中需插入必要的热处理工序，使机械加工工艺过程自然划分为几个阶段。

例如，在注射模矩形斜导柱零件的加工中，粗加工后需要有消除应力的时效处理，以减少内应力引起的变形对加工精度的影响。半精加工后进行淬火，既能满足零件的性能要求，又可以使淬火中产生的变形在精加工中得到纠正。

(4) 粗加工后可及早发现毛坯中的缺陷。这样可及时报废或修补，以免继续精加工而造成浪费。

(5) 表面精加工安排在最后，目的是防止或减少损伤，提高表面加工的精度和质量。

应当指出，上述加工阶段的划分并不是绝对的。当零件精度要求不高、结构刚性足够、毛坯质量较高、加工余量较小时，可以不划分加工阶段。

1.4.3　工序的集中与分散

安排零件表面加工顺序时，除了合理划分加工阶段外，还应正确确定工序数目和工序内容。在一个零件的加工过程中，若组成的工序数目较少，则在每一道工序中的加工内容就比较多；若组成的工序数目较多，则每一道工序中的加工内容就比较少。根据组成工序的这一特点，把前者称为工序集中，后者称为工序分散。

1. 工序集中的特点

(1) 工件装夹次数减少，可在一次装夹中加工多个表面，有利于保证这些表面间的位置精度，其相互位置精度只与机床和夹具的精度有关。同时还可减少装夹工件的辅助时间，有利于提高生产效率。

(2) 需要的机床数目减少，便于采用高生产率的机床，并可相应地减少操作工人和生产面积，简化生产计划和组织工作。

(3) 专用机床和工艺装备比例增加，调整和维护难度大，因工件刚性不足和热变形等原因而影响加工精度的可能性加大。

2．工序分散的特点

与工序集中相反，工序分散所用机床和工艺装备比较简单，调整方便，操作容易；产品更换时生产准备工作较快，技术准备周期较短；设备数量和操作维护人员多，工件加工周期长，设备占地面积也较大。

制定工艺路线时，应针对具体加工对象认真分析比较，合理掌握工序集中与工序分散的程度。例如，对于外形结构较为复杂的模座类零件，因各表面上有尺寸精度和位置精度要求较高的孔系，其加工工序就应相对集中一些，以便保证各个孔之间、孔与装配基面之间的相互位置精度；对于批量较大、结构形状简单的模板类零件及导柱导套类零件，一般宜采用工序分散方式加工。此外，由于大多数模具零件属于单件生产的类型，因此，模具零件加工一般宜实行工序集中。

1.4.4　加工顺序的安排

1．机械加工工序的安排

模具零件的机械加工顺序安排，通常应遵循以下几个原则：

(1) 先粗后精。当零件需要分阶段进行加工时，先安排各表面的粗加工，中间安排半精加工，最后安排主要表面的精加工和光整加工。由于次要表面精度要求不高，一般在粗、半精加工后即可完成。对于那些与主要表面相对位置关系密切的表面，通常置于主要表面精加工之后完成加工。

(2) 先主后次。先安排加工零件上的装配基面和主要工作表面等。如紧固用的光孔和螺孔等，由于加工面小，又和主要表面有相互位置的要求，一般都应安排在主要表面达到一定精度之后(例如半精加工之后)进行，但又应在最后精加工之前进行加工。先主后次原则在一个工序内安排各工步的加工顺序时更应很好地贯彻。

(3) 基面先行。每一加工阶段总是先安排基面加工，例如轴类零件加工中常采用双顶尖孔作为统一基准，粗加工结束、半精加工或精加工开始前总是先打两顶尖孔。作为精基准，应使之具有足够的精度和表面粗糙度要求，并常常高于原来图样上的要求。如果精基面不止一个，则应按照基面转换的次序和逐步提高精度的原则安排。例如精密滚珠保持套零件，其外圆和内孔就要互为基准，反复进行加工。

(4) 先面后孔。对于模座、凸凹模固定板、型腔固定板、推板等一般模具零件，平面所占轮廓尺寸较大，用平面定位比较可靠。因此，其工艺过程总是选择平面作为定位精基面，先加工平面，再加工孔。

2．热处理工序的安排

模具零件常采用的热处理工艺有：退火、正火、调质、时效、淬火、回火、渗碳和氮化等。按照热处理的目的，上述热处理工艺可大致分为两大类：预备热处理和最终热处理。

1) 预备热处理

预备热处理的目的主要是改善材料的可加工性，消除毛坯制造时的内应力和为最终热处理做准备。

① 退火：对于含碳量 W_C 超过 0.7%的碳钢和合金钢一般采用退火降低硬度，便于切削。

② 正火：对于含碳量 W_C 低于 0.3%的碳钢和低合金钢一般采用正火提高硬度，使切削时切屑不粘刀，有利于获得较小的表面粗糙度。退火和正火一般安排在毛坯制造后、机械加工前进行。

③ 调质：调质处理能获得均匀细致的回火索氏体，为表面淬火和渗氮时减少变形奠定金相组织基础，因此有时作为预备热处理；同时，由于调质处理后的零件综合力学性能较好，对某些硬度和耐磨性要求不高而综合力学性能要求较高的零件，也常作为最终热处理。调质处理一般安排在粗加工后、半精加工前进行。

④ 时效处理：用于消除毛坯制造和机械加工过程中产生的内应力，对于精度要求不高的零件，一般在粗加工之前安排一次时效处理；对于精度要求较高、形状复杂的零件，则应在粗加工之后再安排一次时效处理；而对于一些精度要求特别高的零件，则需在粗加工、半精加工和精加工之间安排多次时效工序。

2) 最终热处理

最终热处理的目的主要是提高零件的表面硬度和耐磨性，一般应安排在精加工阶段前后。

① 淬火与回火：淬火后由于材料的塑性和韧性下降，存在较大的内应力，组织不稳定，表面可能产生微裂纹，工件尺寸有明显变化等，所以淬火后必须进行回火处理。

② 渗碳淬火：渗碳淬火适用于低碳钢零件，主要目的是使零件的表面获得很高的硬度和耐磨性，而芯部则仍保持较高的强度、韧性及塑性。由于渗碳淬火变形较大，而渗碳层深度一般仅为 0.5～2 mm，因此渗碳淬火应在半精加工和精加工之间进行，以便通过精加工修正其热变形并保持足够的渗碳层深度。

③ 氮化处理：其主要目的是通过氮原子的渗入使零件表层获得含氮化合物，从而提高零件表面的硬度、耐磨性、抗疲劳和抗腐蚀性。由于渗氮温度低，工件变形小，渗氮层较薄，因此渗氮工序应尽量靠后安排。为减少渗氮时的变形，渗氮前常需安排一道消除应力的工序。

3) 辅助工序的安排

辅助工序包括工件检验、去毛刺、清洗和涂防锈漆等。其中检验是辅助工序的主要内容，它对于保证产品质量有着重要作用。除了每道工序结束时必须由操作者按图样和工艺要求自行检验外，在下列情况下还应安排专门的检验工序：

① 粗加工阶段结束之后、精加工之前，一般应对工序尺寸和加工余量进行检验。

② 工件需从一个车间转入另一个车间之前，应进行交接责任检验。

③ 容易产生废品或花费工时较多的工序以及重要工序前后，应安排中间检验，以便及时发现废品，防止继续加工造成浪费，同时也有利于确保产品质量。

④ 工件全部加工结束后，应进行最终检验。由于多数模具零件按"工序集中"原则拟定工艺路线，通常检验工序安排在工件加工结束之后进行。各加工阶段之间则由操作者自行检验。除了检验工序之外，一个加工阶段或重要工序的结束后还应安排去毛刺、倒棱边、去磁、清洗、涂防锈油等辅助工序或工步。应该充分认识辅助工序和辅助工步的必要性，如果缺少必要的辅助工序或辅助工步，将给后续工序的加工带来困难。例如，零件上未去净的毛刺和锐边，淬火后硬度很高，难以除去，将给模具的装配造成困难甚至无法装配；

导套润滑油道中未去净的铁屑，将影响模具的正常操作甚至损坏模具，必须清洗除净。

1.5　加工余量及毛坯尺寸的确定

1.5.1　加工余量的基本概念

模具零件进行机械加工时，为了得到成品零件而从毛坯上切去的一层金属称为加工余量，简称余量。余量又分为总余量和工序余量。

总余量是指由毛坯变为成品的过程中，在某加工表面上切除的金属总厚度，它等于毛坯尺寸与成品尺寸之差。

工序余量是指某一加工表面在一道工序中所切除的金属层厚度，它等于上道工序所得到的加工尺寸(工序尺寸)与本工序要得到的加工尺寸之差。

图 1-13(a)所示是对工件的上平面进行加工，图 1-13(b)所示是对轴类零件的外表面进行加工，图 1-13(c)所示是对套类零件的内表面进行加工。其中 Z_i 为本道工序将要去除的工序余量。图 1-13(a)中的工序余量非对称地分布在单边，称为单边余量；而图 1-13(b)和图 1-13(c)中的余量则对称地分布在工件的双边，称为双边余量。

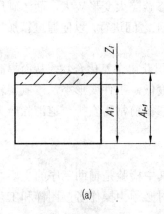
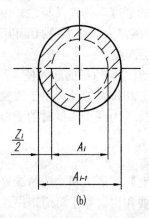
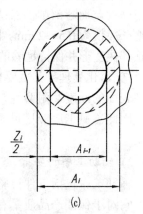

(a)　　　　　　　　　　(b)　　　　　　　　　　(c)

图 1-13　工件加工总余量

工序间余量即

$$Z = |A_{i-1} - A_i|$$

式中：A_{i-1}——上道工序的工序尺寸；

　　　A_i——本道工序的工序尺寸。

总余量 Z 则等于同一加工表面的各道工序余量之和，即

$$Z = Z_1 + Z_2 + \cdots + Z_n$$

式中：Z_1——第 1 道工序的加工余量；

　　　Z_2——第 2 道工序的加工余量；

　　　Z_n——第 n 道工序的加工余量；

　　　n——工序数目。

度 $t=13\sim32$ mm 的厚钢板材应该在液压式剪板机上进行下料。对于圆棒料的剪切，应该在专用棒料剪切设备上进行下料，剪切棒料直径 $D\leqslant25$ mm。剪切法下圆棒料时，剪切断面质量较差，会出现剪切断面不平整、塌角、端面毛刺和裂纹。如果下料后需要进行锻造，则应该切除上述缺陷后再进行锻造。

(2) 锯切法。锯切法下料应用最广泛，下料断面质量好，下料长度尺寸精度高，是锻件毛坯原型材下料的主要方法。按照锯片形状不同，锯床分为卧式带锯床、立式带锯床、圆盘锯床和卧式弓锯床四类，可以对黑色金属和有色金属的圆棒料、方料、型材等进行下料。卧式带锯床最大锯切直径 $D_{max}=400$ mm，立式带锯床最大锯切直径 $D_{max}=320$ mm，圆盘锯床最大锯切直径 $D_{max}=500$ mm，应用最多的卧式弓锯床系列最大锯切直径分别为 $D_{max}=500$ mm、160 mm、220 mm、250 mm、280 mm 和 320 mm。

(3) 薄片砂轮切割法。薄片砂轮切割法是在砂轮片锯床上利用高速旋转的薄片砂轮与坯料发生剧烈摩擦而产生高温，使坯料局部变软熔化，在薄片砂轮旋转力作用下形成切口而断。这种下料方式的优点是设备简单，下料长度尺寸准确，断口平齐，而且不受坯料硬度和形状的限制；缺点是下料时噪声大，而且砂轮片的消耗较大。常见砂轮片锯床最大锯切直径 $D_{max}=80$ mm。

(4) 火焰切割法。火焰切割法是利用普通焊枪和专用气割设备的可燃气体与氧气的混合燃烧形成的火焰，对金属坯料的切割部位集中加热到燃烧温度，然后喷射高速氧流，使切割部位金属发生快速燃烧，形成液态金属氧化物，同时依靠高速切割氧流的冲刷作用，吹除金属氧化物，形成切割缝。

火焰切割法的主要特点是：设备简单，生产率高，成本低。主要用于含碳量小于 0.7% 的碳素结构钢和低合金钢的切割下料，特别适用于切割厚度较大或形状较复杂的坯料；同时能切割任意截面的型材。应注意：高碳钢、高合金钢、有色金属材料不宜采用火焰切割法下料。

火焰切割和某些光电跟踪或数控设备结合，可以高效率地切割任何复杂形状的坯料，是一种很有发展前途的下料方式。

火焰切割后的坯料应及时进行退火处理，以防加工时产生裂纹而报废，或由于硬度不均匀而影响机械加工的正常进行。

除以上介绍的四种下料方式外，还有折断法、电机械切割法和阳极机械切割法。

2) 锻件

模具零件毛坯中，对原型材进行下料之后，然后通过锻造的方法获得合理的几何形状和尺寸的坯料，称为锻件毛坯。

(1) 锻造的目的。模具零件毛坯的材质状态如何，对于模具加工的质量和模具寿命都有较大的影响。特别是模具中的工作零件，大量使用高碳高铬工具钢，这类材料的冶金质量存在严重的缺陷。如大量共晶网状碳化物的存在，这种碳化物很硬也很脆，而且分布不均匀，降低了材质的力学性能，恶化了热处理工艺性能，缩短了模具的使用寿命。只有通过锻造，打碎共晶网状碳化物，并使碳化物分布均匀，细化晶粒组织，充分发挥材料的力学性能，才能提高模具零件的加工工艺性和使用寿命。

(2) 锻件毛坯。由于模具生产属于单件或小批生产，因此模具零件锻件的锻造方式为自由锻。模具零件锻件的几何形状多为圆柱形、圆板形、矩形，也有少数为 T 形、L 形、

Π形等。

① 锻件加工余量：锻件应保证合理的机械加工余量。如果锻件机械加工的加工余量过大，则不仅浪费了材料，同时造成机械加工工作量过大，增加了机械加工工时；如果锻件机械加工的加工余量过小，使锻造过程中产生的锻造夹层、表层裂纹、氧化层、脱碳层和锻造不平现象无法消除，则得不到合格的模具零件。

② 锻件下料尺寸的确定：合理地选择圆棒料的尺寸规格和下料方式，对于保证锻件质量和方便锻造操作都有直接的关系。在圆棒料的下料长度(L)和圆棒料的直径(d)的关系上，应满足 $L=(1.25\sim2.5)d$。在满足上述关系的前提下，尽量选用小规格的圆棒料。关于下料方式，对于模具钢材料原则上采用锯床切割下料，应避免锯一个切口后打断，这样容易生成裂纹。如采用热切法下料，应注意将毛刺除尽，否则容易生成折叠而造成锻件废品。

(3) 锻件毛坯下料尺寸和锻件坯料尺寸的确定。

计算锻件坯料体积 $V_坯$：

$$V_坯 = V_锻 K$$

式中：$V_锻$——锻件的体积；

K——损耗系数，$K=1.05\sim1.10$。

锻件在锻造过程中的总损耗量包括烧损量、切头损耗、芯料损耗三部分。烧损量包括坯料在加热和锻打时产生的氧化皮而形成的材料损耗，它和坯料加热次数、加热条件有关，经验表明：当锻件质量小于 5 kg 时，加热 1~2 次；锻件质量为 5~20 kg 时，加热 2~3 次；锻件质量为 20~60 kg 时，加热 3~5 次。切头损耗指在锻造时由于切除锻件两端不平和裂纹部分而产生的损耗，一般较小锻件不考虑这部分损耗。芯料损耗指锻件需要冲孔而产生的损耗。为了计算方便，总损耗量可按锻件重量的 5%~10%选取。在加热 1~2 次锻成，基本无鼓形和切头时，总损耗取 5%；在加热次数较多和有一定鼓形时，总损耗取 10%。

接下来讲述如何计算锻件坯料尺寸。

理论圆棒料直径 $D_理$ 为

$$D_理 = \sqrt[3]{0.637V_坯}$$

实际圆棒料的直径尺寸按现有钢材棒料的直径规格选取，当 $D_理$ 比较接近实有规格时，$D_实 \approx D_理$。

圆棒料的长度应根据锻件毛坯的质量和选定的坯料直径，通过查选棒料长度重量表确定。

3) 铸件

在模具零件中常见的铸件有冲压模具的上模座和下模座，大型塑料模的框架等，材料为灰铸铁 HT200 和 HT250；精密冲裁模的上模座和下模座，材料为铸钢 ZG270~500；大、中型冲压成形模的工作零件，材料为球墨铸铁和合金铸铁；另外，吹塑模具和注射模具中，其材料为铸造铝合金，如铝硅合金 ZL102 等。

对于铸件的质量要求主要有：

(1) 铸件的化学成分和力学性能应符合图样规定的材料牌号标准。

(2) 铸件的形状和尺寸要求应符合铸件图的规定。

(3) 铸件的表面应进行清砂处理，去除砂子和其它杂物；应去除结疤；去除飞边毛刺，其残留高度应小于等于 1～3 mm。

(4) 铸件内部，特别是靠近工作面处不得有气孔、砂眼、裂纹等缺陷；非工作面不得有严重的疏松和较大的缩孔。

(5) 铸件应及时进行热处理，铸钢件依据牌号确定热处理工艺，一般以完全退火为主，退火后硬度 HB≤229；铸铁件应进行时效处理，以消除内应力和改善加工性能，铸铁件热处理后的硬度 HB≤269。

4) 半成品件

随着模具专业化和专门化的发展以及模具标准化的提高，以商品形式出现了冷冲模模架、矩形凹模板、矩形模板、矩形垫板等零件。塑料注射模标准模架也是如此。当采购这些半成品件后，再进行成形表面和相关部位的加工，对于降低模具成本和缩短模具制造周期都是大有好处的。这种毛坯形式应该成为模具零件毛坯的主导方向。

1.6　工序尺寸及其公差的确定

某工序加工应达到的尺寸称为工序尺寸。正确确定工序尺寸及其公差是制定零件工艺规程的重要工作之一。工序尺寸及其公差的大小不仅受到加工余量大小的影响，而且与工序基准的选择有密切关系。下面分两种情况进行讨论。

1.6.1　工艺基准与设计基准重合时工序尺寸及其公差的确定

当定位基准、工序基准、测量基准与设计基准重合时，同一表面经过多次加工才能满足加工精度要求，此时需确定各道工序的工序尺寸及其公差。像外圆柱面和内孔加工多属这种情况。

要确定工序尺寸，首先必须确定零件各工序的基本余量。生产中常采用查表法确定工序的基本余量。工序尺寸公差也可从有关手册中查得(或按所采用加工方法的经济精度确定)。按基本余量计算各工序尺寸，是由最后一道工序开始向前推算。对于轴类零件，前道工序的工序尺寸等于相邻后续工序的工序尺寸与基本余量之和。计算时应注意两点：① 对于某些毛坯(如热轧棒料)应按计算结果从材料的尺寸规格中选择一个相等或相近尺寸为毛坯尺寸；② 在毛坯尺寸确定后应重新修正粗加工(第一道工序)的工序余量，精加工工序余量应进行验算，以保证精加工余量不至于过大或过小。

例 1-1　加工铸铁模板件毛坯上一个直径为 $\phi100^{+0.035}_{0}$ mm、表面粗糙度 $R_a < 1.25$ μm 的孔。孔加工的工艺路线为：粗镗→半精镗→精镗→浮动铰。试用查表修正法确定孔的毛坯尺寸、各工序的工序尺寸及其公差。

先从有关资料或手册查取各工序的基本余量及各工序的工序尺寸公差(见表 1-9)，公差带方向按入体原则确定。最后一道工序的加工精度应达到孔的设计要求，其工序尺寸为 $\phi100^{+0.035}_{0}$ mm。其余各工序的工序基本尺寸为相邻后续工序的基本尺寸减去该后续工序的基本余量。经过计算得各工序的工序尺寸如表 1-9 所示。

表 1-9　$\phi 100^{+0.035}_{0}$ mm 孔的工序尺寸及其公差　　　　单位：mm

	工序基本余量	工序尺寸公差	工序尺寸
浮动铰(IT7)	0.15	0.035	$\phi 100^{+0.035}_{0}$
精镗(IT8)	0.55	0.054	$\phi 99.85^{+0.054}_{0}$
半精镗(IT10)	2.3	0.14	$\phi 99.3^{+0.14}_{0}$
粗镗(IT13)	7	0.46	$\phi 97^{+0.46}_{0}$
毛坯孔	10	2.00	$\phi 90 \pm 1.0$

验算铰孔余量：

　　　直径上最大余量　　　$100.035 - 99.85 = 0.185$ (mm)

　　　直径上最小余量　　　$100 - 99.904 = 0.096$ (mm)

验算结果表明，铰孔余量是合适的。

1.6.2　工艺基准与设计基准不重合时工序尺寸及其公差的确定

在模具零件的实际加工中，时常会遇到需要间接保证设计尺寸或需要给后续工序留有足够的加工余量等情况，这时的工序尺寸将与图样标注的设计尺寸有所不同，即工序尺寸及其公差需另行确定。为了正确地确定工序尺寸及其公差，必须掌握尺寸链及其解算的方法。

1. 工艺尺寸链的基本概念

在零件加工过程中，为了对工艺尺寸进行分析计算，把互相关联的尺寸按一定顺序首尾相接形成的封闭尺寸组，称为工艺尺寸链。如图 1-15(a)和(b)所示，根据尺寸 A_N 和 A_1，可以求得尺寸 A_2。当加工得到尺寸 A_1 和 A_2 后，尺寸 A_N 同时也被间接地确定了。显然，尺寸 A_N 的大小和精度将受尺寸 A_1 和 A_2 的大小和精度的影响。由尺寸 A_N、A_1 和 A_2 三者构成的这个封闭尺寸组，即为工艺尺寸链。

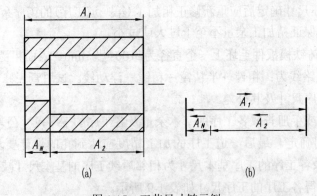

图 1-15　工艺尺寸链示例

1) 工艺尺寸链的特征

(1) 尺寸的封闭性：即组成尺寸链的各尺寸是按一定顺序首尾衔接而成的封闭尺寸图形。

(2) 尺寸间的关联性：即在尺寸链中被间接地获得的尺寸(如 A_N)，其大小将受到其他尺寸的影响。

2) 尺寸链相关术语

组成尺寸链图的每一个尺寸简称为尺寸链的环，如图 1-15(b)中的 A_N、A_1 和 A_2 都叫尺寸链的环。在这些环中，根据尺寸链的封闭性，最终被间接保证尺寸大小和精度的那个环，称为封闭环，如图 1-15(b)中的尺寸 A_N。除了封闭环之外，其余所有的环都叫组成环。组成环中任一环尺寸的变动都会引起封闭环尺寸的变动。当组成环尺寸的增减使封闭环尺寸随之增减时，该组成环称为增环，如图 1-15(b)中的尺寸 A_1；当组成环尺寸的增减使封闭环尺寸反向变动时，该组成环称为减环，如图 1-15(b)中的尺寸 A_2。

3) 增环和减环的判别

分析尺寸链时，应首先确定封闭环，然后根据组成环对封闭环的影响情况判别增环与减环。为了迅速确定尺寸链组成环中哪些是增环，哪些是减环，可以利用尺寸链回路查找，即在尺寸链图中，首先对封闭环尺寸标一个单向箭头，方向任意选定，再在各组成环上各标一个单向箭头，各环的箭头需环绕尺寸链回路形成一个首尾衔接的箭头循环圈，按各组成环对封闭环的影响规律，凡与封闭环箭头方向相反的环为增环，与封闭环箭头方向一致的环则为减环。在图 1-15(b)中，A_1 与 A_N 的箭头方向相反为增环，A_2 与 A_N 的箭头方向一致为减环。

2. 工艺尺寸链的计算方法

1) 基本公式计算方法

$$N = \sum_{1}^{m} A_{Zi} - \sum_{m+1}^{n-1} A_{Ji}$$

式中：N——封闭环的基本尺寸；

A_{Zi}——各增环的基本尺寸；

A_{Ji}——各减环的基本尺寸；

m——尺寸链中增环的数目；

n——尺寸链中包括封闭环在内的总环数。

$$N_{max} = \sum_{1}^{m} A_{Zi\,max} - \sum_{m+1}^{n-1} A_{Ji\,min}$$

$$N_{min} = \sum_{1}^{m} A_{Zi\,min} - \sum_{m+1}^{n-1} A_{Ji\,max}$$

式中：N_{max}——封闭环的最大极限尺寸；

N_{min}——封闭环的最小极限尺寸；

$A_{Zi\,max}$——各增环的最大极限尺寸；

$A_{Zi\,min}$——各增环的最小极限尺寸；

$A_{Ji\,max}$——各减环的最大极限尺寸；

$A_{Ji\,min}$——各减环的最小极限尺寸。

$$E_{SN} = \sum_{1}^{m} E_{SZi} - \sum_{m+1}^{n-1} E_{IJi}$$

$$E_{IN} = \sum_{1}^{m} E_{IZi} - \sum_{m+1}^{n-1} E_{SJi}$$

式中：E_{SN}——封闭环的上偏差；

E_{IN}——封闭环的下偏差；

E_{SZi}——增环的上偏差；

E_{IZi}——增环的下偏差；

E_{SJi}——减环的上偏差；

E_{IJi}——减环的下偏差。

$$T_N = \sum_{1}^{n-1} T_{Ai}$$

式中：T_N——封闭环的公差；

T_{Ai}——各组成环的公差。

2) 竖式计算方法

利用竖式计算工艺尺寸链可避免记忆烦琐的公式，且不容易出错，不失为计算、验算尺寸链的好方法。竖式计算工艺尺寸链的"口诀"如下：

竖　式

增环上下偏差照抄，

减环上下偏差对调、变号，

封闭环求代数和。

若把"口诀"转换为表格形式，则见表 1-10。

表 1-10　竖式计算工艺尺寸链表

基本尺寸(B_J)	上偏差(B_S)	下偏差(B_X)
增环基本尺寸(A_Z)	增环上偏差(E_{SZ})	增环下偏差(E_{IZ})
减环基本尺寸(A_J)	－减环下偏差(E_{IJ})	－减环上偏差(E_{SJ})
闭环基本尺寸(N)	封闭环上偏差(E_{SN})	封闭环下偏差(E_{IN})

3. 尺寸链解算示例

(1) 正计算。已知各组成环的尺寸及其公差(偏差)，计算封闭环的尺寸及公差(偏差)，称为正计算。

例 1-2　图 1-16(a)所示衬套，$A_1 = 16^{+0.1}_{0}$ mm，$A_2 = 10^{0}_{-0.05}$ mm，加工三个端面，试计算尺寸 N 及其偏差。

解：① 画尺寸链图。如图 1-16(b)所示，根据加工过程可知 N 为封闭环，A_1 为增环，A_2 为减环。

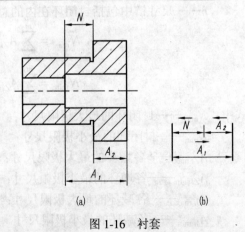

(a)　　　　　(b)

图 1-16　衬套

② 计算 N 的基本尺寸：$N=16-10=6(\text{mm})$。

③ 计算 N 的公差：$T_N=T_{A2}+T_{A1}=0.1+0.05=0.15(\text{mm})$。

④ 计算 N 的上、下偏差：

$$E_{SN}=+0.1-(-0.05)=+0.15(\text{mm})$$

$$E_{IN}=0-0=0(\text{mm})$$

所以 $\qquad\qquad\qquad N=6^{+0.15}_{\ 0}\ \text{mm}$

如用竖式计算：

基本尺寸(B_J)	上偏差(B_S)	下偏差(B_X)
16	+0.1	0
−10	−(−0.05)	0
6	+0.15	0

即 $N=6^{+0.15}_{\ 0}\ \text{mm}$。

(2) 反计算。已知封闭环的尺寸及公差(偏差)，计算确定各组成环的尺寸及公差(偏差)，称为反计算。

反计算中可能有多个组成环的尺寸及公差同时处于"未知"状态。以下结合实例介绍等公差法和等精度法。

例 1-3 图 1-17(a)所示为拉料套，设计要求保证套的长度 $L=35^{\ 0}_{-0.1}\ \text{mm}$，导滑段长度 $N=20\pm0.15\ \text{mm}$，而该尺寸难以测量，它是靠控制工序尺寸 R、L_1、L_2 来保证的。试计算工序尺寸 L_1、L_2、R 及其偏差。

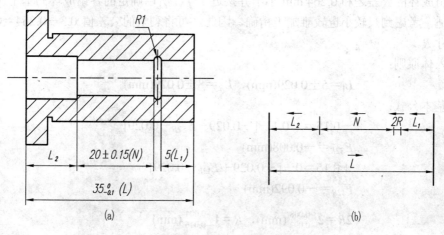

图 1-17　拉料套及其工艺尺寸链图

解： ① 画尺寸链如图 1-17(b)所示。根据加工过程可知 N 为封闭环，$2R$、L_1、L_2 为减环，L 为增环。

② 计算 L_2 的基本尺寸：$2R=2\ \text{mm}$，$L_1=5\ \text{mm}$，所以

$$L_2=35-20-5-2=8\ (\text{mm})$$

③ 计算 $2R$、L_1、L_2 的公差，有等公差法和等精度法两种方法。

等公差法认为，各组成环的公差值是相等的，根据基本公式，每个组成环的公差值之

和等于封闭环的公差值，因此每个组成环均可从封闭环的公差中分得相等的一部分。等公差法是一种快捷便利的计算方法，在各组成环的基本尺寸值较为接近时计算精确度尚可。

$$T_{L1}=T_{L2}=T_{2R}=\frac{0.15-(-0.150)-0.1}{5-2}=0.067(\text{mm})$$

按入体原则：

$$L_2=8\pm\frac{0.067}{2}=8\pm0.033(\text{mm})，\ L_1=5\pm0.033(\text{mm})$$

按基本公式：

$$-0.15=-0.1-(+0.033-E_{S2R}+0.033)$$

$$E_{S2R}=-0.016(\text{mm})$$

$$+0.15=0-(-0.033+E_{I2R}-0.033)$$

$$E_{I2R}=-0.084(\text{mm})$$

$$2R=2^{\,-0.016}_{\,-0.084}(\text{mm})，\quad R=1^{\,-0.008}_{\,-0.042}(\text{mm})$$

等精度法认为，各组成环的尺寸精度等级是相等的，按每个组成环某个相同的尺寸精度等级取值，然后将所有组成环的公差值相加后，验算其总值不超过封闭环的公差值。等精度法即使在各组成环的基本尺寸值相差较大时，其计算精确度仍较高，但计算相对较繁琐。

初定各组成环的基本尺寸公差等级为 IT9 级，查标准公差数值表：

$$T_{L1}=0.058，T_{L2}=0.058，T_{2R}=0.048$$

$$T_{L1}+T_{L2}+T_{2R}+T_L=0.058+0.058+0.048+0.1=0.264$$

各组成环的公差之和 0.264 mm 小于并接近于 T_N，所以确定的各组成环的基本尺寸精度等级合适。考虑到尺较小也较难加工精确，因此，可将剩余的公差值 0.3－0.264＝0.036 分配给尺寸 R。

按入体原则：

$$L_1=5\pm0.029(\text{mm})，L_2=8\pm0.029(\text{mm})$$

按基本公式：

$$-0.15=-0.1-[-0.029-E_{S2R}-0.029]$$

$$E_{S2R}=-0.008(\text{mm})$$

$$+0.15=0-[-0.029+E_{I2R}-0.029]$$

$$E_{I2R}=-0.092(\text{mm})$$

$$2R=2^{\,-0.008}_{\,-0.092}(\text{mm})，\quad R=1^{\,-0.004}_{\,-0.046}(\text{mm})$$

如用竖式验算：

基本尺寸(B_J)	上偏差(B_S)	下偏差(B_X)
35	0	－0.1
－5	－(－0.029)	－(+0.029)
－8	－(－0.029)	－(+0.029)
－2	－(－0.092)	－(－0.008)
20	+0.150	－0.150

即 $N = 20 \pm 0.150$(mm)，满足题目要求。

(3) 中间计算。已知封闭环及 $n-2$ 个组成环(n 为总环数)的基本尺寸及公差(偏差)，计算确定另一个组成环的尺寸及公差(偏差)，称为中间计算。中间计算时仅有一个"未知"组成环的尺寸及公差，中间计算常用于工序尺寸换算的场合。

例 1-4 图 1-18(a)所示是一个零件加工所要保证的各轴向尺寸。图 1-18(b)表示该零件加工所经过的各道工序：① 车端面及钻、扩、镗孔；② 车外圆及台肩和端面；③ 钻孔；④ 磨外圆及台肩。在磨外圆及台肩的工序中，不但要直接保证尺寸 $10_{-0.1}^{0}$ mm，而且还要间接保证所钻孔中心至台肩面的距离尺寸为 15 ± 0.2 mm。钻孔时的工序尺寸是从尚需继续加工(磨台肩)的台肩面标注的。试计算该工序尺寸的基本尺寸及其偏差。

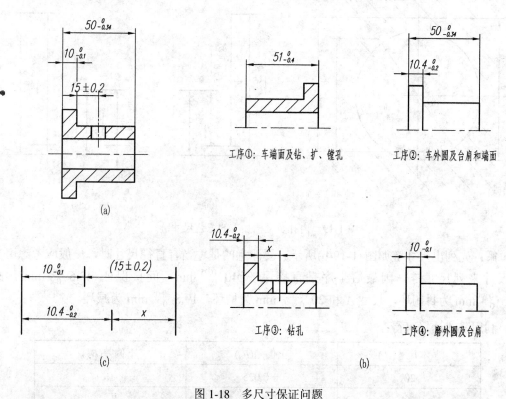

图 1-18　多尺寸保证问题

解： 画尺寸链如图 1-18(c)所示，设计尺寸 15 ± 0.2 mm 是磨台肩时间接保证的，所以是封闭环；而尺寸 $10.4_{-0.2}^{0}$ mm 和 x 是增环，$10_{-0.1}^{0}$ mm 是减环。

用竖式计算如下：

基本尺寸(B_J)	上偏差(B_S)	下偏差(B_X)
10.4	0	-0.2
x	B_{xS}	B_{xX}
-10	$-(-0.1)$	0
15	$+0.2$	-0.2

即

$$x=14.6(\text{mm}),\quad B_{xS}=+0.1(\text{mm}),\quad B_{xX}=0(\text{mm})$$

$$x=14.6^{+0.1}_{0}(\text{mm})$$

(4) 从尚需继续加工的表面上标注的工序尺寸计算。

例 1-5　如图 1-19 所示为齿轮内孔的局部简图，设计要求为：孔径$\phi 40^{+0.05}_{0}$ mm，键槽深度尺寸为 $43.6^{+0.34}_{0}$ mm。其加工顺序为：① 镗内孔至$\phi 39.6^{+0.1}_{0}$ mm；② 插键槽至尺寸 A；③ 热处理，淬火；④ 磨内孔至$\phi 40^{+0.05}_{0}$ mm。

试确定插键槽的工序尺寸 A。

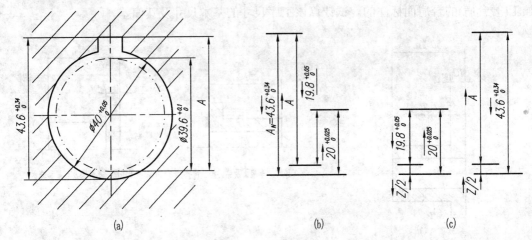

图 1-19　内孔及键槽加工的工艺尺寸链

解：先列出尺寸链如图 1-19(b)所示。要注意的是，当有直径尺寸时，一般应考虑用半径尺寸来列尺寸链。因最后工序是直接保证$\phi 40^{+0.05}_{0}$ mm，间接保证 $43.6^{+0.34}_{0}$ mm，故 $43.6^{+0.34}_{0}$ mm 为封闭环，尺寸 A 和 $20^{+0.025}_{0}$ mm 为增环，$19.8^{+0.05}_{0}$ mm 为减环。

利用竖式计算可得：

基本尺寸(B_J)	上偏差(B_S)	下偏差(B_X)
20	+0.025	0
A	B_{AS}	B_{AX}
-19.8	0	-0.05
43.6	+0.34	0

即

$$A=43.4(\text{mm}),\quad B_{AS}=+0.315(\text{mm}),\quad B_{AX}=+0.05(\text{mm})$$

$$A=43.4^{+0.315}_{+0.050}(\text{mm})$$

按入体原则标注为：

$$A=43.45^{+0.265}_{0}(\text{mm})$$

另外，尺寸链还可以列成图 1-19(c)所示的形式，引进了半径余量 $Z/2$。图 1-19(c)左图

中 $Z/2$ 是封闭环，右图中的 $Z/2$ 则认为是已经获得的，而 $43.6^{+0.34}_{0}$ mm 是封闭环。其解算结果与尺寸链图 1-19(b)相同。

(5) 有些零件的表面需进行渗氮或渗碳处理，并且要求精加工后要保持一定的渗层深度。为此，必须确定渗前加工的工序尺寸和热处理时的渗层深度。

例 1-6　　如图 1-20(a)所示某零件内孔，材料为 38CrMoAlA，孔径为 $\phi145^{+0.04}_{0}$ mm，内孔表面需要渗氮，渗氮层深度为 0.3～0.5 mm。其加工过程为：① 磨内孔至 $\phi144.76^{+0.04}_{0}$ mm；② 渗氮，深度 t_1；③ 磨内孔至 $\phi145^{+0.04}_{0}$ mm，并保证渗层深度 $t_0=0.3$～0.5 mm。

试求渗氮时的深度 t_1。

解：在孔的半径方向上画尺寸链如图 1-20(d)所示，显然 $t_0=0.3$～$0.5=0.3^{+0.2}_{0}$ mm 是间接获得的，应为封闭环。t_1、$72.38^{+0.02}_{0}$ 为增环，$72.5^{+0.02}_{0}$ 为减环。

利用竖式计算，t_1 的求解如下：

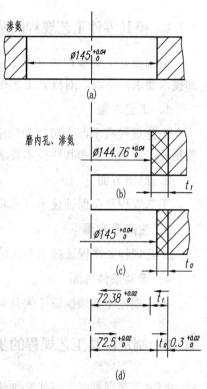

图 1-20　保证渗氮深度的尺寸换算

基本尺寸(B_J)	上偏差(B_S)	下偏差(B_X)
t_1	B_{AS}	B_{AX}
72.38	+0.02	0
−72.5	0	−0.02
0.3	+0.2	0

所以

$$t_1=0.42^{+0.18}_{+0.02} \text{(mm)}$$

即渗层深度为 0.44～0.6 mm。

1.7　模具零件工艺规程的制定

将零件加工的全部工艺过程及加工方法按一定的格式写成的书面文件就叫做工艺规程。

工艺规程的作用在于：

(1) 它是组织生产和计划管理的重要资料。生产安排和调度，规定工序要求和质量检查等都以工艺规程为依据。

(2) 它是新产品投产前进行生产准备和技术准备的依据。刀、夹、量具的设计、制造或采购，原材料、半成品及外购件的供应，以及设备、人员的配备等都受工艺规程的影响。

(3) 在新建和扩建工厂或车间时必须有产品的全套工艺规程作为决定设备、人员、车间面积和投资预算等的原始资料。

(4) 行之有效的先进工艺规程还起着交流和推广先进经验的作用，有利于其他工厂缩短试制过程，提高工艺水平。

1.7.1　模具零件工艺规程的基本要求

编制模具工艺规程的基本原则是保证以最低的成本和最高的效率来达到设计图上的全部技术要求。所以，对模具工艺规程的要求主要包括以下四个方面。

1. 工艺方面

工艺规程应全面、可靠和稳定地保证达到设计图上所要求的尺寸精度、形状精度、位置精度、表面质量和其他技术要求。

2. 经济方面

工艺规程要在保证技术要求和完成生产任务的条件下，使生产成本最低。

3. 生产率方面

工艺规程要在保证技术要求的前提下，以较少的工时来完成加工制造。

4. 劳动条件方面

工艺规程还必须保证工人具有良好而安全的劳动条件。

1.7.2　制定模具工艺规程的步骤

制定工艺规程时，首先必须认真研究原始资料，包括：

(1) 产品的整套装配图和零件图；

(2) 生产纲领和生产类型；

(3) 毛坯的情况以及本厂(车间)的生产条件，如机床设备、工艺装备的状况；

(4) 研究和学习必要的标准手册和相似产品的工艺规程。

编制工艺规程一般可按以下步骤进行：

(1) 研究模具装配图和零件图，进行工艺分析。

(2) 确定毛坯种类、尺寸及其制造方法。

(3) 拟定零件加工工艺路线，包括选择定位基准，确定加工方法，划分加工阶段，安排加工顺序和决定工序内容等。

(4) 确定各工序的加工余量，计算工序尺寸及其公差。

(5) 选择机床、工艺装备、切削用量及工时定额。

(6) 填写工艺文件。

1.7.3　模具制造工艺规程的内容及其确定原则与方法

根据模具制造工艺规程的性质、作用、要求和内容特点，其具体内容和制订步骤见表 1-11。

表 1-11　模具制造工艺规程的内容和步骤

序号	项 目	内容及其确定原则与方法
1	模具或零件	模具或零件名称 模具或零件图号，或企业产品号
2	零件坯料的选择与确定	坯料种类和材料 坯料供货状态，外形尺寸等
3	工艺基准的选择与确定	须遵循工艺基准与设计基准重合的原理；遵循基准统一的法则
4	模具零件加工的工艺路线的设计(主要制订凸、凹模的工艺路线)	① 分析零件的结构要素及其工艺性； ② 确定工艺方法、加工顺序； ③ 根据现场装备，确定工序内容集中的程度
5	模具装配工艺路线确定	① 确定装配方法； ② 确定装配顺序； ③ 标准件的补充加工； ④ 装配与试模； ⑤ 验收条件与验收检查
6	工序余量的确定	工序余量的确定有计算法、查表修正法和经验估计确定法三种。模具零件加工工序余量常用后两种方法
7	工序尺寸与公差的计算与确定	模具零件加工的工序尺寸与公差一般采用查表或经验估计方法确定。只在采用 NC、CNC 高效精密机床加工且其工序内容集中时需进行计算
8	机床与工装的选择与确定	(1) 机床的选择与确定： ① 需使机床的加工精度与零件的技术要求相适应； ② 需使机床可加工尺寸与零件的尺寸大小相符合； ③ 机床的生产率和零件的生产规模相一致； ④ 选择机床时，须考虑现场所拥有的机床及其状态。 (2) 工装的选择与确定：模具零件加工的所有工装包括夹具、刀具、检具。在模具零件加工中，由于是单件制造，应尽量选用通用夹具和机床附有的夹具以及标准刀具。刀具的类型、规格和精度等级应与加工要求相符合
9	工序或工步切削用量的计算与确定	合理确定切削用量对保证加工质量，提高生产效率，减少刀具的损耗具有重要意义。机械加工的切削用量内容包括：主轴转速(r/min)，切削速度(m/min)，走刀量(mm/r)，背吃刀量(mm)和走刀次数。电火花加工则需合理确定电参数、电脉冲能量与脉冲频率

序号	项　目	内容及其确定原则与方法
10	工时定额的计算与确定	在一定生产条件下，规定模具制造周期和完成每道工序所消耗的时间，不仅对提高工作人员的积极性和生产技术水平有很大作用，对保证按期完成用户合同中规定的交货期，更具有重要的经济、技术意义。工时定额公式为 $$T_{定额}=T_{基本}+T_{辅助}+T_{布置}+T_{休息}+(T_{准终}/n)$$ n——加工件数； $T_{准终}/n$——每件所耗的终结时间； $T_{基本}$——机动加工时间； $T_{辅助}$——直接用于机动加工的辅助工作时间； $T_{布置}$——布置工作地(如更换刀具、清理切屑、润滑机床等)所耗时间； $T_{休息}$——休息与生理需要所耗时间； $T_{准终}$——进行准备(如阅读图样、领工具、终结时送交成品、归还工装等)所耗时间

1.7.4　模具制造工艺规程的文件化和格式化

在组织生产时，应将模具制造工艺过程及其内容按在制造过程中的不同用途和作用，分别以工艺过程卡、工艺卡和工序卡的表格形式，使工艺规程文件化、格式化，以利于有顺序、有计划地完成模具及其零件制造的全过程，并对其制造过程进行有效控制。

1. 工艺文件的种类和格式

1) 模具制造工艺过程卡

工艺过程卡是以工序为单元，以表格的形式，简要说明模具及其零件(主要是凸、凹模)加工(或装配)过程的工艺文件，从中可以了解并明确制造工艺流程和加工方案。其内容与格式见表1-12。

表 1-12　模具制造工艺过程卡

工艺过程卡								
零件名称		模具编号			零件编号			
材料名称		毛坯尺寸			件　数			
工序	机号	工种	施工简要说明		定额工时	实做工时	制造人	检验	等级
工艺员			年　月　日			零件质量等级		

2) 模具制造工艺卡

工艺卡是按照模具及其零件的某一工艺阶段的内容而编制的工艺文件。它仍以工序为单元，详细说明某一工艺阶段中的工序内容、工艺参数(切削用量等)、操作要求和采用的机床与工装等。其内容与格式见表 1-13。

表 1-13　模具制造工艺卡片

工　艺　卡　片				产品型号		零件图号			
				产品名称		零件名称		共 页	第 页
材料牌号	毛坯种类	毛坯尺寸	每毛坯件数	零件毛重/kg	零件净重/kg	材料消耗定额/kg		台产品零件数	每批数量
工序	安装	工步	工序内容	机床设备		工艺设备名称及编号		工时	
				名称及型号	编号	夹具　刀具	量具、辅具	准终	基本工时
						设计(日期)	校对(日期)	审核(日期)	标准化(日期)	会签(日期)
标记	处①数	更改文件号	签字	日期	标记	处数	更改文件号	签字	日期

① 处数：填写同一标记所表示的更改数量。

3) 模具制造工序卡

对于特别重要的、关键的工序，根据模具制造工艺过程卡或工艺卡的内容，按工序及其内容编制成表格形式的工艺文件，称工序卡。其内容如表 1-14 所示，包括：工序简图；该工序的工艺参数，如工序尺寸与公差，每工步的切削用量；定额工时，操作要求，以及所用的机床与工装等的说明与规定。

表 1-14　模具制造工序卡

模具			模具编号		工序号		工序简图		
零件			零件编号						
坯料材料			坯料尺寸		坯料件数				
序号	机号	工种	工序内容及工艺要求说明		工时				
					工艺参数 (机加工切削用量、电加工工艺规准)				工装
工艺员		年　　月　　日			制造者		年　　月　　日		
检验员		年　　月　　日			检验记要				

　　对凸模、凹模的制造来说，在采用高效、精密机床，如 CNC 加工中心或铣、镗(钻)床加工时，编制详细的工序卡，是制定 CNC 机床加工程序的依据。

　　模具及其零件(主要是凸、凹模)制造工艺过程的工艺阶段划分，与大批量定型产品的零件机加工相比较，由于模具凸、凹模制造工艺过程长，采用的工艺方法(或专业工艺)较多(如表 1-15 所示)，因此不能单纯以粗加工、半精加工、精加工来划分工艺阶段。凸、凹模的粗加工和半精加工一般在热处理前进行；其精密成形磨削加工、电火花加工、光整加工及表面强化处理，一般在热处理后进行。而且，一般成型模具用坯料，多采用具有三基准面体系的标准板坯，使在高效、精密机床(CNC 加工中心)上进行加工时，其型腔的粗加工、半精加工或精加工可在一道工序中完成。另外，模具企业现场使用工艺方法和拥有的机床与工装，基本上均按工艺类型进行生产组织与管理，且在长期制造过程中积累并形成了丰富的经验与工艺传统或习惯，这对制订模具零件制造工艺过程，确定工艺顺序、工序内容，编制工艺卡，创造了有利条件和基础。因此，按工艺类型划分工艺阶段，是模具制造工艺过程的特点。

表 1-15　模具凸、凹模制造的专业工艺

序号	工艺类型		专业工艺方法	备　注
1	金属切削加工工艺	传统切削加工	刨削加工工艺 钻、铰、攻丝加工工艺 车削工艺 普通铣削工艺 靠模铣削工艺 镗削工艺(坐标镗等) 雕刻工艺	凸、凹模制造工艺过程中的切削加工或成形铣削加工,一般均属于粗加工和半精加工,若采用 NC 铣、镗、钻加工工艺或采用 CNC 机床(加工中心),则工序内容集中
		高效精密加工	NC 仿型铣削工艺 NC 铣、镗、钻加工工艺 CNC 机床加工工艺	
2	热处理工艺		回火、调质、淬火工艺 氮化处理工艺 渗碳处理工艺 冷处理工艺等	冷处理宜在精加工后进行
3	精密磨削与成形磨削工艺		平面磨削工艺 内、外圆磨削工艺 成形磨削工艺 坐标磨削工艺 NC、CNC 坐标磨削工艺 CNC 成形磨削工艺	
4	特种加工工艺		电火花成形加工工艺 电火花线切割成形工艺 电火花成形磨削工艺 电解成形加工工艺 电解磨削工艺	一般在热处理后进行电火花成形和线切割加工,均为 NC、CNC 机床加工
			凹模冷挤成形工艺 凸、凹坯铸成形工艺 超声加工工艺	中小型模具型腔加工,大型模具凸、凹模加工,超硬材料加工
5	光整加工工艺		孔的研磨工艺 挤珩工艺 风、电动工具研、抛工艺 电化学抛光工艺 波纹加工工艺	采用研磨机研磨
6	强化工艺		电火花强化工艺 喷沙强化工艺 超声强化工艺 等离子渗钛强化工艺 镀铬工艺	

2．模具成型零件制造工艺过程典型实例

(1) 衔铁片连续模落料凸模(见图 1-21)的制造工艺过程卡，见表 1-16。

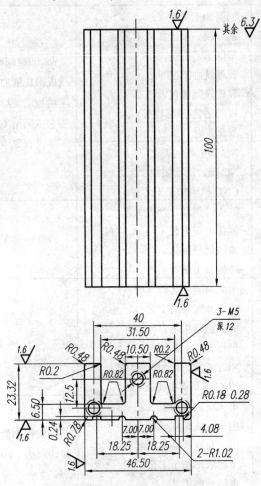

热处理 HRC60～62；螺纹深 15 mm

图 1-21　衔铁片连续模落料凸模

(2) 模具导套零件(见图 1-22)车和磨工序的制造工序卡，见表 1-17 和 1-18。

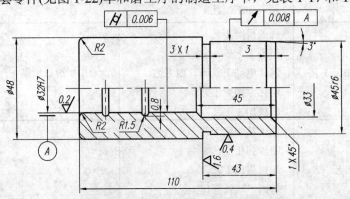

热处理：渗碳深度 0.8～1.2 mm；硬度 HRC58～62

图 1-22　模具导套零件图

表 1-16 衔铁片连续模落料凸模工艺过程卡

			工艺过程卡					
零件名称	衔铁片连续模落料凸模	模具编号	B9	零件编号	B9048C24			
材料名称	Cr12	毛坯尺寸	110×30×65	件数	1			
工序	机号	工种	施工简要说明	定额工时 (min)	实做工时	制造人	检验	等级
1		下料	φ55×150	50				
2		锻造	110×30×65	40				
3		热处理	退火					
4	B665	刨削	进行六面加工，均留淬火磨余量和线切割余量	80				
5		划线	螺孔位置	25				
6	Z512	钻	钻、攻螺孔	30				
7		热处理	按热处理工艺，保证HRC58～60					
8	M7130	磨削	磨两端面100	20				
9		线切割	切割凸模外形达图样尺寸和形状要求	1200				
10		检验		20				
工艺员			年　月　日		零件质量等级			

表 1-17　模具制造工序卡

模具	冷冲压模	模具编号		工序号	20(车)
零件	导套		零件编号		
坯料材料	20钢热轧圆钢	坯料尺寸	$\phi52\times115$	坯料件数	1

序号	机号	工种	工序内容及工艺要求说明	工时	工艺参数 (机加工切削用量、电加工工艺规准)	工装
1		车	夹外圆，车端面见光		CA6140车床，主轴转速760 r/min，进给量0.4～0.15 mm/r，背吃刀量1～0.5 mm	三爪卡盘
2		车	初钻通孔$\phi15$、扩孔至$\phi30$		主轴转速400 r/min，手动进给	麻花钻头
3		车	镗$\phi33$孔成，倒孔口角		主轴转速400 r/min，进给量0.3～0.15 mm/r，背吃刀量1.5～0.3 mm	镗孔刀 游标卡尺
4		车	车$\phi45r6$外圆至$\phi45.4$（留磨量0.4），倒3°角		主轴转速760 r/min，进给量0.4～0.18 mm/r，背吃刀量1.5～0.3 mm	外圆车刀 游标卡尺
5		车	切槽3×1		主轴转速400 r/min，手动进给	切槽刀 游标卡尺
6		车	调头夹外圆，车另一端面，保证总长110		主轴转速760 r/min，进给量0.4～0.15 mm/r，背吃刀量1～0.5 mm	端面车刀 游标卡尺
7		车	粗、半精镗内孔至$\phi31.6$（留磨余量），孔口倒圆角		主轴转速400 r/min，进给量0.3～0.15 mm/r，背吃刀量1.5～0.3 mm	镗孔刀 游标卡尺
8		车	挖$2-R1.5$油槽		主轴转速400 r/min，手动进给	挖槽刀
9		车	车$\phi48$外圆成，倒$R2$角		主轴转速760 r/min，进给量0.7～0.3 mm/r，背吃刀量1.5～0.3 mm	外圆车刀 游标卡尺
10		检验	按图要求检验			

工艺员		年 月 日	制造者		年 月 日
检验员		年 月 日	检验记要		

表 1-18 模具制造工序卡

模具	冲压模	模具编号		工序号	50（磨）	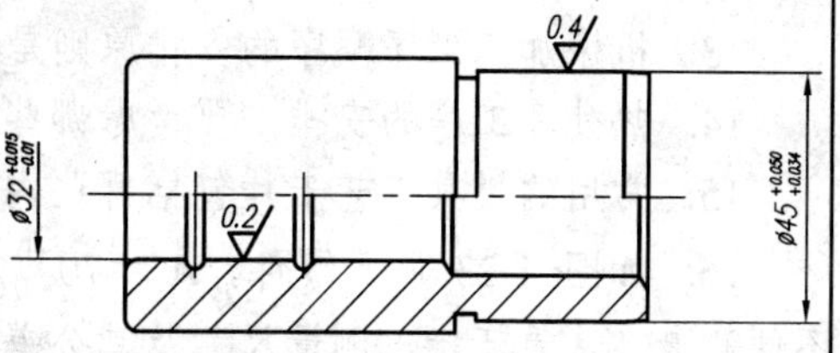
零件	导套		零件编号			
坯料材料	20钢渗碳淬火	坯料尺寸	$\phi48\times110$	坯料件数	1	

序号	机号	工种	工序内容及工艺要求说明	工时	工艺参数（机加工切削用量、电加工工艺规准）	工装
1		磨	夹$\phi45$段外圆，磨$\phi32H7$内孔尺寸如图所示，留研磨余量0.01		万能外圆磨床 MA1420A，工件速度 30～50 m/min	三爪卡盘内径千分表
2		磨	以心轴装夹，以$\phi32H7$内孔定位，磨$\phi45r6$内孔成			心轴，顶尖外径千分尺
3		检验	按图要求检验			

工艺员	年 月 日	制造者		年 月 日
检验员	年 月 日	检验记要		

——— 思 考 题 ———

1. 什么是工序、安装、工步、工位和走刀？
2. 模具制造的生产类型一般有哪几类？各有什么工艺特征？
3. 模具零件的毛坯主要有哪些类型？哪些模具零件必须进行锻造？
4. 模具零件的工艺分析主要有哪些方面的内容？
5. 什么是加工余量、工序余量和总余量？
6. 锻件下料尺寸如何确定？
7. 什么是基准？基准一般分成哪几类？
8. 粗、精定位基准的选择原则有哪些？
9. 工艺尺寸链有哪些特征？在什么情况下要进行工艺尺寸解算？
10. 经济精度和经济粗糙度的含义是什么？它们在工艺规程设计中起什么作用？

11. 编制工艺规程时，为什么要划分加工阶段？在什么情况下可以不划分加工阶段？

12. 工序集中和工序分散各有什么特点？

13. 机械加工工序顺序的安排原则是什么？

14. 热处理工序的安排主要考虑哪些方面的问题？

15. 常用的模具工艺卡片包括哪些内容？

16. 如图 1-23 所示零件，$A_1 = 70_{-0.07}^{-0.02}$ mm，$A_2 = 60_{-0.04}^{0}$ mm，$A_3 = 20_{0}^{+0.19}$ mm。因 A_3 不便测量，试重新标出测量尺寸及其公差。

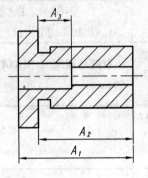

图 1-23 零件

17. 如图 1-24 所示零件，在车床上已经加工好外圆、内孔及各面，现须在铣床上铣削端槽，并保证尺寸 $8_{-0.06}^{0}$ mm 及 36 ± 0.2 mm，求试切调刀的度量尺寸 H、A 及上、下偏差。

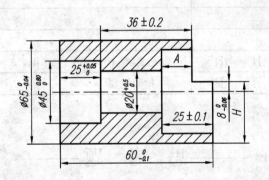

图 1-24 零件

第2章 模具零件的机械加工

▣+▣

2.1 概　　述

目前，机械加工方法仍广泛用于制造模具零件。对凸模、凹模等模具的工作零件，即使采用其它工艺方法(如特殊加工)加工，也仍然有部分工序要由机械加工方法来完成。根据模具设计的结构要求不同和工厂的设备条件，模具的机械加工大致有以下几种情况：

(1) 用车、铣、刨、钻、磨等通用机床加工模具零件，然后进行必要的钳工修配，装配成各种模具。这种加工方式，工件上被加工表面的形状、尺寸多由钳工划线来保证，对工人的技术水平要求较高，劳动强度大，生产效率低，模具制造周期长，成本高。一般在设备条件较差、模具精度要求低的情况下采用。

(2) 精度要求高的模具零件，只用普通机床加工难以保证高的加工精度，因而需要采用精密机床进行加工。用于模具加工的精密机床有坐标镗床、坐标磨床等，这些设备多用于加工固定板上的凸模固定孔，模座上的导柱和导套孔，某些凸模和凹模的刃口轮廓。形状复杂的空间曲面，则采用仿形铣床进行加工，它们是提高模具精度不可缺少的普通加工手段。

(3) 为了使模具零件特别是形状复杂的凸模、凹模型孔和型腔的加工更趋自动化，减少钳工修配的工作量，需采用数控机床(如三坐标数控铣床、加工中心、数控磨床等设备)加工模具零件。由于数控加工对工人的操作技能要求低，成品率高，加工精度高，生产率高，节省工装，工程管理容易，对设计更改的适应性强，可以实现多机床管理等一系列优点，因此，对实现机械加工自动化，使模具生产更加合理、省力，改变模具机械加工的传统方式具有十分重要的意义，是今后模具加工的必然发展方向。

用机械加工方法制造模具，在工艺上要充分考虑模具零件的材料、结构形状、尺寸、精度和使用寿命等方面的不同要求，采用合理的加工方法和工艺路线，尽可能通过加工设备来保证模具的加工质量，提高生产效率和降低成本。要特别注意，在设计和制造模具时，不能盲目追求模具的加工精度和使用寿命，应根据模具所加工制件的质量要求和产量，确定合理的模具精度和寿命，否则就会使制造费用增加，经济效益下降。

2.2 冲模模架的加工

冲模模架大都为标准件，在专卖店可直接购得，但一些特殊的冲件需要自制模架。模架的主要作用是把模具的其它零件连接起来，并保证模具的工作部分在工作时具有正确的相对位置。图 2-1 所示是常见的滑动导向模架。

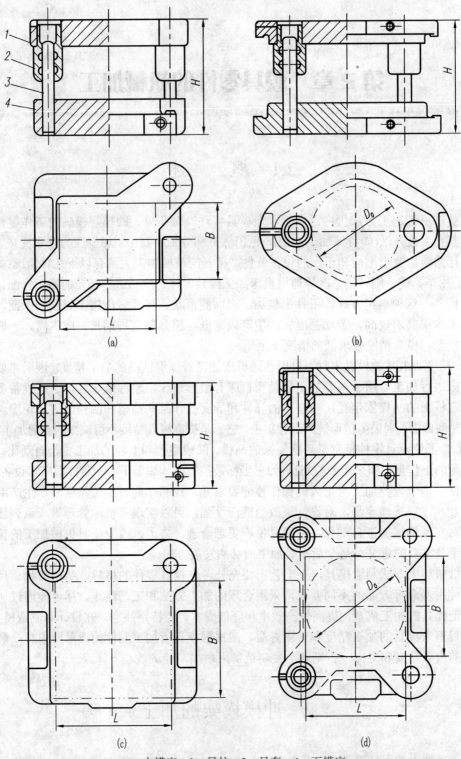

1—上模座；2—导柱；3—导套；4—下模座

图 2-1　冲模模架

(a) 对角导柱模架；(b) 中间导柱模架；(c) 后侧导柱模架；(d) 四导柱模架

尽管这些模架的结构各不相同，但它们的主要组成零件上模座、下模座都是平板状零件，在工艺上主要是进行平面及孔系的加工。模架中的导套和导柱是机械加工中常见的套类和轴类零件，主要是进行内外圆柱表面的加工。本书仅以后侧导柱的模架为例讨论模架组成零件的加工工艺。

2.2.1　导柱和导套的加工

　　图 2-2(a)、(b)分别为冷冲模标准导柱和导套。这两种零件在模具中起导向作用，以保证凸模和凹模在工作时具有正确的相对位置。为了保证良好的导向，导柱和导套装配后应保证模架的活动部分移动平稳，无滞阻现象。所以，在加工中除了保证导柱、导套配合表面的尺寸和形状精度外，还应保证导柱、导套各自配合面之间的同轴度要求。

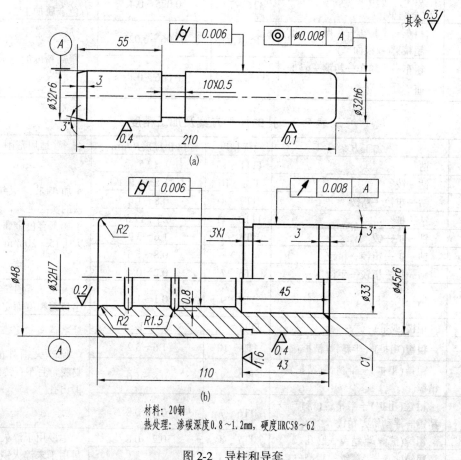

图 2-2　导柱和导套

(a) 导柱；(b) 导套

材料：20钢
热处理：渗碳深度0.8～1.2mm，硬度HRC58～62

　　构成导柱和导套的基本表面都是回转体表面，按照图示的结构尺寸和设计要求，可以直接选用适当尺寸的热轧圆钢作毛坯。

　　为获得所要求的精度和表面粗糙度，外圆柱面和孔的加工方案可参考表 2-1 和表 2-2。

　　导柱、导套的加工工艺路线，见表 2-3 和表 2-4。

表 2-1　外圆柱表面的加工方案及加工精度

序号	加工方案	经济精度	经济粗糙度 R_a/μm	适用范围
1	粗车	IT11～13	12.5～50	适用于淬火钢以外的各种金属
2	粗车—半精车	IT8～10	3.2～6.3	
3	粗车—半精车—精车	IT7～8	0.8～1.6	
4	粗车—半精车—精车—滚压(或抛光)	IT7～8	0.025～0.2	
5	粗车—半精车—磨削	IT7～8	0.4～0.8	主要用于淬火钢,也可用于未淬火钢,但不宜加工有色金属
6	粗车—半精车—粗磨—精磨	IT6～7	0.1～0.4	
7	粗车—半精车—粗磨—精磨—超精加工(或轮式超精磨)	IT5	0.012～0.1	
8	粗车—半精车—精车—精细车(金刚车)	IT6～7	0.025～0.4	主要用于要求较高的有色金属加工
9	粗车—半精车—粗磨—精磨—超精磨(或镜面磨)	IT5以上	0.006～0.025	极高精度的外圆加工
10	粗车—半精车—粗磨—精磨—研磨	IT5以上	0.006～0.1	

表 2-2　孔的加工方案及加工精度

序号	加工方案	经济精度	经济粗糙度 R_a/μm	适用范围
1	钻	IT11～13	12.5	加工未淬火钢及铸铁的实心毛坯,也可用于加工有色金属。孔径大于15～20 mm
2	钻—铰	IT8～10	1.6～6.3	
3	钻—粗铰—精铰	IT7～8	0.8～1.6	
4	钻—扩	IT10～11	6.3～12.5	
5	钻—扩—铰	IT8～9	1.6～3.2	
6	钻—扩—粗铰—精铰	IT7	0.8～1.6	
7	钻—扩—机铰—手铰	IT6～7	0.2～0.4	
8	钻—扩—拉	IT7～9	0.1～1.6	大批大量生产(精度由拉刀精度而定)
9	粗镗(或扩)	IT11～13	6.3～12.5	除淬火钢外的各种材料,毛坯有铸出孔或锻出孔
10	粗镗(粗扩)—半精镗(精扩)	IT9～10	1.6～3.2	
11	粗镗(粗扩)—半精镗(精扩)—精镗(铰)	IT7～8	0.8～1.6	
12	粗镗(粗扩)—半精镗(精扩)—精镗—浮动镗刀精镗	IT6～7	0.4～0.8	
13	粗镗(扩)—半精镗—磨孔	IT7～8	0.2～0.8	主要用于淬火钢,也可用于未淬火钢,但不宜用于有色金属
14	粗镗(扩)—半精镗—粗磨—精磨	IT6～7	0.1～0.2	
15	粗镗—半精镗—精镗—精细镗(金刚镗)	IT6～7	0.05～0.4	主要用于精度要求高的有色金属加工
16	钻—(扩)—粗铰—精铰—珩磨;钻—(扩)—拉—珩磨;粗镗—半精镗—精镗—珩磨	IT6～7	0.025～0.2	精度要求很高的孔
17	以研磨代替上述方法中的珩磨	IT5～6	0.006～0.1	

表 2-3 导柱的加工工艺路线

工序号	工序名称	工序内容	设备	工序简图
1	下料	按尺寸 ϕ35 mm×215 mm 切断	锯床	
2	车端面钻中心孔	车端面保证长度 212.5 mm 钻中心孔 调头车端面保证 210 mm 钻中心孔	卧式车床	
3	车外圆	车外圆至 ϕ32.4 mm 切 10 mm×0.5 mm 槽到尺寸 车端部 调头车外圆至 ϕ32.4 mm 车端部	卧式车床	
4	检验			
5	热处理	按热处理工艺进行，保证渗碳层深度 0.8~1.2 mm，表面硬度 HRC58~62		
6	研中心孔	研中心孔 调头研另一端中心孔	卧式车床	
7	磨外圆	磨 ϕ32h6 外圆，留研磨量 0.01 mm 调头磨 ϕ32r6 外圆到尺寸	外圆磨床	
8	研磨	研磨外圆 ϕ32h6 达要求抛光圆角	卧式车床	
9	检验			

注：表中的工序简图是为直观地表示零件的加工部位而绘制的，除专业模具厂外，一般模架生产属单件小批生产，工艺文件多采用工艺过程卡片，不绘制工序图。

表 2-4　导套的加工工艺路线

工序号	工序名称	工序内容	设备	工序简图
1	下料	按尺寸 $\phi52$ mm×115 mm 切断	锯床	
2	车外圆及内孔	车端面保证长度 113 mm 钻 $\phi32$ mm 孔至 $\phi30$ mm 车 $\phi45$ mm 外圆至 $\phi45.4$ mm 倒角 车 3×1 退刀槽至尺寸 镗 $\phi32$ mm 孔至 $\phi31.6$ mm 镗油槽 镗 $\phi33$ mm 孔至尺寸 倒角	卧式车床	
3	车外圆倒角	车 $\phi48$ mm 外圆至尺寸 车端面保证长度 110 mm 倒内外圆角	卧式车床	
4	检验			
5	热处理	按热处理工艺进行，保证渗碳层深度 0.8～1.2 mm，硬度 HRC58～62		
6	磨内外圆	磨 45 mm 外圆达图样要求；磨 32 mm 内孔，留研磨量 0.01 mm	万能外圆磨床	
7	研磨内孔	研磨 $\phi32$ mm 孔达图样要求；研磨圆弧	卧式车床	
8	检验			

　　在导柱的加工过程中，外圆柱面的车削和磨削都是以两端的中心孔定位的，这样可使外圆柱面的设计基准与工艺基准重合，并使各主要工序的定位基准统一，易于保证外圆柱面间的位置精度和使各磨削表面都有均匀的磨削余量。由于要用中心孔定位，因此在外圆柱面进行车削和磨削之前总是先加工中心孔，以便为后续工序提供可靠的定位基准。

　　中心孔的形状精度和同轴度对加工质量有直接影响，特别是加工精度要求高的轴类零件时，保证中心孔与顶尖之间的良好配合是十分重要的。导柱在热处理后修正中心孔，目的在于消除中心孔在热处理过程中可能产生的变形和其它缺陷，使磨削外圆柱面时能获得精确定位，以保证外圆柱面的形状和位置精度要求。

修正中心孔可以采用磨、研磨和挤压等方法，可以在车床、钻床或专用机床上进行。图 2-3 所示是在车床上用磨削方法修正中心孔。可在被磨削的中心孔处加入少量煤油或机油，手持工件进行磨削。用这种方法修正中心孔效率高，质量较好；但砂轮磨损快，需要经常修整。

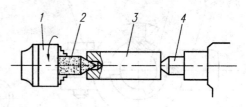

1—三爪自定心卡盘；2—砂轮；
3—工件；4—尾顶尖

图 2-3　磨中心孔

用研磨法修整中心孔，是用锥形的铸铁研磨头代替锥形砂轮，在被研磨的中心孔表面加研磨剂进行研磨的。如果用一个与磨削外圆的磨床顶尖相同的铸铁顶尖作研磨工具，将铸铁顶尖和磨床顶尖一道磨出 60° 锥角后研磨出中心孔，则可保证中心孔和磨床顶尖达到良好配合，能磨削出圆度和同轴度误差不超过 0.002 mm 的外圆柱面。

图 2-4 所示是挤压中心孔的硬质合金多棱顶尖。挤压时多棱顶尖装在车床主轴的锥孔内，其操作和磨顶尖孔相类似，利用车床的尾顶尖将工件压向多棱顶尖，通过多棱顶尖的挤压作用来修正中心孔的几何误差。此法生产率极高(只需几秒钟)，但质量稍差，一般用于修正精度要求不高的顶尖孔。

磨削导套时正确选择定位基准，对保证内、外圆柱面的同轴度要求是十分重要的。例如表 2-4 中工件热处理后，在万能外圆磨床上，利用三爪自定心卡盘夹持$\phi48$ mm 外圆柱面，一次装夹后磨出$\phi32H7$ 和$\phi45r6$ 的内、外圆柱面，可以避免由于多次装夹所带来的误差，容易保证内、外圆柱面的同轴度要求。但每磨一件都要重新调整机床，所以，这种方法只宜在单件生产的情况下采用。如果加工数量较多的同一尺寸的导套，可以先磨好内孔，再把导套装在专门设计的锥度心轴上，如图 2-5 所示；以心轴两端的中心孔定位(使定位基准和设计基准重合)，借心轴和导套间的摩擦力带动工件旋转，从而实现磨削外圆柱面。这种操作能获得较高的同轴度要求，并可使操作过程简化，生产率提高。这种心轴应具有高的制造精度，其锥度在 1/1000～1/5000 的范围内选取，硬度在 HRC60 以上。

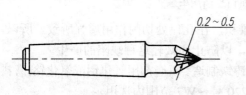

图 2-4　多棱顶尖

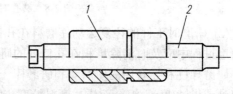

1—导套；2—心轴

图 2-5　用小锥度心轴安装导套

导柱和导套的研磨加工，其目的在于进一步提高被加工表面的质量，以达到设计要求。在生产数量大的情况下(如专门从事模架生产)，可以在专用研磨机床上研磨；单件小批生产，可以采用简单的研磨工具(如图 2-6 和图 2-7 所示)，在普通车床上进行研磨。研磨时将导柱安装在车床上，由主轴带动旋转，在导柱表面均匀涂上一层研磨剂，然后套上研磨工具并用手将其握住，作轴线方向的往复直线运动。研磨导套与研磨导柱相类似，由主轴带动研磨工具旋转，手握套在研具上的导套，作轴线方向的往复直线运动。调节研具上的调整螺钉和螺帽，可以调整研磨套的直径，以控制研磨量的大小。详细内容见后续光整加工部分。

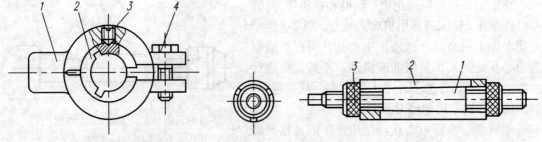

1—研磨架；2—研磨套；
3—限动螺钉；4—调整螺钉
图 2-6　导柱研磨工具

1—锥度心轴；2—研磨套；3、4—调整螺母
图 2-7　导套研磨工具

磨削和研磨导套孔时常见的缺陷是"喇叭口"(孔的尺寸两端大中间小)。造成这种缺陷的原因来自以下两方面：

(1) 磨削内孔时，若砂轮完全处在孔内(如图 2-8 中实线所示)，则砂轮与孔壁的轴向接触长度最大，磨杆所受的径向推力也最大，由于刚度原因，它所产生的径向弯曲位移使磨削深度减小，孔径相应变小。当砂轮沿轴向往复运动到两端孔口部位时，砂轮必将超越两端口，径向推力减小，磨杆产生回弹，使孔径增大。要减小"喇叭口"，就要合理控制砂轮相对孔口端面的超越距离，以便使孔的加工精度达到规定的技术要求。

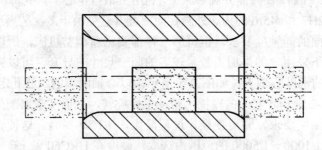

图 2-8　磨孔时"喇叭口"的产生

(2) 研磨时工件的往复运动使磨料在孔口处堆积，在孔口处切削作用增强所致。所以，在研磨过程中应及时清除堆积在孔口处的研磨剂，以防止和减轻这种缺陷的产生。

研磨导柱和导套用的研磨套和研磨棒一般用铸铁制造。研磨剂用氧化铝或氧化铬(磨料)与机油或煤油(磨液)混合而成。磨料粒度一般在 220 号～W7 范围内选用。

按被研磨表面的尺寸大小和要求，一般导柱、导套的研磨余量为 0.01～0.02 mm。

将导柱、导套的工艺过程适当归纳，大致可划分成如下几个加工阶段：

备料(获得一定尺寸的毛坯)阶段→粗加工和半精加工(去除毛坯的大部分余量，使其接近或达到零件的最终尺寸)阶段→热处理(达到需要硬度)阶段→精加工阶段→光整加工阶段(使某些表面的粗糙度达到设计要求)

在各加工阶段中应划分多少工序，零件在加工中应采用什么工艺方法和设备等，应根据生产类型、零件的形状、尺寸大小、零件的结构工艺性以及工厂的设备技术状况等条件综合考虑。在不同的生产条件下，对同一零件加工所采用的加工设备、工序的划分也不一定相同。

2.2.2 上、下模座的加工

冷冲模的上、下模座用来安装导柱、导套，连接凸、凹模固定板等零件，其结构、尺寸已标准化。

图 2-9 所示是中间导柱的标准模座，多用铸铁或铸钢制造。为保证模架的装配要求，使模架工作时上模座沿导柱上、下移动平稳，无滞阻现象，加工后应保证：模座的上、下平面保持平行，对于不同尺寸的模座其平行度公差见表 2-5；上、下模座上导柱、导套安装孔的孔间距离尺寸应保持一致；孔的轴心线应与模座的上、下平面垂直，对安装滑动导柱的模座，其垂直度公差不超过 100：0.01 mm。

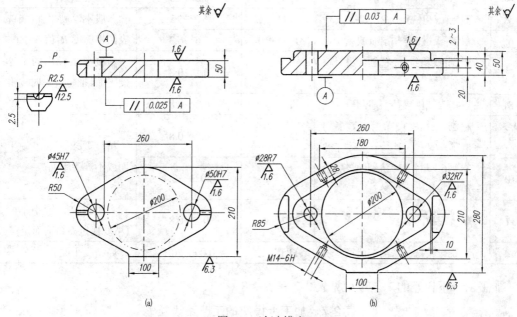

图 2-9　冷冲模座

(a) 上模座；(b) 下模座

表 2-5　模座上、下平面的平行度公差　　　　　　　单位：mm

基本尺寸	公差等级		基本尺寸	公差等级	
	4	5		4	5
	公差值			公差值	
>40~63	0.008	0.012	>250~400	0.020	0.030
>63~100	0.010	0.015	>400~630	0.025	0.040
>100~160	0.012	0.020	>630~1000	0.030	0.050
>160~250	0.015	0.025	>1000~1600	0.040	0.060

注：① 基本尺寸是指被测表面的最大长度尺寸或最大宽度尺寸。

　　② 公差等级按 GB/T 1184—1980《形状和位置公差未注公差的规定》。

　　③ 公差等级 4 级，适用于 0Ⅰ、Ⅰ级模架。

　　④ 公差等级 5 级，适用于 0Ⅱ、Ⅱ级模架。

模座加工主要是平面加工和孔系加工。为了加工方便和易于保证加工技术要求，在各工艺阶段应先加工平面，再以平面定位加工孔系(先面后孔)。平面的加工方案及加工精度见表2-6。

表 2-6　平面的加工方案及加工精度

序号	加工方案	经济精度	经济粗糙度 R_a/μm	适用范围
1	粗车	IT11～13	12.5～50	端面
2	粗车—半精车	IT8～10	3.2～6.3	
3	粗车—半精车—精车	IT7～8	0.8～1.6	
4	粗车—半精车—磨削	IT6～8	0.2～0.8	
5	粗刨(或粗铣)	IT11～13	6.3～25	一般不淬硬平面(端铣表面粗糙度 R_a 值较小)
6	粗刨(或粗铣)—精刨(或精铣)	IT8～10	1.6～6.3	
7	粗刨(或粗铣)—精刨(或精铣)—刮研	IT6～7	0.1～0.8	精度要求较高的不淬硬平面，批量较大时宜采用宽刃精刨方案
8	以宽刃精刨代替上述刮研	IT7	0.2～0.8	
9	粗刨(或粗铣)—精刨(或精铣)—磨削	IT7	0.2～0.8	精度要求高的淬硬平面或不淬硬平面
10	粗刨(或粗铣)—精刨(或精铣)—粗磨—精磨	IT6～7	0.025～0.4	
11	粗铣—拉	IT7～9	0.2～0.8	大量生产，较小平面(精度视拉刀精度而定)
12	粗铣—精铣—磨削—研磨	IT5以上	0.006～0.1	高精度平面

加工上、下模座的工艺过程见表 2-7 和表 2-8。

表 2-7　加工上模座的工艺路线

工序号	工序名称	工序内容	设　备	工序简图
1	备料	铸造毛坯		
2	刨平面	刨上、下平面，保证尺寸 50.8 mm	牛头刨床	50.8
3	磨平面	磨上、下平面，保证尺寸 50 mm	平面磨床	50
4	钳工划线	划前部和导套孔线		260 / 210

工序号	工序名称	工序内容	设 备	工序简图
5	铣前部	按线铣前部	立铣床	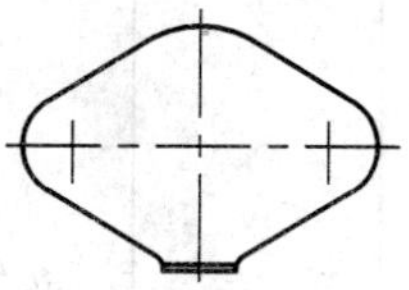
6	钻孔	按线钻导套孔至ϕ43 mm、ϕ48 mm	立式钻床	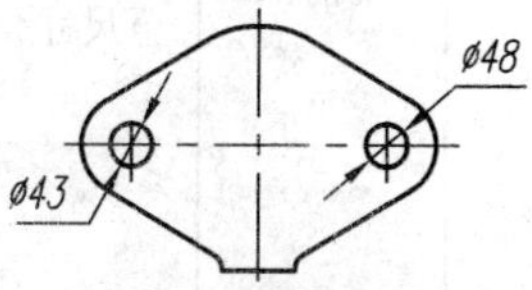
7	镗孔	和下模座重叠，一起镗孔至ϕ45H7、ϕ50H7	镗床或铣床	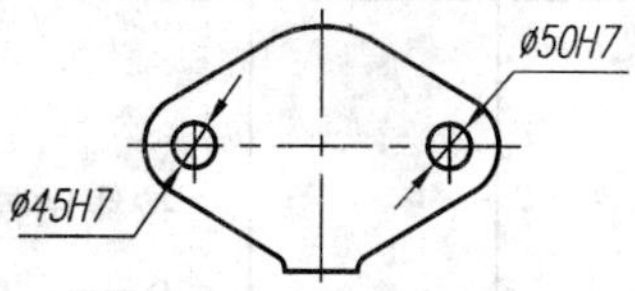
8	铣槽	按线铣 R2.5 mm 的圆弧槽	卧式铣床	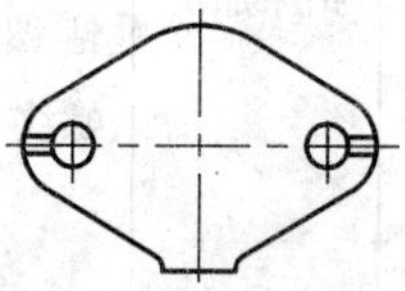
9	检验			

表 2-8 加工下模座的工艺路线

工序号	工序名称	工序内容	设 备	工 序 简 图
1	备料	铸造毛坯		
2	刨平面	刨上、下平面，保证尺寸 50.8 mm	牛头刨床	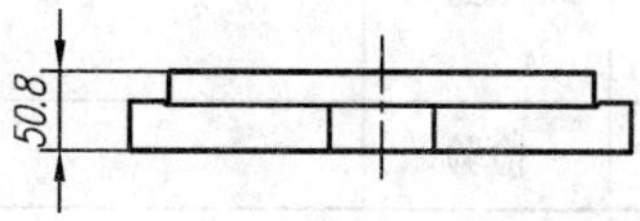
3	磨平面	磨上、下平面，保证尺寸 50 mm	平面磨床	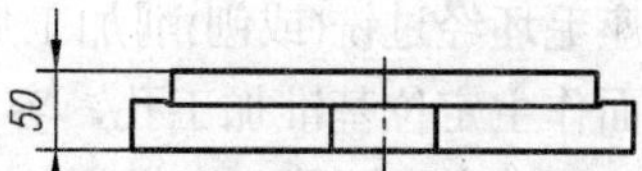
4	钳工划线	划前部线 划导柱孔和螺纹孔		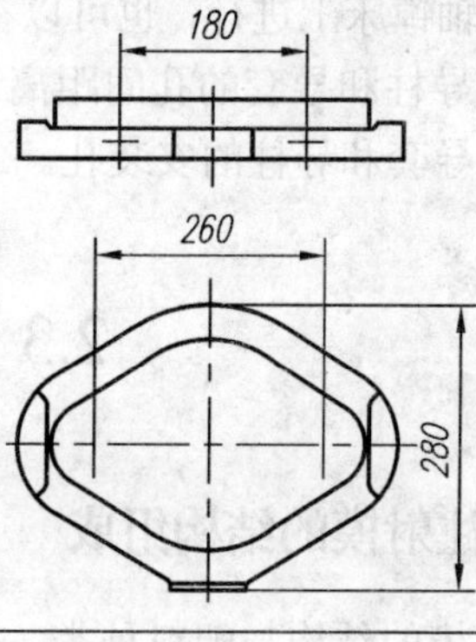

工序号	工序名称	工序内容	设备	工序简图
5	铣前部	按线铣前部肩台至尺寸	立铣床	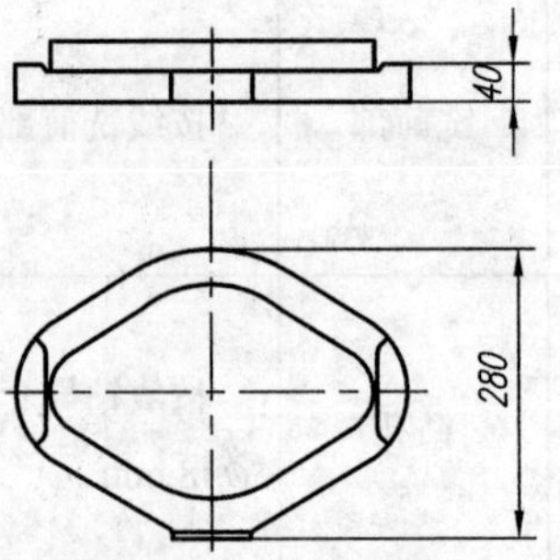
6	钻床加工	按线钻导套孔至ϕ30 mm、ϕ26 mm，钻螺纹底孔并攻螺纹	立式钻床	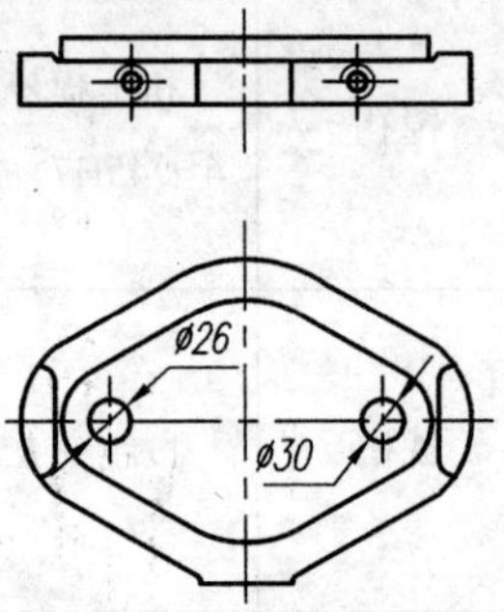
7	镗孔	和上模座重叠，一起镗孔至ϕ32R7、ϕ28R7	镗床或铣床	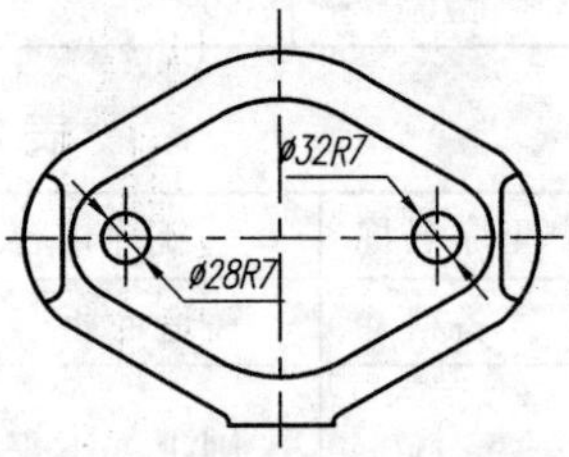
8	检验			

　　模座毛坯经过铣(或刨)削加工后，可以提高磨削平面的平面度和上、下平面的平行度。再以平面作主定位基准加工孔，容易保证孔的垂直度要求。

　　上、下模座的镗孔工序根据加工要求和生产条件，可以在专用镗床(批量较大时)、坐标镗床、双轴镗床上进行，也可以在铣床或摇臂钻等机床上采用坐标法或利用引导元件进行。为了保证导柱和导套的孔间距离一致，在镗孔时常将上、下模座重叠在一起，一次装夹，同时镗出导套和导柱的安装孔。

2.3　注射模模架的加工

2.3.1　注射模的结构组成

　　注射模的结构与塑料种类、制品的结构形状、制品的产量、注射工艺条件、注射机的种类等多项因素有关，因此其结构可以有多种变化。无论各种注射模结构之间差异多大，但在基本结构组成方面都有许多共同的特点。在如图 2-10 所示的注射模中，根据各零(部)件与塑料的接触情况，可以将模具的组成零件分为以下两类：

(1) 成型零件：指与塑料接触并构成模腔的那些零件。它们决定着塑料制品的几何形状和尺寸，如凸模(型芯)形成制件的内形，而凹模(型腔)形成制件的外形。

(2) 结构零件：指除成型零件以外的模具零件。这些零件具有支承、导向、排气、顶出制品、侧向抽芯、侧向分型、温度调节、引导塑料熔体向模腔流动等功能。

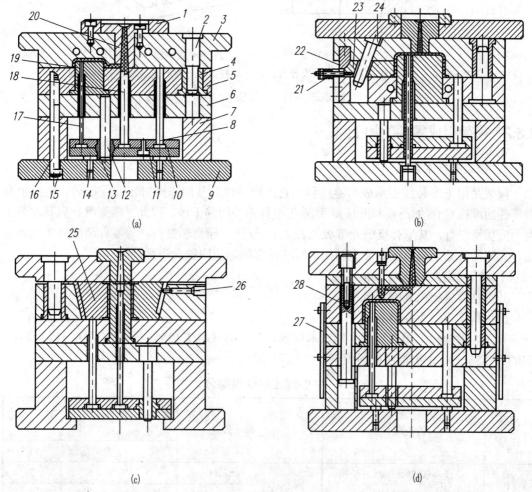

(a)

(b)

(c)

(d)

1—定位圈；2—导柱；3—凹模；4—导套；5—型芯固定板；6—支承板；7—垫块；
8—复位杆；9—动模座板；10—推杆固定板；11—推板；12—推板导柱；13—推板导套；
14—限位钉；15—螺钉；16—定位销；17—推杆；18—拉料杆；19—型芯；20—浇口套；
21—弹簧；22—楔紧块；23—侧型芯滑块；24—斜销；25—斜滑块；26—限位螺钉；
27—定距拉板；28—定距拉杆

图 2-10　不同结构形式的注射模

(a) 普通标准模架注射模；(b) 侧形芯式注射模；(c) 拼块式注射模；(d) 三板式注射模

在结构零件中，合模导向装置与支承零部件的组合构成注射模模架，如图 2-11 所示。

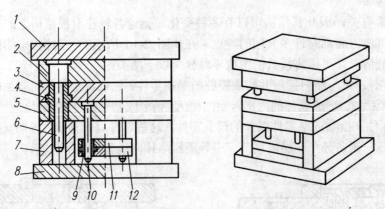

1—定模座板；2—定模板；3—动模板；4—导套；5—支承板；6—导柱；
7—垫块；8—动模座板；9—推板导套；10—导柱；11—推杆固定板；12—推板

图 2-11 注射模架

2.3.2 模架组成零件的加工

1．模架的技术要求

模架是用来安装或支承成形零件和其它结构零件的基础，同时还要保证动、定模上有关零件的准确对合(如凸模和凹模)，并避免模具零件间的干涉。因此，模架组合后其安装基准面应保持平行，其平行度公差等级见表 2-9。导柱、导套和复位杆等零件装配后要运动灵活、无阻滞现象。模具主要分型面闭合时的贴合间隙值应符合下列要求：

Ⅰ级精度模架为 0.02 mm；

Ⅱ级精度模架为 0.03 mm；

Ⅲ级精度模架为 0.04 mm。

有关注射模模架组合后的详细技术要求，可参阅 GB/T 12555－90(大型注射模模架)、GB/T 12556－90(中小型注射模模架)。

表 2-9 中小型注射模模架分级指标

项目序号	检查项目	主 参 数		精度分级		
				Ⅰ	Ⅱ	Ⅲ
				公差等级		
1	定模座板的上平面对动模板的下平面的平行度	周界	≤400	5	6	7
			>400～900	6	7	8
2	模板导柱孔的垂直度	厚度	≤200	4	5	6

2．模架零件的加工

若从零件结构和制造工艺考虑，图 2-11 所示模架的基本组成零件有三种类型：导柱、导套及各种模板(平板状零件)。导柱、导套的加工主要是内、外圆柱面加工，适应加工不同精度要求的内、外圆柱面的各种工艺方法、工艺方案及基准选择等在冷冲模模架的加工中已经讲到，这里不再重述。支承零件(各种模板、支承板)都是平板状零件，在制造过程中主要进行平面加工和孔系加工，在平面加工中要特别注意防止变形，保证装配时有关结合平面的平面度和平行度要求。特别是在粗加工后若模板有弯曲变形，则在磨削加工时电磁吸盘会把这种变形矫正过来，而磨削后加工表面的形状误差并不会得到矫正。为此，应在电磁吸盘未接通电流的情况下，用适当厚度的垫片垫入模板与电磁吸盘间的间隙中，再进行磨削。上、下两面用同样方法交替进行，可获得 0.02/300 mm^2 以下的平面度。若需要精度更高的平面，应采用刮研方法加工。

为了保证动、定模板上导柱、导套安装孔的位置精度，根据实际加工条件，可采用坐标镗床、双轴坐标镗床或数控坐标镗床进行加工。若无上述设备且精度要求较低，也可在卧式镗床或铣床上，将动、定模板重叠在一起，一次装夹，同时镗出相应的导柱和导套的安装孔。在对模板进行镗孔加工时，应在模板平面精加工后以模板的大平面及两相邻侧面作定位基准，将模板放置在机床工作台的等高垫铁上。各等高垫铁的高度应严格保持一致，对于精密模板，等高垫铁的高度差应小于 3 μm。工作台和垫铁应用净布擦拭，彻底清除切屑粉末。模板的定位面应用细油石打磨，以去掉模板在搬运过程中产生的划痕。在使模板大致达到平行后，轻轻夹住，然后以长度方向的前侧面为基准，用百分表找正后将其压紧，最后将工作台再移动一次，进行检验并加以确认。模板用螺栓加垫圈紧固，压板着力点不应偏离等高垫铁中心，以免模板产生变形。如图 2-12 所示。

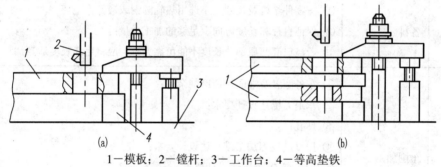

1—模板；2—镗杆；3—工作台；4—等高垫铁

图 2-12 模板的装夹

(a) 模板单个镗孔；(b) 定、动模板同时镗孔

2.3.3 其它结构零件的加工

1. 浇口套的加工

常见的浇口套有两种类型，如图 2-13 所示的 A 型和 B 型。图中 B 型结构在模具装配时，用固定在定模上的定位环压住左端台阶面，防止注射时浇口套在塑料熔体的压力作用下退出定模。d 与定模上相应孔的配合为 H7/m6；D 与定位环内孔的配合为 H10/f9。由于注射成型时浇口套要与高温塑料熔体和注射机喷嘴反复接触和碰撞，因此浇口套一般采用碳素工具钢 T8A 制造，局部热处理，硬度 HRC57 左右。

与一般套类零件相比，浇口套锥孔小(其小端直径一般为 3～8 mm)，加工较难，同时还应保证浇口套锥孔与外圆同轴，以便在模具安装时通过定位环使浇口套与注射机的喷嘴对准。

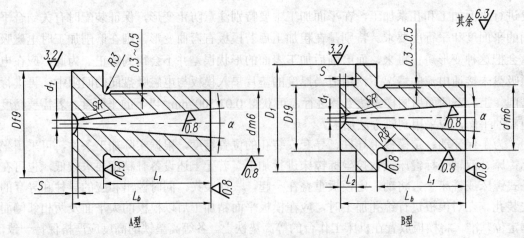

图 2-13 浇口套

图 2-13 所示浇口套的工艺路线见表 2-10。

表 2-10 加工浇口套的工艺过程

工序号	工序名称	工 艺 说 明
1	备料	① 按零件结构及尺寸大小选用热轧圆钢或锻件作毛坯; ② 保证直径和长度方向上足够的加工余量; ③ 若浇口套凸肩部分长度不能可靠夹持,应将毛坯长度适当加长
2	车削加工	① 车外圆 d 及端面,留磨削余量; ② 车退刀槽达设计要求; ③ 钻孔; ④ 用锥度绞刀加工锥孔达设计要求; ⑤ 调头车 D_1 外圆达设计要求; ⑥ 车外圆 D,留磨削余量; ⑦ 车端面保证尺寸 L_b; ⑧ 车球面凹坑达设计要求
3	检验	
4	热处理	
5	磨削加工	以锥孔定位,磨外圆 d 及 D 达设计要求
6	检验	

2. 侧型芯滑块的加工

当注射成型带有侧凹或侧孔的塑料制品时,模具必须带有侧向分型或侧向抽芯机构,如图 2-10(c)、(b)所示。图 2-14 是一种斜导柱抽芯机构的结构图。图 2-14(a)所示为合模状态,图 2-14(b)所示为开模状态。在侧型芯滑块上装有侧向型芯或成型镶块。侧型芯滑块与滑槽可采用不同的结构组合,如图 2-15 所示。

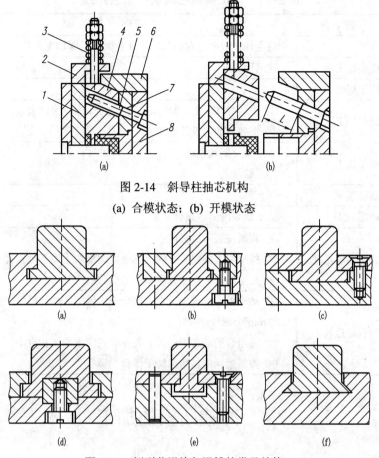

图 2-14　斜导柱抽芯机构

(a) 合模状态；(b) 开模状态

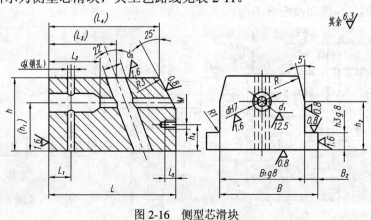

图 2-15　侧型芯滑块与滑槽的常见结构

　　从以上结构可以看出，侧型芯滑块是侧向抽芯机构的重要组成零件，注射成型和抽芯的可靠性需要它的运动精度保证。滑块与滑槽的配合特性常选用 H8/g7 或 H8/h8，其余部分应留有较大的间隙，两者配合面的粗糙度 R_a＜0.63～1.25 μm。滑块材料常采用 45 钢或碳素工具钢，导滑部分可局部或全部淬硬，硬度 HRC40～45。

　　图 2-16 所示为侧型芯滑块，其工艺路线见表 2-11。

图 2-16　侧型芯滑块

表 2-11　加工侧型芯滑块的工艺路线

工序号	工序名称	工　序　说　明
1	备料	将毛坯锻成平行六面体，保证各面有足够加工余量
2	铣削加工	铣六面
3	钳工划线	
4	铣削加工	① 铣滑导部，$R_a=0.8\,\mu m$ 及以上，表面留磨削余量； ② 铣各斜面达设计要求
5	钳工加工	去毛刺、倒钝锐边 加工螺纹孔
6	热处理	
7	磨削加工	磨滑块导滑面达设计要求
8	镗型芯固定孔	① 将滑块装入滑槽内； ② 按型腔上侧型芯孔的位置确定侧滑块上型芯固定孔的位置尺寸； ③ 按上述位置尺寸镗滑块上的型芯固定孔
9	镗斜导柱孔	① 动模板、定模板组合，楔紧块将侧型芯滑块锁紧(在分型面上用 0.02 mm 金属片垫实)； ② 将组合的动、定模板装夹在卧式镗床的工作台上； ③ 按斜销孔的斜角偏转工作台，镗孔

2.4　冲裁凸模的加工

冲裁凸模的刃口形状种类繁多，从工艺角度考虑，可将其分为圆形和非圆形两种。

2.4.1　圆形凸模的加工

图 2-17 所示是圆形凸模的典型结构。这种凸模加工比较简单，热处理前毛坯经车削加工，表面粗糙度在 $R_a=0.8\,\mu m$ 及其以上，表面留适当磨削余量；热处理后，经磨削加工即可获得较理想的工作型面及配合表面。

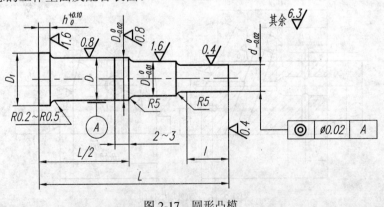

图 2-17　圆形凸模

2.4.2 非圆形凸模的加工

凸模的非圆形工作型面,大致分为平面结构和非平面结构两种。加工以平面构成的凸模型面(或主要是平面)比较容易,可采用铣削或刨削方法对各表面逐次进行加工,如图 2-18 所示。

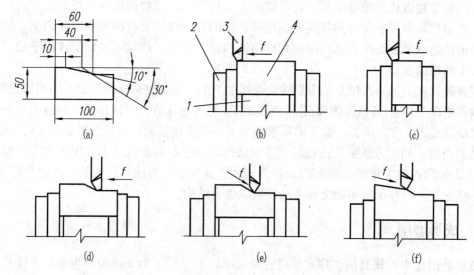

1—垫块;2—平口钳;3—刨刀;4—凸模

图 2-18　平面结构凸模的刨削加工

(a) 凸模;(b) 刨四面;(c) 刨两端面;(d) 刨小平面;(e) 刨30°斜面;(f) 刨10°斜面

采用铣削方法加工平面结构的凸模时,多采用立铣和万能工具铣床进行加工。对于这类模具中某些倾斜平面的加工方法有:

(1) 工件斜置:装夹工件时使被加工斜面处于水平位置进行加工,如图 2-19 所示。

(2) 刀具斜置:使刀具相对于工件倾斜一定的角度对被加工表面进行加工,如图 2-20 所示。

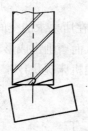

图 2-19　工件斜置铣削

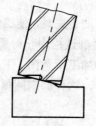

图 2-20　刀具斜置铣削

(3) 将刀具制成一定的锥度对斜面进行加工,这种方法一般少用。

加工非平面结构的凸模(如图 1-21 所示)时,可根据凸模形状、结构特点和尺寸大小采用车床、仿形铣床、数控铣床或通用铣(刨)床等进行加工。

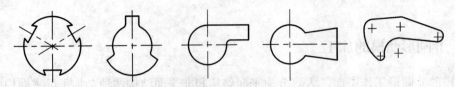

图 2-21 非平面结构的凸模

　　采用仿形铣床或数控铣床加工，可以减轻劳动强度，容易获得所要求的形状尺寸。数
控铣削的加工精度比仿形铣削高。仿形铣削是靠仿形销和靠模的接触来控制铣刀的运动，
因此，仿形销和靠模的尺寸形状误差、仿形运动的灵敏度等会直接影响零件的加工精度。
无论仿形铣削或数控铣削，都应采用螺旋齿铣刀进行加工，这样可使切削过程平稳，容易
获得较小的粗糙度。

　　在普通铣床上加工凸模是采用划线法进行加工的。加工时按凸模上划出的刃口轮廓线，
手动操作机床工作台(或机床附件)进行切削加工。这种加工方法对操作工人的技术水平要求
高，劳动强度大，生产率低，加工质量取决于工人的操作技能，而且会增加钳工的工作量。

　　当采用铣、刨削方法加工凸模的工作型面时，由于结构原因而不能用一种方法加工出
全部型面(如凹入的尖角和小圆弧)时，应考虑采用其它加工方法对这些部位进行补充加工。
在某些情况下，为便于机械加工而将凸模做成组合结构。

2.4.3　成形磨削

　　成形磨削用来对模具的工作零件进行精加工，不仅用于加工凸模，也可加工镶拼式凹
模的工作型面。采用成形磨削加工模具零件可获得高精度的尺寸、形状；可以加工淬硬钢
和硬质合金，能获得良好的表面质量。根据工厂的设备条件，成形磨削可在通用平面磨床
上采用专用夹具或成形砂轮进行，也可在专用的成形磨床上进行。

　　成形磨削的方法有以下几种：

　　1．成形砂轮磨削法

　　这种方法是将砂轮修整成与工件被磨削表面完全吻合的形状进行磨削加工，以获得所
需要的成形表面，如图 2-22 所示。此法一次所能磨削的表面宽度不能太大。为获得一定形
状的成形砂轮，可将金刚石固定在专门设计的修整夹具上对砂轮进行修整。

　　2．夹具磨削法

　　夹具磨削法是借助于夹具，使工件的被加工表面处在所要求的空间位置上(如图 2-24(b)
所示)，或使工件在磨削过程中获得所需的进给运动，从而磨削出成形表面。图 2-23 所示是
用夹具磨削圆弧面的加工示意图。工件除作纵向进给(由机床提供)外，还可以借助夹具使工
件作断续的圆周进给，这种磨削圆弧的方法叫回转法。

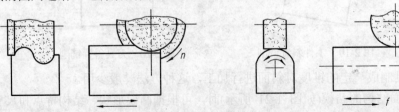

图 2-22　成形砂轮磨削法　　　　　图 2-23　用夹具磨削圆弧面

常见的成形磨削夹具有：

(1) 正弦精密平口钳。如图 2-24(a)所示，夹具由带正弦规的虎钳和底座 6 组成。正弦圆柱 4 被固定在虎钳体 3 的底面，用压板 5 使其紧贴在底座 6 的定位面上。在正弦圆柱和底座间垫入适当尺寸的量块，可使虎钳倾斜成所需的角度，以磨削工件上的倾斜表面，如图 2-24(b)所示。量块尺寸按下式计算：

$$h_1 = L \sin\alpha$$

式中：h_1——垫入的量块尺寸，单位为 mm；

L——正弦圆柱的中心距，单位为 mm；

α——工件需要倾斜的角度，单位为 (°)。

正弦精密平口钳的最大倾斜角度为 45°。为了保证磨削精度，应使工件在夹具内正确定位，工件的定位基面应预先磨平并保证垂直。

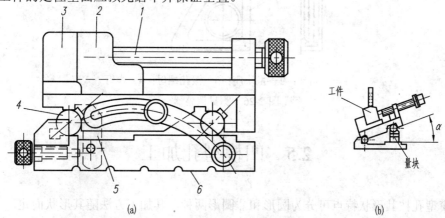

1—螺柱；2—活动钳口；3—虎钳体；4—正弦圆柱；5—压板；6—底座

图 2-24　正弦精密平口钳

(a) 正弦精密平口钳；(b) 磨削示意图

(2) 正弦磁力夹具。正弦磁力夹具的结构和应用情况与正弦精密平口钳相似，两者的区别在于正弦磁力夹具是用磁力代替平口钳夹紧工件，如图 2-25 所示。电磁吸盘能倾斜的最大角度也是 45°。

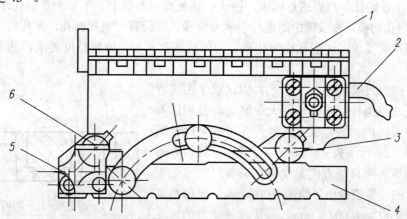

1—电磁吸盘；2—电源线；3、6—正弦圆柱；4—底座；5—锁紧手轮

图 2-25　正弦磁力夹具

以上磨削夹具若配合成形砂轮，也能磨削平面与圆弧面组成的形状复杂的成形表面。进行成形磨削时，被磨削表面的尺寸常采用测量调整器、量块和百分表进行比较测量。测量调整器的结构如图 2-26 所示。量块座 2 能在三角架 1 的斜面上沿 V 形槽上、下移动，当移动到适当位置后，用滚花螺母 3 和螺钉 4 固定。为了保证测量精度，要求量块座沿斜面移至任何位置时，量块支承面 A、B 应分别与测量调整器的安装基面 D、C 保持平行，其误差不大于 0.005 mm。

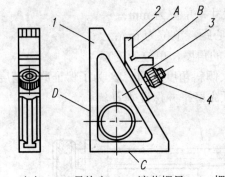

1—三角架；2—量块座；3—滚花螺母；4—螺钉

图 2-26　测量调整器

2.5　凹模型孔加工

凹模型孔按其形状特点可分为圆形和非圆形两种，其加工方法随其形状而定。

2.5.1　圆形型孔

具有圆形型孔的凹模有以下两种情况：

(1) 单型孔凹模。这类凹模制造工艺比较简单，毛坯经锻造、退火后进行车削(或铣削)及钻、镗型孔，并在上、下平面和型孔处留适当磨削余量；再由钳工划线、钻所有固定用孔、攻螺纹、铰销孔，然后进行淬火、回火；热处理后磨削上、下平面及型孔即成。

(2) 多型孔凹模。冲裁模中的连续模和复合模，凹模有一系列圆孔，各孔尺寸及相互位置有较高的精度要求，这些孔称为孔系。为保持各孔的相互位置精度要求，常采用坐标法进行加工。

镶入结构的凹模如图 2-27 所示。固定板 1 不进行淬火处理。凹模镶件经淬火、回火和磨削后分别压入固定板的相应孔内。固定板上的镶件孔可在坐标镗床上加工。图 2-28 所示为立式双柱坐标镗床。该机床的工作台能在纵、横移动方向上作精确调整，大多数工作台移动量的读数值最小单位为 0.001 mm；定位精度一般可达 $\pm 0.002 \sim 0.0025$ mm。工作台移动值的读取方法可采用光学式或数字显示式。

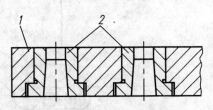

1—固定板；2—凹模镶块

图 2-27　镶入式凹模

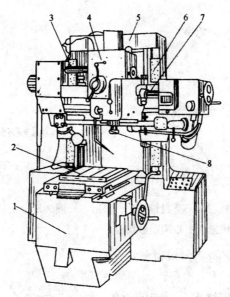

1—床身；2—工作台；3、6—立轴；4—主轴箱；5—顶梁；7—横梁；8—主轴

图 2-28　立式双柱坐标镗床

在坐标镗床上按坐标法镗孔，是将各孔间的尺寸转化为直角坐标尺寸，如图 2-29 所示。加工时将工件置于机床的工作台上，用百分表找正相互垂直的基准面 a、b，使其分别和工作台的纵、横运动方向平行后夹紧。使基准 a 与主轴的轴线对准，将工作台横向移动 x_1；再使基准 b 与主轴的轴线对准，将工作台纵向移动 y_1。此时，主轴的轴线与孔 I 的轴线重合，可将孔加工到所要求的尺寸。加工完孔 I 后，按坐标尺寸 x_2、y_2 及 x_3、y_3 调整工作台，使孔 II 及孔 III 的轴线依次和机床主轴的轴线重合，镗出孔 II 及孔 III。

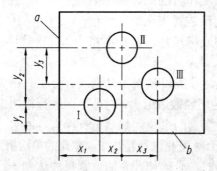

图 2-29　孔系的直角坐标尺寸

在工件的安装调整过程中，为了使工件上的基准 a 或 b 对准主轴的轴线，可以采用多种方法。图 2-30 所示是用定位角铁和光学中心测定器进行找正。中心测定器 2 以其锥柄定位，安装在镗床主轴的锥孔内，在目镜 3 的视场内有两对十字线。定位角铁 1 的两个工作表面互成 90°，在它的上平面上固定着一个直径约 7 mm 的镀铬钮，钮上有一条与角铁垂直工作面重合的刻线。使用时将角铁的垂直工作面紧靠工件 4 的基准面(a 面或 b 面)，移动工作台从目镜观察，使镀铬钮上的刻线恰好落在目镜视场内的两对十字线之间，如图 2-31 所示。此时，工件的基准面已对准机床主轴的轴线。

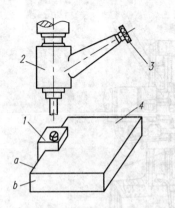

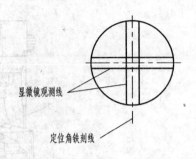

1—定位角铁；2—光学中心测定器；3—目镜；4—工件

图 2-30　用定位角铁和光学中心测定器找正

图 2-31　定位角铁刻线在显微镜中的位置

加工分布在同一圆周上的孔，可以使用坐标镗床的机床附件——万能回转工作台，如图 2-32 所示。转动手轮 3，转盘 1 可绕垂直轴旋转 360°，旋转的读数精度为 1″，使用时将转台置于坐标镗床的工作台上。当加工同一圆周上的孔时应调整工件，使各孔所在圆的圆心与转盘 1 的回转轴线重合。转动手轮 2 能使转盘 1 绕水平轴在 0～90° 的范围内倾斜某一角度，以加工工件上的斜孔。

对具有镶件结构的多型孔凹模加工，在缺少坐标镗床的情况下，也可在立式铣床上用坐标法加工孔系。为此，可在铣床工作台的纵、横运动方向上附加量块、百分表测量装置来调整工作台的移动距离，以控制孔间的坐标尺寸，其距离精度一般可达 0.02 mm。

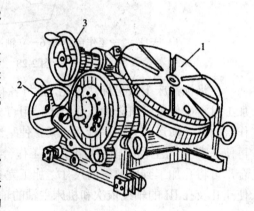

1—转盘；2、3—手轮

图 2-32　万能回转工作台

整体结构的多型孔凹模，一般以碳素工具钢或合金工具钢为原材料，热处理后其硬度常在 HRC60 以上。制造时毛坯经锻造退火，对各平面进行粗加工和半精加工，钻、镗型孔。在上、下平面及型孔处留适当磨削余量，然后进行淬火、回火。热处理后，磨削上、下平面，以平面定位在坐标磨床上对型孔进行精加工。型孔的单边磨削余量通常不超过 0.2 mm。

在对型孔进行镗孔加工时，必须使孔系的位置尺寸达到一定的精度要求，否则会给坐标磨床加工造成困难。最理想的方法是用加工中心进行加工，它不仅能保证各型孔相互间的位置尺寸精度要求，而且凹模上的所有螺纹孔、定位销孔的加工都可在一次安装中全部完成，极大地简化了操作，有利于劳动生产率的提高。

2.5.2　非圆形型孔

非圆形型孔的凹模如图 2-33 所示，机械加工比较困难。由于数控线切割加工技术的发展及其在模具制造中的广泛应用，许多传统的型孔加工方法都被该技术所取代。机械加工主要用于线切割加工受到尺寸大小限制或缺少线切割加工设备的情况下。

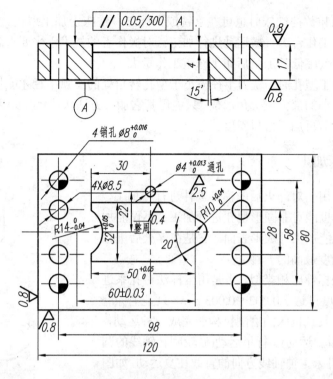

图 2-33　非圆形型孔凹模

非圆形型孔的凹模通常是将毛坯锻造成矩形，加工各平面后进行划线，再将型孔中心的余料去除而成的。图 2-34 所示是沿型孔轮廓线内侧顺次钻孔后，将孔两边的连接部凿断，去除余料。如果工厂有带锯机，可先在型孔的转折处钻孔后，用带锯机沿型孔轮廓线将余料切除，并按后续工序要求沿型孔轮廓线留适当加工余量。用带锯机去除余料生产效率高。

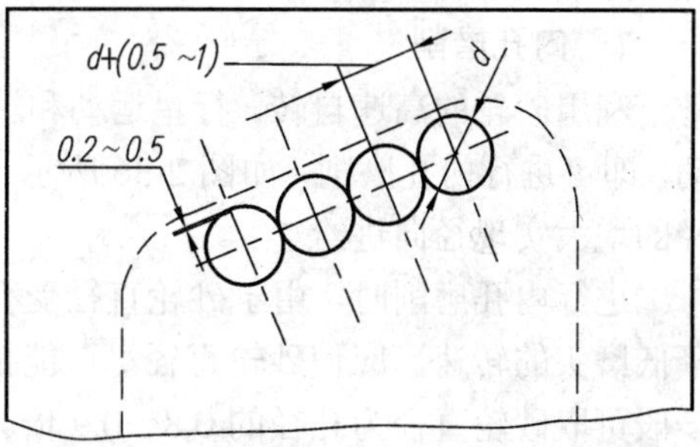

当凹模尺寸较大时，也可用气(氧–乙炔焰)割方法去除型孔内部的余料。切割时型孔应留有足够的加工余量。切割后的模坯应进行退火处理，以便进行后续加工。

图 2-34　型孔轮廓线钻孔

切除余料后，可采用以下方法对型孔进行进一步加工：

仿形铣削：在仿形铣床上采用平面轮廓仿形，对型孔进行半精加工或精加工，其加工精度可达 0.05 mm，表面粗糙度 R_a＝2.5～1.5 μm。仿形铣削加工容易获得形状复杂的型孔，可减轻操作者的劳动强度，但需要制造靠模，使生产周期增长。靠模通常都用容易加工的木材制造，因受温度、湿度的影响极易变形，影响加工精度。

数控加工：用数控铣床加工型孔，容易获得比仿形铣削更高的加工精度。不需要制造靠模，通过数控指令使加工过程实现自动化，可降低对操作工人的技能要求，而且使生产效率提高。此外，还可采用加工中心对凹模进行加工。在加工中心上经一次装夹不仅能加工非圆形型孔，还能同时加工固定螺孔和销孔。

在无仿形铣床和数控铣床时也可在立铣或万能工具铣床上加工型孔。铣削时按型孔轮廓线手动操作铣床工作台纵、横运动进行加工。对操作者的技术水平要求高，劳动强度大，加工精度低，生产效率低，加工后钳工修正工作量大。

用铣削方法加工型孔时，铣刀半径应小于型孔转角处的圆弧半径才能将型孔加工出来。对于转角半径特别小的部位或尖角部位，只能用其它加工方法(如插削)或钳工进行修整来获得型孔。加工完毕后再加工落料斜度。

2.5.3 坐标磨床加工

坐标磨床主要用于对淬火后的模具零件进行精加工，不仅能加工圆孔，也能对非圆形型孔进行加工；不仅能加工内成形表面，也能加工外成形表面。它是在淬火后进行孔加工的机床中精度最高的一种。

坐标磨床和坐标镗床相类似，也是用坐标法对孔系进行加工，其坐标精度可达±0.002～0.003 mm，只是坐标磨床用砂轮作切削工具。机床的磨削机构能完成三种运动，即砂轮的高速自转(主运动)、行星运动(砂轮回转轴线的圆周运动)及砂轮沿机床主轴轴线方向的直线往复运动，如图2-35 所示。

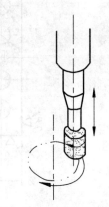

图 2-35　砂轮的三种运动

在坐标磨床上进行磨削加工的基本方法有以下几种。

1．内孔磨削

利用砂轮的高速自转、行星运动和轴向的直线往复运动，即可进行内孔磨削，如图 2-36 所示。利用行星运动直径的增大实现径向进给。

进行内孔磨削时，由于砂轮直径受孔径限制，同时为降低磨头的转速，应使砂轮直径尽可能接近磨削的孔径，一般可取砂轮直径为孔径的 0.8～0.9 倍。砂轮高速回转(主运动)的线速度，一般比普通磨削的线速度低。行星运动(圆周进给)的速度大约是主运动线速度的 0.15 倍左右。慢的

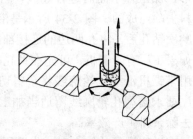

图 2-36　内孔磨削

行星运动速度将减小磨削量，但对表面加工质量有好处。砂轮的轴向往复运动(轴向进给)的速度与磨削的精度有关：粗磨时，往复运动速度可在 0.5～0.8 mm/min 范围内选取；精磨时，往复运动速度可在 0.05～0.25 mm/min 范围内选取。尤其在精加工结束时，要用很低的行程速度。

2．外圆磨削

外圆磨削也是利用砂轮的高速自转、行星运动和轴向往复运动实现的，如图 2-37 所示。利用行星运动直径的缩小，实现径向进给。

3．锥孔磨削

磨削锥孔则是由机床上的专门机构使砂轮在轴向进给的同时，连续改变行星运动的半径。锥孔的锥顶角大小取决于两者变化的比值，所磨锥孔的最大锥顶角为 12°。

磨削锥孔的砂轮应修出相应的锥角，如图 2-38 所示。

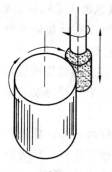

图 2-37　外圆磨削

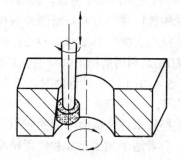

图 2-38　锥孔磨削

4．平面磨削

平面磨削时，砂轮仅自转而不作行星运动，工作台进给，如图 2-39 所示。平面磨削适合于平面轮廓的精密加工。

5．铡磨

这种加工方法是使用专门的磨槽附件进行的，砂轮在磨槽附件上的装夹和运动情况，如图 2-40 所示。该方法可以对槽及带清角的内表面进行加工。

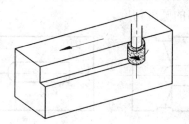

图 2-39　平面磨削

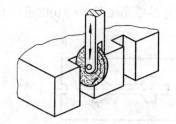

图 2-40　铡磨

将基本磨削方法综合运用，可以对一些形状复杂的型孔进行磨削加工，如图 2-41 所示。磨削该凹模型孔时，可先将平转台固定在机床工作台上，用平转台装夹工件，经找正使工件的对称中心与转台回转中心重合。调整机床使孔 O_1 的轴线与主轴线重合，用内孔磨削方法磨出 O_1 的圆弧段。再调整工作台使工件上的 O_2 与主轴中心重合，磨削该圆弧到要求尺寸。利用圆形转台将工件回转 $180°$，磨削 O_3 的圆弧到要求尺寸。

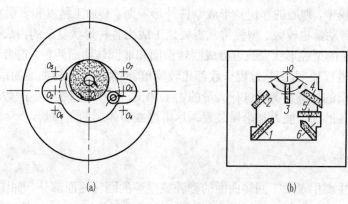

(a)　　　　　　　　　　　　　　(b)

图 2-41　磨削异型孔

使 O_4 与机床主轴轴线重合，磨削时使行星运动停止，操纵磨头来回摆动磨削 O_4 的凸圆弧。砂轮的径向进给方向与磨削外圆相同。注意使凸、凹圆弧在连接处平整光滑。利用圆形转台换位逐次磨削 O_5、O_6、O_7 的圆弧，其磨削方法与 O_4 相同。

图 2-41(b)是利用磨槽附件对型孔轮廓进行磨削加工，1、4、6 是采用成形砂轮进行磨削，2、3、5 是用平砂轮进行磨削。工作时使中心 O 与主轴重合，操纵磨头来回摆动磨削中心 O 的圆弧。要注意保证圆弧与平面在交点处衔接准确。

随着数控技术在坐标磨床上的应用，出现了点位控制坐标磨床和计算机数控连续轨迹坐标磨床，前者适于加工尺寸和位置精度要求高的多型孔凹模等零件，后者特别适合于加工某些精度要求高、形状复杂的内外轮廓面。我国生产的数控坐标磨床，如 MK2945 和 MK2932B 的数控系统均可作二坐标(x、y)联动连续轨迹磨削。MK2932B 在磨削过程中，还能同时控制砂轮轴线绕着行星运动的回转中心转动，并与 x、y 轴联动，使砂轮处在被磨削表面的法线方向，砂轮的工作母线始终处于磨床主轴的中心线上，而且可用同一穿孔带磨削内、外轮廓。使用连续轨迹坐标磨床可以提高模具的生产效率。

当型孔形状复杂，使用机械加工方法无法实现时，凹模可采用镶拼结构，这时可将内表面加工转变成外表面加工。凹模采用镶拼结构时，应尽可能将拼合面选在对称线上(如图 2-42 所示)，以便一次同时加工几个镶块；凹模的圆形刃口部位应尽可能保持完整的圆形。例如，图 2-43(a)比图 2-43(b)的拼合方式容易获得高的圆度精度。

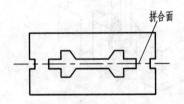

图 2-42　拼合面在对称线上

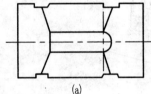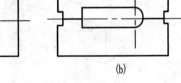

(a)　　　　　　　　(b)

图 2-43　圆形刃口的拼合

2.6　型腔加工

在各类型腔模中，型腔的作用是形成制件外形表面。其加工精度和表面质量一般都要求较高，所消耗的劳动量也较大。型腔常常需要加工成为各种形状复杂的内成形面或花纹，工艺过程复杂。常见的型腔形状大致可分成回转曲面和非回转曲面两种。前者可用车床、内圆磨床或坐标磨床进行加工，工艺过程一般都比较简单。而加工非回转曲面的型腔要困难得多，常常需要使用专门的加工设备或进行大量的钳工加工，劳动强度大，生产效率低。生产中应充分利用各种设备的加工能力和附属装置，尽可能减少钳工的工作量。

2.6.1　车削加工

车削加工法主要用于加工回转曲面的型腔或型腔的回转曲面部分。如图 2-44 所示是对拼式压塑模型腔，可用车削方法加工 ϕ44.7 mm 的圆球面和 ϕ21.71 mm 的圆锥面。

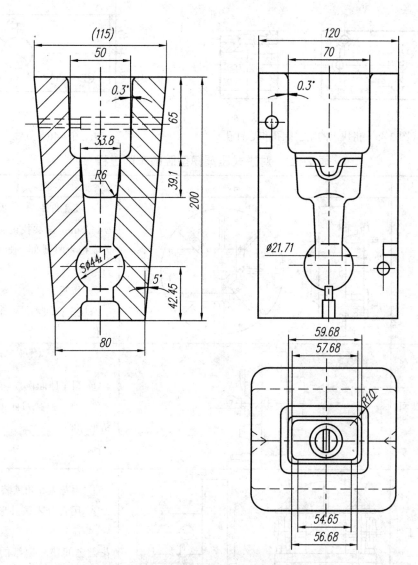

图 2-44 对拼式压塑模型腔

保证对拼式压模上两拼块的型腔相互对准是十分重要的。为此在车削前对坯料应预先完成下列加工，并为车削加工准备可靠的工艺基准：

(1) 将坯料加工为平行六面体，5° 斜面暂不加工。

(2) 在拼块上加工出导钉孔和工艺螺孔(见图 2-45)，为车削时装夹用。

(3) 将分型面磨平，在两拼块上装导钉，一端与拼块 A 过盈配合，一端与拼块 B 间隙配合。

(4) 将两拼块拼合后磨平四侧面及一端面，保证垂直度(用 90° 角尺检查)，要求两拼块厚度保持一致。

(5) 在分型面上以球心为圆心、44.7 mm 为直径划线，保证 $H_1 = H_2$，如图 2-46 所示。

对拼式压塑模型腔的车削过程见表2-12。

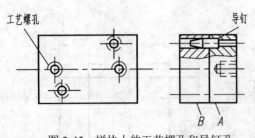

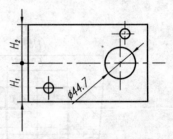

图 2-45 拼块上的工艺螺孔和导钉孔   图 2-46 划线

表 2-12   对拼式压塑模型腔的车削过程

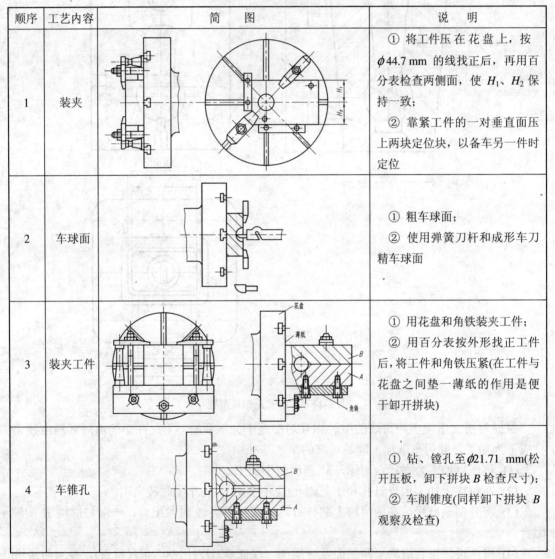

顺序	工艺内容	简 图	说 明
1	装夹		① 将工件压在花盘上,按 $\phi 44.7$ mm 的线找正后,再用百分表检查两侧面,使 H_1、H_2 保持一致; ② 靠紧工件的一对垂直面压上两块定位块,以备车另一件时定位
2	车球面		① 粗车球面; ② 使用弹簧刀杆和成形车刀精车球面
3	装夹工件		① 用花盘和角铁装夹工件; ② 用百分表按外形找正工件后,将工件和角铁压紧(在工件与花盘之间垫一薄纸的作用是便于卸开拼块)
4	车锥孔		① 钻、镗孔至 $\phi 21.71$ mm(松开压板,卸下拼块 B 检查尺寸); ② 车削锥度(同样卸下拼块 B 观察及检查)

2.6.2   铣削加工

铣床种类很多,加工范围较广,在模具加工中应用最多的是立式铣床、万能工具铣床、仿形铣床和数控铣床,尤其是数控铣床得到了广泛的应用。

1．用普通铣床加工型腔

在用普通铣床加工型腔时,使用最广的是立式铣床和万能工具铣床,它们对各种模具(如压缩模、注射模、压铸模、锻模等)的型腔,大都可以进行加工。由于模具生产多为单件生产,因此加工时常常是按模坯上划出的型腔轮廓线,手动操作机床工作台(或机床附件)进行切削加工。加工表面的粗糙度一般约 $R_a = 1.6$ μm 左右,所以加工时需要在被加工表面留适当的修磨、抛光余量,由钳工进行修整和抛光后才能成为合格的型腔。当采用普通铣床加工型腔时,工人的劳动强度大,生产效率低,对工人的操作技术水平要求也比较高。

加工型腔时,常因铣刀加长,当进给至型腔的转角处时由于切削力波动导致刀具倾斜变化而造成误差。如图 2-47 所示,当刀具半径与型腔圆角半径 R 相吻合时,刀具在圆角上的倾斜变化将导致加工部位的斜度和尺寸产生改变。为防止此种现象,应选用比型腔圆弧半径 R 小的铣刀半径进行加工。

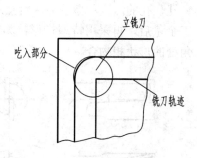

图 2-47　型腔圆角的加工

为了能加工出各种特殊形状的表面,必须准备各种不同形状和尺寸的铣刀。图 2-48 所示是适合于不同用途的单刃指形铣刀。这种铣刀制造方便,能用较短的时间制造出来,可及时满足加工的需要。刀具的几何参数应根据型腔和刀具材料、刀具强度、耐用度以及其它切削条件合理进行选择,以获得较理想的生产效率和加工质量。

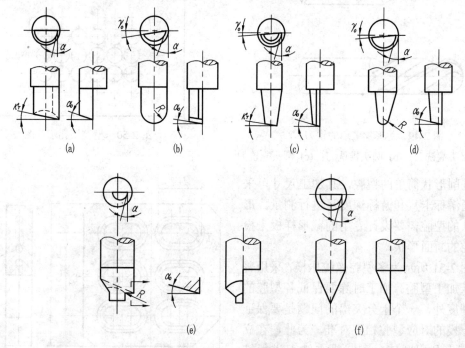

(a)　　　　　　　(b)　　　　　　　(c)　　　　　　　(d)

(e)　　　　　　　　　　　　(f)

图 2-48　单刃指形铣刀

(a) 用于平底、侧面为垂直平面工件的铣削; (b) 用于加工半圆槽及侧面垂直、底部为圆弧工件的铣削;

(c) 用于平底斜侧面的铣削; (d) 用于斜侧面、底部有圆弧槽工件的铣削;

(e) 用于铣凸圆弧面; (f) 用于刻铣细小文字及花纹

根据不同的加工条件还可采用双刃立铣刀(如图 2-49 所示)来铣削型腔。这种铣刀切削时受力平衡,铣削精度较高,能比单刃铣刀承受更大的切削量。双刃立铣刀有标准产品,可直接从市场获得。此外,在某些特殊情况下及进行粗加工时也可以采用多刃的标准立铣刀进行加工。

为了提高铣削效率,对某些铣削余量较大的型腔,铣削前可在型腔轮廓线的内部连续钻孔,孔的深度和型腔的深度接近。如图 2-50 所示,先用圆柱立铣刀粗铣,去除大部分加工余量后,再采用特型指形铣刀精铣。特型铣刀的斜度和端部形状应与型腔侧壁和底部转角处的形状相吻合。

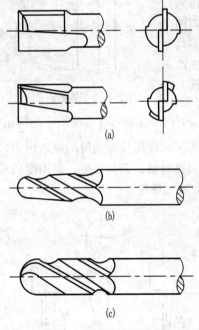

图 2-49　仿形加工用的铣刀

(a) 平头端铣刀；(b) 圆头锥铣刀；(c) 圆头立铣刀

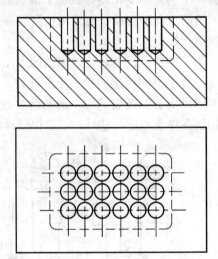

图 2-50　型腔钻孔示意图

铣削形状简单的型腔,其加工尺寸可采用普通游标卡尺和游标深度尺进行测量。形状复杂的型腔需要设计专用的截形样板来检验型腔的断面形状。

图 2-51 所示为多型腔橡胶压模,采用普通铣床加工型腔。加工时除要保证各型腔的加工精度外,一个十分突出的问题是要保证上、下模的对应型腔相互对准。为此,在立式铣床上利用圆转台和圆头立铣刀进行铣削,用量块精确控制各型腔间的位置尺寸。为了保证型腔加工时有可靠的定位基准,上、下模毛坯经粗加工和半精加工后,先将大平

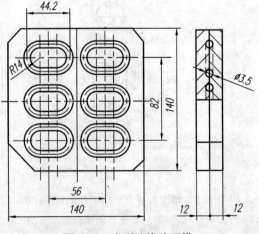

图 2-51　多型腔橡胶压模

面磨平，再将上、下模组合在一起磨侧面，并保证各面相互垂直(用角尺检查)。铣削时，先使机床主轴回转轴线与圆转台的回转中心对正，将工件安放在圆转台上，按划线找正，使一个 $R14$ mm 圆弧的中心与圆转台的圆转中心重合，再用两个定位块靠在工件的基准面上(模坯上相互垂直的两个侧面)，如图 2-52(a)所示，分别将基准块及工件压紧。移动铣床的工作台，使铣刀和待铣削的圆弧槽对正，转动圆转台进行加工，同时严格控制圆转台的回转角度，加工出一个 $R14$ mm 的圆弧槽。松开工件，在定位块与工件之间垫入适当尺寸的量块，如图 2-52(b)所示，使另一个 $R14$ mm 圆弧槽的中心与圆转台的回转中心重合，铣出该圆弧槽。用同样的方法将所有的圆弧槽加工出来。两定位块的位置一经确定后不再改变，加工上、下模都以它定位并用同样的方法进行加工，能较好地保证上、下模板上各对应型腔的位置对准。在铣削各型腔的直线部分时，应保证它们与圆弧部分的衔接平整光滑。当然，该橡胶压模型腔用数控铣削就更加方便了。

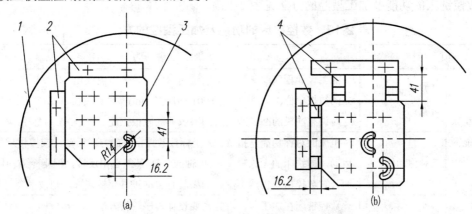

1—转盘；2—基准块；3—工件；4—量块

图2-52　用圆转台加工多型腔模板

(a) 工件安装并铣一个圆弧槽；(b) 铣第二个圆弧槽

2. 用仿形铣床加工型腔

仿形铣床可以加工各种结构形状的型腔，特别适合于加工具有曲面结构的大尺寸型腔，如图 2-53 所示。

使用仿形铣床是按照预先制好的靠模，在模坯上加工出与靠模形状完全相同的型腔，能减轻工人的劳动强度，提高铣削加工的生产率，可以较容易地加工出形状较为复杂的型腔。型腔加工精度可达 0.05 mm，表面粗糙度 R_a=2.5～1.5 μm，被加工表面并不十分平滑，有刀痕，型腔的窄槽和某些转角部位尚需钳工加以修整。所以，加工后一般都需要对型腔表面进行进一步的修整。用仿形铣床加工型腔，对不同的工件需要制造相应的靠模，使模具的生产周期增长，且靠模易变形，影响加工精度。目前，除了一些大的锻模尚用此方法加工外，其余均由数控加工中心完成。

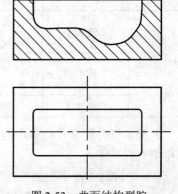

图 2-53　曲面结构型腔

2.6.3 数控机床加工

数控(NC)是指通过用数字表示的指令来控制机床的动作。它把所需要的工具信息按照一定的规则在指令带上打孔加以储存,数控机床上的控制装置读取指令带并全部自动加工。在模具制造中引入数控机床之后,不仅使单件生产具备了自动化生产的条件,而且数控机床的加工精度较高,不管操作者的熟练程度如何,只要按程序加工,都能制造出精度较高的零件来。这给模具制造带来了极其方便的条件。

当前,由于计算机功能的提高及模具标准化的实施,数控机床在模具加工中正发挥着越来越多的作用。

1. 数控铣床加工

数控铣床的功能及加工型腔的方法见表 2-13。

表 2-13　数控铣床的功能及加工型腔的方法

项　　　目		加 工 说 明
数控铣床的功能	刀具偏置的功能	能由设计程序编制的切削轨迹向内侧或外侧自由变化。只要以该铣床设立的数控单位(如 1 脉冲为 0.001~0.005 mm)操纵刻度盘,就能自由偏置。这对调整冲模的凸、凹模及卸料板的间隙很方便
	对称功能	机床的对称功能是指 X、Y 坐标按数控指令的方向运动,或按相反方向运动。即铣床的无论哪个轴(单轴或多轴)都能自由反转,但指令方向以外的其它数控指令仍然不变。如果装有自动工具交换装置,则效率会更高
数控加工条件	设计程序	数控铣床在加工前,首先需要设计程序。其方法: ① 根据图样判断加工尺寸、加工顺序、工具移动量和进给速度,按一定的规程编制程序; ② 可用手工编程和电子计算机编程,其方法参考有关资料
	数控装置的程序设计	数控装置有定位控制装置和轮廓控制装置。定位装置是控制最后位置的装置,它只给出工具的最后加工位置。轮廓控制装置要求连续控制工具的移动轨迹,不仅有直线,也有弧线,因此,必须用线段计算始点与终点,将信号编入计算机
加工方法	二轴加工	用双轴控制,如在 X、Y 平面上加工轮廓,Z 轴用手动进给,借助于刀具偏置的功能,重复加工缩小、放大轮廓
	二轴半加工	用三轴控制,但只能控制两个轴,对于 Z 轴则自动一点一点进给,在 X、Y 平面上连续加工一系列轮廓,制成立体形状
	三轴加工	三轴(X、Y、Z)同时控制,可以加工各种曲面

此外,目前还常使用多功能数控铣床加工模具零件。它具有数控与仿形相结合的功能,其主要优点在于:

(1) 能自动进行仿形加工。

(2) 能将仿形控制与计算机数控相结合,收集仿形动作及仿形条件的资料并进行储存,据此可以进行数控加工。

(3) 能将仿形加工和数控加工相结合，即形状可用仿形加工，孔可以用数控加工，从而提高了加工效率。

2. 数控磨床加工

1) 数控普通磨床

平面磨床、外圆磨床加上数控装置后，可以改造成数控磨床。如平面磨床可不用纸带，仅用数字开关就可以规定总磨削余量、粗磨削余量、精磨削余量和这些磨削的自动切量及砂轮的修整工具、自动切深量等，并能自动加工。在工作时，只要规定好以上参数后，一直可以到加工完毕，完全不需要人工参与，可以大大减化加工，减轻了工人的体力劳动。这种磨床主要适用于冲模零件的标准化生产及标准件加工，现已普遍应用到生产之中。

2) 数控成形磨床

利用数控成形磨床加工模具零件，其所需的操作过程完全是以数值控制。在加工中，只要制作出数控带和规定加工程序，即可进行自动成形加工。

数控成形磨床的类型、功能、使用要求见表 2-14。

表 2-14　数控成形磨床的类型、功能、使用要求

项　目	工 艺 说 明
类　型	① 卧式数控成形磨床：工作台作左、右往复运动； ② 立式数控成形磨床：砂轮作上、下运动
功　能	① 控制砂轮进给量； ② 控制工作台进给量； ③ 砂轮能自动修正； ④ 加工角度能自动分度
磨削方式	① 对砂轮的形状作自行成形处理，并对模块进行与砂轮形状相同的成形磨削； ② 用简单形状的砂轮，按所要求的形状成形磨削(仿形磨削)工件轮廓； ③ 复合成形砂轮及仿形两种磨削加工形式进行磨削
磨削要求	① 模具零件设计时，应设计成带有柄部的形式，以方便装夹，一次成形； ② 对上道工序的加工精度要有一定要求

3. 连续轨迹坐标磨床

连续轨迹坐标磨床可以连续进行高精度的轮廓加工，其加工范围及主要特点见表 2-15。

表 2-15　连续轨迹坐标磨床的加工范围及特点

项　目	工 艺 说 明
加工范围	① 凸轮形状的凸模及高精度零件加工； ② 曲面组成的各种型槽
加工特点	① 能加工最高精度曲线形状零件，并能保证凸、凹模间隙； ② 可连续不断加工，缩短了工时； ③ 可进行无人化运行，自动操作

4．加工中心机床

加工中心机床是把许多相关工序集中在一起，形成了一个以工件为中心的多工序自动加工机床，它本身相当于一条自动线，被应用在模具专业厂中。

加工中心机床的特点及应用见表2-16。

表2-16 加工中心机床的特点及应用

项 目	工 艺 说 明
类型	① 主轴垂直的立式加工中心机床，加工精度高，工件装夹方便，并可进行多件加工； ② 主轴横置的卧式加工中心机床，可实现多件一次加工，但排屑较困难
特点	① 加工中心机床实质是多工序可自动换刀的数控镗铣床。它有多个坐标控制系统，可实现点位控制进给钻削、锪削、铰削或连续控制铣削； ② 加工中心机床具有刀具库。各种刀具装在一个刀具库中，工件在机床上一次装夹后，由穿孔带发出指令，控制机床自动更换刀具，依次对工件各表面(除底面以外)自动完成钻削、扩孔、铰削、镗削、攻螺纹等多种加工； ③ 能自动更换主轴箱和工作台(有的没有)
数控功能	最新的加工中心机床大多采用计算机控制，不仅能指令动作，还可以储存、记录一定的加工方式(旋转数及进给量)，在加工时，只要取出这些资料，就可以对一系列工件进行处理加工
在模具制造中的应用	① 可进行多孔加工； ② 可进行无人自动操作； ③ 可进行三维(X、Y、Z)加工； ④ 加工速度快，可提高机床的利用率

从发展方向上看，加工中心机床将逐渐成为模具零件切削加工方面的关键设备。但要推广这一加工高新技术，必须实现模具标准化和自动编程装置的普及，才能更好地发挥加工中心机床的效率。

2.6.4 光整加工

光整加工是模具零件继精加工之后的工序，是以降低零件表面粗糙度、提高表面形状精度和增加表面光泽为主要目的。在模具加工中，光整加工主要用于模具的成形表面，它对于提高模具寿命和形状精度，以及保证顺利成形都起着重要的作用。

1．研磨和抛光的机理

1) 研磨的机理

研磨是使用研具、游离磨料对被加工表面进行微量加工的精密加工方法。在被加工表面和研具之间置以游离磨料和润滑剂，使被加工表面和研具之间产生相对运动并施以一定压力，磨料产生切削、挤压等作用，从而去除表面凸起处，使被加工表面精度提高、表面粗糙度降低。研磨加工过程如图2-54所示。

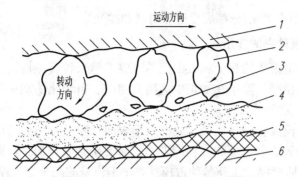

1—研具；2—磨料；3—切屑；4—原加工变质层；5—研磨加工变质层；6—工件基体

图 2-54　研磨加工过程示意图

在研磨过程中，被加工表面发生复杂的物理和化学变化，主要由微刃切削、挤压塑性变形和化学作用共同产生。

2) 研磨特点

(1) 尺寸精度高。研磨采用极细的磨粒，在低速、低压作用下，逐次磨掉表面的凸峰金属，并且加工热量少，被加工表面的变形和变质层很轻微，可稳定获得高精度表面。尺寸精度可达 0.025 μm。

(2) 形状精度高。由于是微量切削，研磨运动轨迹复杂，并且不受运动精度的影响，因此可获得较高的形状精度。球体圆度可达 0.025 μm，圆柱体圆柱度可达 0.1 μm。

(3) 表面粗糙度低。在研磨过程中，磨粒的运动轨迹不重复，有利于均匀磨掉被加工表面的凸峰，从而降低表面粗糙度。表面粗糙度可达 0.1 μm。

(4) 表面耐磨性提高。由于研磨使表面质量提高，摩擦系数减小，且有效接触表面积增大，从而使耐磨性提高。

(5) 耐疲劳强度提高。由于研磨表面存在着残余压应力，这种应力有利于提高零件表面的疲劳强度。

(6) 不能提高各表面之间的位置精度。

(7) 多为手工作业，劳动强度大。

3) 抛光机理

抛光加工过程与研磨加工基本相同，抛光加工过程如图 2-55 所示。

抛光是一种比研磨更细微磨削的精密加工。研磨时研具较硬，其微切削作用和挤压塑性变形作用较强，在尺寸精度和表面粗糙度两方面都有明显的加工效果。在抛光过程中也存在着微切削作用和化学作用。由于抛光所用研具较软，因此

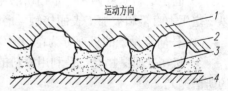

1—软质抛光器具；2—细磨粒；

3—微小切屑；4—工件

图 2-55　抛光加工过程示意图

还存在塑性流动作用。这是由于抛光过程中的摩擦现象使抛光接触点温度上升，从而引起热塑性流动。抛光的作用是进一步降低表面粗糙度，并获得光滑表面，但不提高表面的形状精度和位置精度，而研磨却能提高零件的尺寸、位置精度及表面质量。

抛光加工是在研磨之后进行的，经抛光加工后的表面粗糙度可达 $R_a = 0.4$ μm 以下。模

具成型表面的最终加工，大部分都需要进行研磨和抛光。

2. 光整加工在模具中的作用

目前，对模具成型表面的精度和表面粗糙度要求越来越高，特别是高寿命、高精密模具，已发展到微米级精度。除了在加工中选用高精度、自动化的加工设备外，研磨抛光加工也是实现高精度的重要一环。

冲压模具、塑料模具和金属压铸模具的成形表面，除了一部分可以采用超精磨削加工达到设计要求外，多数成型表面和高精度表面都需要研磨抛光加工，而且大部分需要模具钳工手工作业完成。研磨抛光工作量约占模具整个工作量的三分之一左右。

模具成型表面的粗糙度对模具寿命和制件质量都有较大影响。在采用磨削方法加工成形表面时，加工表面不可避免地会出现微细磨痕、裂纹和伤痕等缺陷，这些缺陷对于某些精密模具的影响尤为突出。

另外，各种中小型冷冲压模和型腔模的型腔、型孔成形表面的精加工手段，主要为电火花成形加工和电火花线切割加工方法，在电加工之后成形表面形成一层薄薄的变质层。变质层上的许多缺陷，除几何形状规则表面可以采用高精度的坐标磨削加工外，多数情况需要依靠研磨抛光来去除变质层，以保证成形表面的精度和表面粗糙度要求。

3. 研磨抛光分类

(1) 按研磨抛光过程中操作者参与的程度分为：

① 手工作业研磨抛光：特别是型腔中窄缝、盲孔、深孔和死角部位的加工，仍然是手工研磨抛光方法占主导地位。

② 机械设备研磨抛光：主要依靠机械设备进行的研磨抛光。它包括一般研磨抛光设备和智能自动抛光设备，这是研磨抛光发展的主要方向。机械设备研磨抛光质量不依赖操作者的个人技艺，而且工作效率比较高，如挤压研磨抛光、电化学研磨抛光等。

(2) 按磨料在研磨抛光过程中的运动轨迹分为：

① 游离磨料研磨抛光：在研磨抛光过程中，利用研磨抛光工具系统给游离状态的研磨抛光剂以一定压力，使磨料以不重复的轨迹运动进行微切削作用和微塑性挤压变形。

② 固定磨料研磨抛光：是指研磨抛光工具本身含有磨料，在加工过程中研磨抛光工具以一定压力直接和被加工表面接触，磨料和工具的运动轨迹一致。

(3) 按研磨抛光的机理分为：

① 机械式研磨抛光：是利用磨料的机械能量和切削力对被加工表面进行以微切削为主的研磨抛光。

② 非机械式研磨抛光：主要依靠电能、化学能等非机械能形式进行的研磨抛光。

(4) 按研磨抛光剂使用的条件分为：

① 湿研：将磨料和研磨液组成的研磨抛光剂连续加注或涂敷于研具表面，磨料在研具和被加工表面之间滚动或滑动，形成对被加工表面的切削运动。其加工效率较高，但加工表面的几何形状和尺寸精度不如干研。多用于粗研或半精研。

② 干研：将磨料均匀地压嵌在研具表层中，施以一定压力使嵌砂进行研磨加工。可获得很高的加工精度和低的表面粗糙度，但加工效率低。一般用于精研。

③ 半干研：类似湿研，使用糊状研磨膏。粗、精研均可。

4. 研磨抛光的加工要素

研磨抛光的加工要素见表 2-17。

表 2-17　研磨抛光的加工要素

项 目		内 容
加工方式	驱动方式	手动、机动、数字控制
	运动形式	回转、往复
	加工面数	单面、双面
研 具	材 料	硬质(淬火钢、铸铁)，软质(木材、塑料)
	表面状态	平滑、沟槽、孔穴
	形 状	平面、圆柱面、球面、成形面
磨 料	材 料	金属氧化物、金属碳化物、氮化物、硼化物
	粒 度	数十微米～0.01 μm
	材 质	硬度、韧性
研磨液	种 类	油性、水性
	作 用	冷却、润滑、活性化学作用
加工参数	相对运动	1～100 m/min
	压 力	0.001～3.0 MPa
	时 间	视加工条件而定
环 境	温 度	视加工要求而定，超精密型(20±1)℃
	净 化	视加工要求而定，超精密型(净化间 1000～100 级)

5. 手工研磨抛光

1) 研磨抛光剂

研磨抛光剂是由磨料和研磨抛光液组成的均匀混合剂。

(1) 磨料。磨料在机械式研磨抛光加工中对被加工表面起着微切削作用和微挤压塑性变形作用。磨料选择正确与否对加工质量起着重要作用。磨料的选择主要有磨料的种类和粒度。

磨料的种类有氧化铝磨料、碳化硅磨料、金刚石磨料、氧化铁磨料和氧化铬磨料等。常用磨料的主要物理机械性能见表 2-18。一般根据被加工材料的软硬程度和表面粗糙度，以及研磨抛光的质量要求选择不同种类的磨料。常用磨料和适用范围见表 2-19。

表 2-18　常用磨料的主要物理机械性能

磨 料		显微硬度/HV	抗弯强度/MPa	抗压强度/MPa	热稳定性/℃
氧化铝		1800～2450	87.2	757	1200
碳化硅		3100～3400	155	1500	1300～1400
碳化硼		4150～9000	300	1800	700～800
立体氮化硼		7300～9000	300	800～1000	1250～1350
金刚石	天 然	8600～10 600	210～490	2000	700～800
	人 造		300		

表 2-19　常用磨料及其适用范围

磨　料		适　用　范　围
系　列	名　称	
刚玉系(氧化铝系)	棕刚玉	粗、精研磨钢、铸铁和硬青铜
	白刚玉	粗研淬火钢、高速钢和有色金属
	铬刚玉	研磨低粗糙度表面、钢件
	单晶刚玉	研磨不锈钢等强度高、韧性大的工件
碳化物系	黑碳化硅	研磨铸铁、黄铜、铝
	绿碳化硅	研磨硬质合金、硬铬、玻璃、陶瓷、石材
	碳化硼	研磨和抛光硬质合金、陶瓷、人造宝石等高硬度材料，为金刚石的代用品
超硬磨料系	天然金刚石	研磨硬质合金、人造宝石、玻璃、陶瓷、半导体材料等高硬难切材料
	人造金刚石	
	立体氮化硼	研磨高硬度淬火钢、高钒高钼、高速钢、镍基合金
软磨料系	氧化铁	精细研磨和抛光钢、淬硬钢、铸铁、光学玻璃及单晶硅。氧化铈的研磨、抛光效率是氧化铁的 1.5～2 倍
	氧化铬	
	氧化铈	

　　磨料粒度的选择，主要依据研磨抛光前被加工表面的粗糙度情况以及研磨抛光后的质量要求，粗加工时选择颗粒尺寸较大的粒度，精加工时选择颗粒尺寸较小的粒度。

　　不同粒度的磨料研磨抛光加工可达到的表面粗糙度见表 2-20。

表 2-20　磨料粒度及可以达到的加工表面粗糙度

磨料粒度	能达到的表面粗糙度 R_a/μm
W28	0.63～0.32
W20	0.32～0.16
W14	
W10	0.16～0.08
W7	
W5	0.08～0.04
W3.5	0.04～0.02
W2.5	
W1.5	0.02～0.1
W1.0	
W0.5	<0.01

　　(2) 研磨抛光液。研磨抛光液在研磨抛光过程中起着调合磨料、使磨料均匀分布和冷却润滑作用，通过改变磨料和研磨抛光液之间的比例来控制磨料在研磨抛光剂中的含量。研磨抛光液有矿物油、动物油和植物油三类。10#机油应用最普遍，煤油在粗、精加工中都可

使用；动物油中含有油酸活性物质，在研磨抛光过程中与被加工表面发生化学反应，可加速研抛过程，又能增加零件表面光泽。常用研磨抛光液及其用途见表 2-21。

表 2-21　常用研磨抛光液及其用途

工件材料		研磨抛光液
钢	粗研	煤油 3 份、全损耗系统用油 1 份，透平油或锭子油少量、轻质矿物油适量
	精研	全损耗系统用油
铸　铁		煤油
铜		动物油(熟油与磨料拌成糊状，后加 30 倍煤油)、适量锭子油和植物油
淬火钢，不锈钢		植物油、透平油或乳化油
硬质合金		航空汽油

(3) 研磨抛光膏。研磨抛光膏是由磨料和研磨抛光液组成的研磨抛光剂。研磨抛光膏分硬磨料研磨抛光膏和软磨料研磨抛光膏两类。

硬磨料研磨抛光膏中的磨料有氧化铝、碳化硅、碳化硼和金刚石等，常用粒度为 200#、240#、W40 等磨粉和微粉，磨料硬度应大于工件硬度。

软磨料研磨抛光膏中的磨料多为氧化铝、氧化铁和氧化铬等，粒度为 W20 及以下的微粉。软磨料研磨抛光膏中含有油质活性物质，使用时根据需要可以用煤油或汽油稀释。

2) 研磨抛光工具

(1) 研具材料。研磨抛光时直接和被加工表面接触的研磨抛光工具称为研具。研具的材料很广泛，原则上研具材料硬度应比被加工材料硬度低，但研具材料过软，会使磨粒全部嵌入研具表面而使切削作用降低。

一般研具材料有低碳钢、灰铸铁、黄铜和紫铜，硬木、竹片、塑料、皮革和毛毡也是常用材料。灰铸铁中含有石墨，所以耐磨性、润滑性及研磨效率都比较理想，灰铸铁研具用于淬硬钢、硬质合金和铸铁材料的研磨。低碳钢强度比灰铸铁高，用于较小孔径的研磨。黄铜和紫铜用于研磨余量较大的情况，加工效率也比较高。但铜质研具加工后表面光泽性差，因此常用于粗研磨，再用灰铸铁研具进行精研磨。硬木、竹片、塑料和皮革等材料常用于窄缝、深槽及非规则几何形状的精研磨和抛光。

精密固定磨料研磨抛光研具的材料是低发泡氨基甲(乙)酸脂油石，可进行精密加工，其研磨抛光机理也是微切削作用，当加工压力增大时，油石与加工表面接触压强增大，参加微切削的磨粒增多，从而加速研磨抛光过程。

(2) 普通油石。普通油石一般用于粗研磨，它由氧化铝、碳化硅磨料和粘结剂压制烧结而成。使用时，根据型腔形状磨成需要的形状，并根据被加工表面的粗糙度和材料硬度选择相应的油石。当被加工零件材料较硬时，应该选择较软的油石，否则反之。当被加工零件表面粗糙度要求较高时，油石要细一些，组织要致密些。

(3) 研磨平板。研磨平板主要用于单一平面及中小镶件端面的研磨抛光，如冲裁凹模端面、塑料模中的单一平面分型面等。研磨平板采用灰铸铁材料，并在平面上开设相交成 60° 或 90°、宽 1~3 mm、距离为 15~20 mm 的槽。研磨抛光时在研磨平板上放些微粉和抛光液进行。

(4) 外圆研磨环。外圆研磨环是在车床或磨床上对外圆表面进行研磨的一种研具。研磨环有固定式和可调式两类。固定式研磨环的研磨内径不可调节，而可调式研磨环的研磨内径可以在一定范围内调节，以适应环磨外圆不同或外圆变化的需要，参见图 2-6 所示。

(5) 内圆研磨芯棒。这是研磨内圆表面的一种研具，根据研磨零件的外形和结构不同，分别在钻床、车床或磨床上进行。研磨芯棒有固定式和可调式两类。固定式研磨芯棒的外径不可调节，芯棒外圆表面做有螺旋槽，以容纳研磨抛光剂。固定式研磨芯棒一般由模具钳工在钻床上进行较小尺寸圆柱孔的加工。可调节芯棒参见图 2-7 所示。芯棒长度应为研磨零件长度的 2～3 倍。

6. 机械抛光

由于手工抛光要消耗很长的加工时间，劳动消耗大，因此对抛光的机械化、自动化要求非常强烈。随着现代技术的发展，在抛光加工中相继出现了电动抛光、电解抛光、超声波抛光以及机械–超声抛光、电解–机械–超声抛光等复合工艺。应用这些工艺可以减轻劳动强度，提高抛光的速度和质量。

(1) 圆盘式磨光机。图 2-56 所示是一种常见的电动抛光工具，用手握住对一些大型模具去除仿形加工后的走刀痕迹及倒角，其抛光精度不高，抛光程度接近粗磨。

图 2-56 圆盘式磨光机

(2) 电动抛光机。这种抛光机主要由电动机、传动软轴及手持式研抛头组成。使用时传动电机挂在悬挂架上，电机启动后通过软轴传动手持抛头产生旋转或往复运动。

电动抛光机备有三种不同的研抛头，以适应不同的研抛工作。

① 手持往复研抛头。这种研抛头工作时一端连接软轴，另一端安装研具或油石、锉刀等。在软轴传动下研抛头产生往复运动，可适应不同的加工需要。研抛头工作端还可按加工需要在 270° 范围内调整，这种研抛头装上球头杆，配上圆形或方形铜(塑料)环作研具，手持研抛头沿研磨表面不停地均匀移动，可对某些小曲面或复杂形状的表面进行研磨，如图 2-57 所示。研磨时常采用金刚石研磨膏作研磨剂。

② 手持直式旋转研抛头。这种研抛头可装夹 $\phi2\sim\phi12$ mm 的特形金刚石砂轮，在软轴传动下作高速旋转运动，加工时就像握笔一样握住研抛头进行操作，可对型腔的细小部位进行精加工，如图 2-58 所示。取下特形砂轮，装上打光球用的轴套，用塑料研磨套可研抛圆弧部位。装上各种尺寸的羊毛毡抛光头，可进行抛光工作。

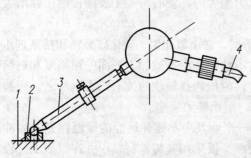

1—工件；2—研磨环；3—球头杆；4—软轴

图 2-57 手持往复式研抛头的应用

图2-58 手持直式研抛头的应用

③ 手持角式旋转研抛头。与手持直式研抛头相比，这种研抛头的砂轮回转轴与研抛头的直柄部成一定夹角，便于对型腔的凹入部分进行加工。与相应的抛光及研磨工具配合，可进行相应的研磨和抛光工序。

使用电动抛光机进行抛光或研磨时，应根据被加工表面的原始粗糙度和加工要求，选用适当的研抛工具和研磨剂，由粗到细逐步进行加工。在进行研磨操作时移动要均匀，在整个表面不能停留；研磨剂涂布不宜过多，要均匀散布在加工表面上，采用研磨膏时必须添加研磨液；每次改变不同粒度的研磨剂时，都必须将研具及加工表面清洗干净。

7. 研磨抛光工艺过程

1) 研抛余量

研抛余量大小取决于零件尺寸、原始表面粗糙度、精度和最终的质量要求，原则上研抛余量要能去除表面加工痕迹和变质层即可。研抛余量过大，将使加工时间增多，研抛工具和材料消耗增多，加工成本增大；研抛余量过小，则加工后达不到要求的表面粗糙度和精度。

淬硬后的成形表面由 $R_a=0.8\ \mu m$ 提高到 $R_a=0.4\ \mu m$ 时的研抛余量为：

平面：0.015～0.03 mm。当零件的尺寸公差较大时，研抛余量可以放在零件尺寸公差范围以内。

内圆：当尺寸为 $\phi 25\sim\phi 125$ mm 时，取 0.04～0.08 mm。

外圆：当 $d\leqslant 10$ mm 时，取 0.03～0.04 mm；

当 $d\geqslant 10\sim 30$ mm 时，取 0.03～0.05 mm；

当 $d\geqslant 31\sim 60$ mm 时，取 0.04～0.06 mm。

2) 研抛步骤及注意事项

研磨抛光加工一般要经过粗研磨→细研磨→精研磨→抛光四个阶段。四个阶段中总的研抛次数应依据研抛余量以及初始和最终的表面粗糙度和精度而定。磨料的粒度从粗到细，每次更换磨料都要清洗工具和零件。

研磨抛光过程中磨料的运动轨迹要保证被加工表面各点均有相同的或近似的切削条件和磨削条件。磨料的运动轨迹可以往复、交叉，但不应该重复。要根据被加工表面的大小和形状特点选择适当的运动轨迹形式，可以有直线式、正弦曲线式、无规则圆环式、摆线式和椭圆线式等。

还应根据被加工表面的形状特点选择合适的研抛器具和材料，根据整个被加工表面的具体情况确定各部位的研磨顺序。

2.7 模具制造工艺过程及分析

模具制造工艺是把模具设计转化为模具产品的过程。模具制造工艺的任务就是研究探讨模具制造的可能性和如何制造的问题，进而研究怎样以低成本、短周期制造高质量模具的问题。下面研究模具制造的工艺。

如图 2-59 所示是一套典型冷冲压模具结构图和一套典型的注塑成形模具结构图。下面先了解这两种模具的结构组成。

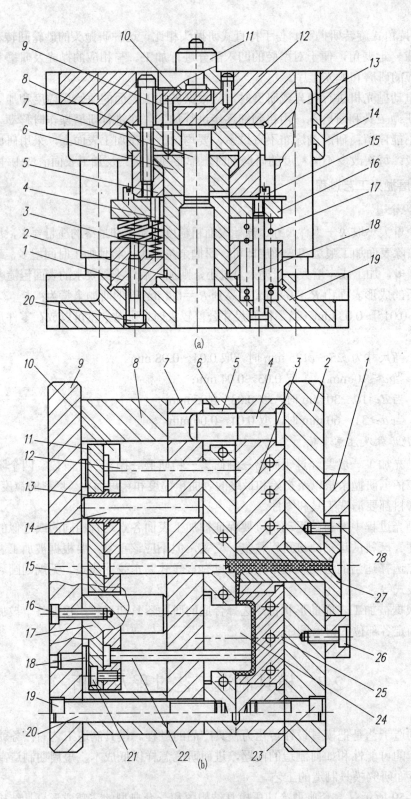

图 2-59 模具结构图

(a) 落料冲孔复合模；(b) 注塑成形模

图 2-59(a)是一套落料冲孔复合模，它是由凸凹模固定板 1、凸凹模 2、弹簧 3、活动挡料销 4、凹模 5、打料板 6、凸模 7、凸模固定板 8、打料杆 9、打板 10、模柄 11、上模座 12、导柱 13、导套 14、导料螺钉 15、卸料板 16、卸料弹簧 17、卸料螺钉 18、下模座 19、紧固螺钉 20 等零件组成的，其中上模座 12、导柱 13、导套 14 和下模座 19 组成冷冲压模模架，简称"冷冲模架"；凸凹模 2、凹模 5、凸模 7 是冷冲压模具的工作部件。冷冲模架、弹簧、紧固螺钉、卸料螺钉、挡料销、导料螺钉、模柄等已形成标准件。

图 5-59(b)是一套注塑成形模，它是由定位圈 1、定模固定板 2、定模板(A 板)3、导柱 4、导套 5、动模板(B 板)6、支承(托)板 7、垫块 8、动模固定板 9、顶杆固定板 10、顶杆压板 11、复位杆 12、顶板导套 13、顶板导柱 14、浇口拉料杆 15、螺钉 16、支承柱 17、限位钉 18、螺钉 19、定位销 20、螺钉 21、顶杆 22、螺钉 23、凸模(型芯)24、定模(凹模)25、螺钉 26、浇口套 27、螺钉 28 等零件组成的。其中定模固定板 2、定模板(A 板)3、导柱 4、导套 5、动模板(B 板)6、支承板 7、垫块 8、动模固定板 9、顶杆固定板 10、顶杆压板 11、复位杆 12、顶板导套 13、顶板导柱 14、螺钉 19、定位销 20、螺钉 23 组成注塑模模架，简称"注塑模架"；凸模(型芯)24、定模(凹模)25 是注塑模的工作部件。注塑模架、弹簧、定位圈 1、浇口拉料杆 15(适当补加工钩头)、顶杆 22、浇口套 27 以及螺钉、销钉等均已形成标准件。

除上述的模具标准件外，还有很多常用的如顶管、定位钉、拉钩、冷却水道接头和一些标准尺寸凸模等标准件，在我国已形成专业化生产市场。为了降低模具生产成本、缩短模具生产周期、提高生产率，在模具生产过程中，对于模具标准件均采用外购，不必自行制造。

模具的工作部件是模具的核心，是整套模具最复杂、要求最高、制造难度最大的部分，所以，把它作为模具制造工艺主要研究的对象。

2.7.1　模具制造工艺路线

1．模具制造工艺路线的类别

工艺路线是指进行产品开发、研制、生产所涉及的各个环节，模具制造是该系统工程各个环节中的一环。然而，一套模具，从其使用性质来看是服务于上述产品的开发、研制、生产过程的一套工具装置，但模具制造过程完全独立于产品开发、研制、生产的过程，使其成为另外的一项系统工程——模具制造工程。所以，工艺路线应分为产品开发、研制、生产工艺路线和模具制造工艺路线。

2．模具零件加工的工艺分析

模具的零件图是制订加工工艺最主要的原始资料之一，在制订加工工艺时，必须首先对其加以认真分析。为了更深刻地理解零件结构上的特征和主要技术要求，通常还要研究模具的总装图、部件装配图及验收标准，从中了解零件的功用和相关零件的装配关系，以及主要技术要求制订的依据等。

1) 零件的结构分析

由于使用要求不同，因此模具零件具有各种不同的形状和尺寸。但是，如果从外形上加以分析，则各种零件都是由一些基本的表面和异形表面组成的。基本表面有内外圆柱表面、圆锥表面和平面等；异形表面主要有螺旋面、渐开线齿形表面以及其他一些不规则曲面等。在研究具体零件的结构特点时，首先要分析该零件是由哪些表面组成的，因为表面形状是选择加工方法的基本因素。例如，外圆表面一般由车削和磨削加工出来，内孔圆柱面则多通过钻、扩、铰、镗、磨削和电蚀等加工方法获得；如果是非圆外表面和非圆内孔表面，则一般用铣削、磨削和电蚀加工出来。除表面形状外，表面尺寸对工艺也有重要的影响。以内孔为例，大孔与小孔、深孔与浅孔、通孔与盲孔在工艺上均有不同的特点。大孔和浅孔的加工方法有很多，而小孔加工的方法却不多，模具的小孔加工多采用钻孔、电火花打孔和电火花线切割加工。

2) 零件的技术要求分析

零件的技术要求包括下列几个方面：

(1) 主要加工表面的尺寸精度；

(2) 主要加工表面的形状精度；

(3) 主要加工表面之间的相互位置精度；

(4) 各加工表面的粗糙度，以及表面质量方面的其他要求；

(5) 热处理要求及其他要求。

根据零件结构的特点，在认真分析了零件主要表面的技术要求之后，对零件的加工工艺即有了初步的认识。首先，根据零件主要表面的精度和表面质量的要求，可初步确定为达到这些要求所需的加工方法，再确定相应的中间工序及粗加工工序所需的加工方法。例如，对于孔径不大的 IT7 级精度的内孔，最终加工方法取精铰时，精铰孔之前通常要经过钻孔、扩孔和粗铰孔等加工。其次，要分析加工表面之间的相对位置关系，包括表面之间的尺寸联系和相对位置精度。认真分析零件图上尺寸的标注及主要表面的位置精度，即可初步确定各加工表面的加工顺序。

零件的热处理要求影响到加工方法和加工余量的选择，同时对零件加工工艺路线的安排也有很大的影响。例如，要求渗碳淬火的零件，热处理后一般变形较大。对于零件上精度要求较高的表面，工艺上要安排精加工工序(磨削加工或电蚀加工，通孔则多用电火花线切割加工)，而且要适当加大精加工工序的加工余量。

在研究零件图时，如发现图样上的视图、尺寸标注、技术要求有错误或遗漏，或零件的结构工艺性不好时，应提出修改意见。但修改时必须征得设计人员的同意，并经过一定的批准手续，必要时应与设计者协商进行改进分析，以确保在保证产品质量的前提下，更容易地将零件制造出来。

3. 模具零件加工的工艺过程

模具由各种零件组成，其制造过程包括零件的加工、钳工装配以及模具的试模和调整。毛坯经过车、铣、刨、磨、热处理和钳工等加工，改变其形状、尺寸和材料性能，使之变为符合图样要求的零件的过程，称为工艺过程。对于同一个零件，由毛坯制成零件的途径是多种多样的，也就是说，一个零件可以有几种不同的工艺过程。工艺过程不同，则生产率、成本以及加工精度往往也有显著的差别。为了保证零件质量、提高生产率和降低成本，在制定工艺过程时，应根据零件图样的要求和工厂的实际生产条件，制定出一种最合理的工艺过程。若将其内容以一定的格式写成文件，用于指导生产，则此文件称为该零件的工艺规程。

模具制造属于单件或小批生产。模具零件的工艺规程一般都定得比较简单，而且往往与零件的工艺路线卡合在一起，以表格的形式写在卡片上，此卡片称为工艺卡。卡片的格式和内容根据各工厂的具体情况而定。模具零件工艺卡的内容大致包括工种、施工说明及工时定额等，但通常将加工(或装配)内容及要求简要地编写在工艺卡片的该工序上。

必须指出的是，工艺规程并不是一成不变的，随着模具制造技术的发展和提高，它也必须作相应的修改，以把新的技术成果反映到工艺规程中，使其不断完善。

4. 模具制造工艺路线的编制

在模具制造过程中有必要编制如下有关工艺文件：模具制造的基本工艺路线、模具零件制造的工艺路线和模具制造工艺规程等。

1) 模具制造的基本工艺路线

模具制造的基本工艺路线如图 2-60 所示，是在接受模具制造的委托时，首先根据制品零件图样或实物，分析研究后确定模具制造过程中所需要涉及到的相关部门及其所承担的任务。

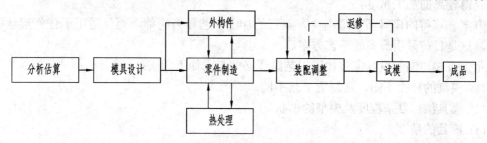

图 2-60　模具制造的基本工艺路线

2) 模具零件制造的工艺路线

模具零件制造的工艺路线是指根据模具零件设计要求，确定模具零件在加工过程中所需要的加工工序、使用的设备及所需协作的相关部门。模具零件制造的工艺路线是指导模具零件加工流程的工艺文件，一般用卡片形式标明模具零件加工过程中所需要的每一道工序、顺序及完成的加工内容。不同模具零件在制造过程中，因模具零件形状、技术要求、加工手段等不同，而具有不同的工艺路线。

图 2-61 所示为落料凹模。

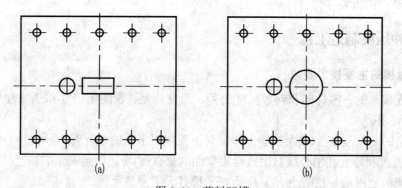

图 2-61　落料凹模

其工艺路线如下：

方案一：①备料→②外形加工→③平磨、磨基准平面→④钳工：划线、钻孔、攻螺纹→⑤粗、精铣/车/镗加工型孔→⑥热处理→⑦平磨→⑧钳修。

方案二：①备料→②外形加工→③平磨、磨基准平面→④钳工：划线、钻孔、攻螺纹→⑤粗铣/车/镗加工型孔→⑥热处理→⑦平磨、磨基准平面→⑧精磨销孔、修磨型孔。

方案三：①备料→②外形加工→③平磨、磨基准平面→④钳工：划线、钻孔、攻螺纹→⑤热处理→⑥平磨、磨基准平面→⑦线切割型孔、销孔→⑧修磨型孔、销孔。

从上面的工艺路线方案中可以看到：

(1) 因模具型孔形状不同，则所采用加工手段也不同。方案一、二的方孔采用铣削加工，圆孔则可以采用车床镗孔或铣床镗孔。

(2) 采用加工手段不同，则工艺路线不同。

(3) 方案一的型孔避免不了热处理造成的变形，所以只适用于要求不高的小型模具。

(4) 方案二、三的型孔、销孔的加工均在热处理之后，避免了热处理造成的变形，使模具能获得较高的加工精度。

方案二获得的模具质量最高；方案三的加工工艺最为简单，而且适用于任何形状的冲裁模，这是目前采用最多的工艺方案。

由上可知，编制模具零件加工工艺路线必须考虑如下因素：

(1) 模具的种类不同，其制造工艺不同。

(2) 模具结构复杂程度及模型的形状。

(3) 模具的精度。

(4) 模具的使用要求。

(5) 模具的加工条件。

(6) 模具材料。

3) 模具制造工艺规程

模具制造工艺规程是指导在模具制造过程中每一道工序如何保证模具制造质量的工艺文件。一般配有工艺简图，并详细说明该工序的每个工步的加工(或装配)内容、工艺参数、操作要求以及所用设备和工艺装备等。模具制造工艺规程通常包括模具零件加工工艺规程、模具热处理工艺规程、模具装配调试工艺规程等文件。模具制造工艺规程多用于大批量生产和成批生产中的重要零件。

2.7.2 冷冲压模制造工艺

1. 冲裁模的主要技术要求

(1) 组成模具的各零件的材料、尺寸公差、形位公差、表面粗糙度和热处理等均应符合相应图样的要求。

(2) 模架的三项技术指标(上模座上平面对下模座下平面的平行度、导柱轴心线对下模座下平面的垂直度和导套孔轴心线对上模座上平面的垂直度)均应达到规定的精度等级要求。

(3) 模架的上模沿导柱的上、下移动应平稳且无阻滞现象。

(4) 装配好的冲裁模的封闭高度应符合图样规定的要求。

(5) 模柄的轴心线对上模座上平面的垂直度要符合图样规定的要求。

(6) 凸模和凹模之间的配合间隙应符合图样要求，周围的间隙应均匀一致。

(7) 模具应在生产的条件下进行检验，冲出的零件应符合图样规定的要求。

2．冲裁模的凸模和凹模的主要技术要求

(1) 尺寸精度。凸模和凹模的尺寸是根据冲件尺寸和公差的大小、凸模与凹模之间的间隙及制造公差计算而得。

(2) 表面形状和位置精度。对凸模和凹模的表面形状的要求是：侧壁应该平行或稍有斜度。对凸模和凹模的位置精度要求是：圆形凸模的工作部分对装合部分的同轴度误差不得超过工作部分公差的一半；凸模的端面应与中心线垂直；级进模、复合模和冲裁模的多孔凹模都有位置精度要求，其公差的大小根据冲件的位置精度而定。见图 2-62 所示模具的工作零件。

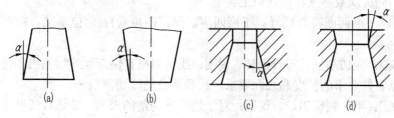

图 2-62　模具的工作零件

(a)、(b) 凸模；(c)、(d) 凹模

(3) 表面光洁、刃口锋利。要求刃口部分的表面粗糙度小于 $R_a = 0.4 \ \mu m$，装配表面的粗糙度小于 $R_a = 0.8 \ \mu m$，其余为 $R_a = 6.3 \ \mu m$。

刃口部分表面光洁有利于获得锋利的刃口，并且可以提高冲件质量。如果刃口不锋利，则冲件就会产生毛刺，甚至可能发生显著的弯曲。

(4) 硬度。为了使冲压工作顺利进行，凸模和凹模的工作部分应具有较高的硬度和较强的耐磨性以及良好的韧性，通常要求凹模工作部分的热处理硬度在 HRC60 以上，凸模的热处理硬度在 HRC58 以上。

3．零件加工的工艺过程

凸模和凹模是冷冲模的主要零件，其技术要求较高，制造时应注意保证质量。由于凸模和凹模的形状是多种多样的且各工厂的生产条件也各不相同，因此不可能列出适合于任何形状的凸模和凹模的工艺过程。现以图 2-59 所示的落料冲孔复合模的凹模、凸凹模和凸模为例，说明其制造的工艺过程。

1) 凹模的工艺过程

凹模的零件尺寸如图 2-63 所示。

(1) 备料：材料为 Gr12，毛坯尺寸为 105 mm ×105 mm×35 mm。

a. 下料：将轧制的棒料在锯床上切断，其尺寸为：毛坯尺寸(折重量)＋7％烧损量。

b. 锻造：锻造到毛坯尺寸。锻造后应进行退火处理以消除内应力。

(2) 铣削六面：铣周边，保证四角垂直。两

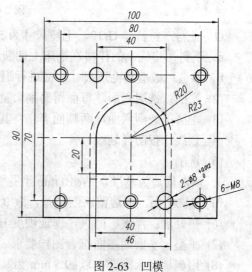

图 2-63　凹模

平面留磨余量，取 0.3～0.5 mm。

(3) 平磨：磨削两平面并将其磨光。

(4) 钳工：划线、钻 6－M8 底孔、攻螺纹；钻、铰 2－$\phi 8^{+0.012}_{0}$ mm 销孔和型腔线切割穿丝孔(ϕ5 mm)。

(5) 铣削：按划线铣出打料板肩台的支承型孔，尺寸要符合图样。

(6) 热处理：淬火、回火，保证硬度在 HRC58～62。说明：对于模具的热处理，有其专门的热处理工艺规程，使用的加热设备与热处理工艺中的有所不同。但为了充分消除模具淬火应力，回火次数必须在两次以上。

(7) 平磨：平磨两面符合图样；平磨四周，保证四角垂直(定位基准、精密模具加工时采用)。

(8) 线切割：线切割型孔符合图样。说明：线切割机有快走丝线切割机和慢走丝线切割机两种，根据零件要求的精度和表面要求，选择适合的线切割机种。

(9) 精加工：手工精研刃口。说明：对于快走丝切割的表面，要通过研磨才能达到使用要求；对于慢走丝线切割的表面，虽然能达到使用要求，但研磨能去除加工表面的变质层，有利于提高模具的使用寿命。

(10) 检验：检验工件尺寸，对工件进行防锈处理，入库。

2) 凸凹模的工艺过程

凸凹模的零件尺寸如图 2-64 所示。

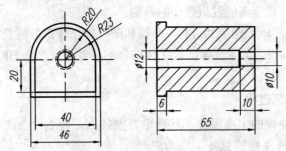

图 2-64　凸凹模

(1) 备料：材料为 Gr12，毛坯尺寸为 50 mm×50 mm×65 mm。

a. 下料：将轧制的棒料在锯床上切断，其尺寸为：毛坯尺寸(重量)＋7％烧损量。

b. 锻造：锻造到毛坯尺寸，应进行退火处理，以消除锻造后的内应力。

(2) 铣削：铣削六面。每面留磨削余量，取 0.2 mm，

(3) 平磨：磨削六面，两端面磨光，其余面要符合图样尺寸，保证六面垂直。

(4) 划线：按图样划线。

(5) 铣削：

a. 以四周边为基准，钻ϕ10 mm 型孔到ϕ9.5 mm；钻ϕ11 mm 漏料孔符合图样要求。

b. 粗铣型面，周边留磨削余量，取 0.2 mm，肩台圆弧面铣至尺寸。

(6) 热处理：淬火、回火，保证硬度 HRC58～62。

(7) 平磨：平磨两端面符合图样要求。

(8) 用坐标磨床磨孔：以ϕ9.5 mm 为基准找正，磨孔，磨孔尺寸要符合图样要求。

说明：$\phi10$ mm 型孔也可以用内孔磨床磨削，以$\phi9.5$ mm 为基准找正、找平端面，磨孔至符合图样要求为止。

(9) 平磨：以$\phi10$ mm 型孔为基准，磨削三个型面和三个配合平面，磨合至符合图样要求。

(10) 工具磨：以$\phi10$ mm 型孔为基准，磨削圆弧型面和配合圆弧面，磨合至符合图样要求。

(11) 检验：检验工件尺寸，对工件进行防锈处理，入库。

3) 凸模的工艺过程

凸模的零件尺寸如图 2-65 所示。

(1) 备料：材料为 Gr12，毛坯尺寸为$\phi20\times55$ mm。将轧制的圆棒在锯床上切断。

(2) 车削：粗车，留磨削余量，取 0.5 mm，如图 2-66 所示。

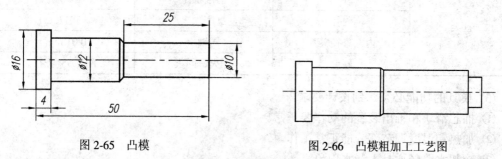

图 2-65　凸模　　　　　　　　　图 2-66　凸模粗加工工艺图

(3) 热处理：淬火、回火，保证硬度在 HRC58～60。

(4) 磨外圆：用顶尖顶两端磨外圆，刃口端磨光并保留工艺顶针凸台，其余磨合至符合图样要求。

(5) 去除工艺顶针凸台：去除工艺顶针凸台并磨平，保证总长度符合图样要求。

(6) 检验：检验工件尺寸，对工件进行防锈处理，入库。

2.7.3　注塑模制造工艺

1. 注塑模的主要技术要求

模具精度是影响塑料成形件精度的重要因素之一。为了保证模具精度，制造时应达到如下主要技术要求：

(1) 组成注塑模的所有零件在材料、加工精度和热处理质量等方面均应符合相应图样的要求。

(2) 组成模架的零件应达到规定的加工要求(见表 2-22)，装配成套的模架应活动自如，并达到规定的平行度和垂直度等要求。

① 浇口板上平面对底板下平面的平行度为 0.05/300。

② 导柱、导套的轴线对模板的垂直度为 0.02/100。

③ 分型面闭合时的贴合间隙小于 0.03 mm。

表 2-22　模架零件的加工要求

零件名称	加工部位	条　件	要　求
动、定模板	厚度	平行度	0.02/300 以内
	基准面	垂直度	0.02/300 以内
	导柱孔	孔径公差	H7
	导柱孔	孔距公差	±0.02 mm
导柱	压入部分直径	精磨	k6
	滑动部分直径	精磨	f7
	直线度	无弯曲变形	0.02/100
	硬度	淬火、回火	HRC55 以上
导套	外径	磨削加工	k6
	内径	磨削加工	H7
	内、外径关系	同轴度	0.01 mm
	硬度	淬火、回火	HRC55 以上

(3) 模具的功能必须达到设计要求。

① 抽芯滑块和推出装置的动作要正常。

② 加热和温度调节部分能正常工作。

③ 冷却水路畅通且无漏水现象。

(4) 为了检验模具塑料成形件的质量，装配好的模具必须在生产条件下(或用试模机)试模，并根据试模存在的问题进行修整，直至试出合格的成形件为止。

上述所列的技术要求，是注塑模制造的最基本的保证。不同要求的模具其技术要求不同，而且相差甚远，如精密、长寿命的注塑模，滑动配合的孔和轴都要求用磨削加工，圆度要求 $t<0.005$ mm，顶套、导套的内外径同轴度要求小于 0.005 mm，装配成成套模具的技术要求也要相应提高，这样才能保证模具的使用寿命。制造高精密的模具，能有效地提高模具的使用寿命，但其造价也会相应地提高很多。所以，模具的技术要求不要定得太高，必须根据模具使用要求综合考虑，特别是批量产品，可以根据产品批量的大小来确定模具的技术要求。当产品批量较大时，可以考虑用高精密的模具，因为高精密的模具所需的维修少、生产效率高，能大大降低模具的使用成本。

2. 注塑模成形零件的主要技术要求

(1) 尺寸精度。注塑模成形零件的工作尺寸是根据塑件尺寸和公差大小、制造公差计算而得。模具在加工过程中必须保证加工尺寸符合图样要求，有些要求高的尺寸，待试模后还应予以调整。

(2) 表面形状和位置精度。模具的位置精度同尺寸精度一样，直接影响到产品的位置精度。模具的表面形状精度除直接影响到产品表面形状精度外，还会影响到模具的正常工作，如出模不顺利、表面拉毛等。所以，型腔或型芯侧边的工作表面均应设有脱模斜度，以防出现倒扣现象。

(3) 表面粗糙度。注塑模的表面粗糙度是由塑件表面的要求来决定的。塑件根据使用要求，其表面粗糙度一般为皮纹面、沙面、亚光面、光面、镜面和超镜面六类。为了保证塑件的表面粗糙度要求，模具表面粗糙度必须要高于塑件表面粗糙度 1～2 级。

(4) 硬度。注塑模成形零件的硬度是保证模具使用寿命的重要技术指标之一。注塑模在工作中每注射一次，模具型腔就要经受一次高压、高速的塑料流冲刷，经过长期反复工作，型腔表面会失去光泽、型腔的磨蚀会造成尺寸超差，特别是浇口附近，磨蚀最为严重。所以，提高模具成形零件的硬度能提高模具的耐磨性，从而有效地提高模具的使用寿命。

模具成形零件的硬度根据其使用要求，通常分为调质模(硬度 HRC 28～35)和硬模(硬度 HRC50～62)两种。

(5) 排气。分型面和型腔深处或塑料流最后充满处，必须设置有排气槽。

3. 塑料模型腔零件加工的工艺分析

图 2-67 所示是某肥皂盒定模型腔镶块。模具型腔内有 4 个 $\phi 5^{+0.012}_{0}$ 的孔，底面有 4 个 M10 的螺钉孔，其关键是型腔由三维复杂曲面构成。型腔形状结构属复杂不规则，较难加工。

模具加工根据各种条件不同有不同的加工工艺。下面，根据图 2-67 所示肥皂盒定模型腔镶块做如下的加工工艺分析。

(1) 模具的使用硬度。由于模具的使用硬度不同，因而模具的加工工艺也不同。调质的模具可以在热处理调质后进行车、刨、钻、铣、磨等切削加工；对于硬模，一般先进行车、刨、钻、铣、攻螺纹等切削粗加工后再进行热处理，热处理后，一般只能进行磨削、电火花、研磨等精加工(现代高速加工除外)。

(2) 模具的加工条件。对于定模型腔镶块的加工，当加工条件和手段不同时，有不同的加工工艺，其难点也不同。

① 传统的加工：指用传统的一般机床加工，最后由钳工修磨型腔的方法。用传统的加工方法加工这套模具型腔镶块有很大难点，就是加工型腔曲面及 2.1 的台阶，普通铣削很难完成，最后靠钳工按样板修合，工作量极大，而且精度难以保证。

② 数控加工：是一种先进的模具加工方法，可以高质量地自动完成各种复杂曲线轮廓或复杂曲面的加工。

③ 电火花加工：由于电火花加工精度的提高及电火花加工的普及，模具的型腔加工及有些难以切削加工的配合面都使用了电火花加工。

4. 型腔零件加工的工艺过程

该肥皂盒定模镶块选用传统与数控加工方法进行粗加工及半精加工，用电火花进行精加工，由钳工最终进行研磨抛光加工。具体加工工艺如下：

(1) 锻件毛坯下料尺寸的确定。计算锻件坯料体积 $V_{坯}$：

$$V_{坯} = V_{锻} K$$
$$V_{坯} = 190 \times 150 \times 45 \times 1.1 = 1410750 \ (\text{mm}^3)$$

损耗系数 K 取 1.1。

(2) 计算锻件坯料尺寸。理论圆棒料直径 $D_{理}$ 为

$$D_{理} = \sqrt[3]{0.637 V_{坯}} = \sqrt[3]{0.637 \times 1410750} = 76.5 (\text{mm})$$

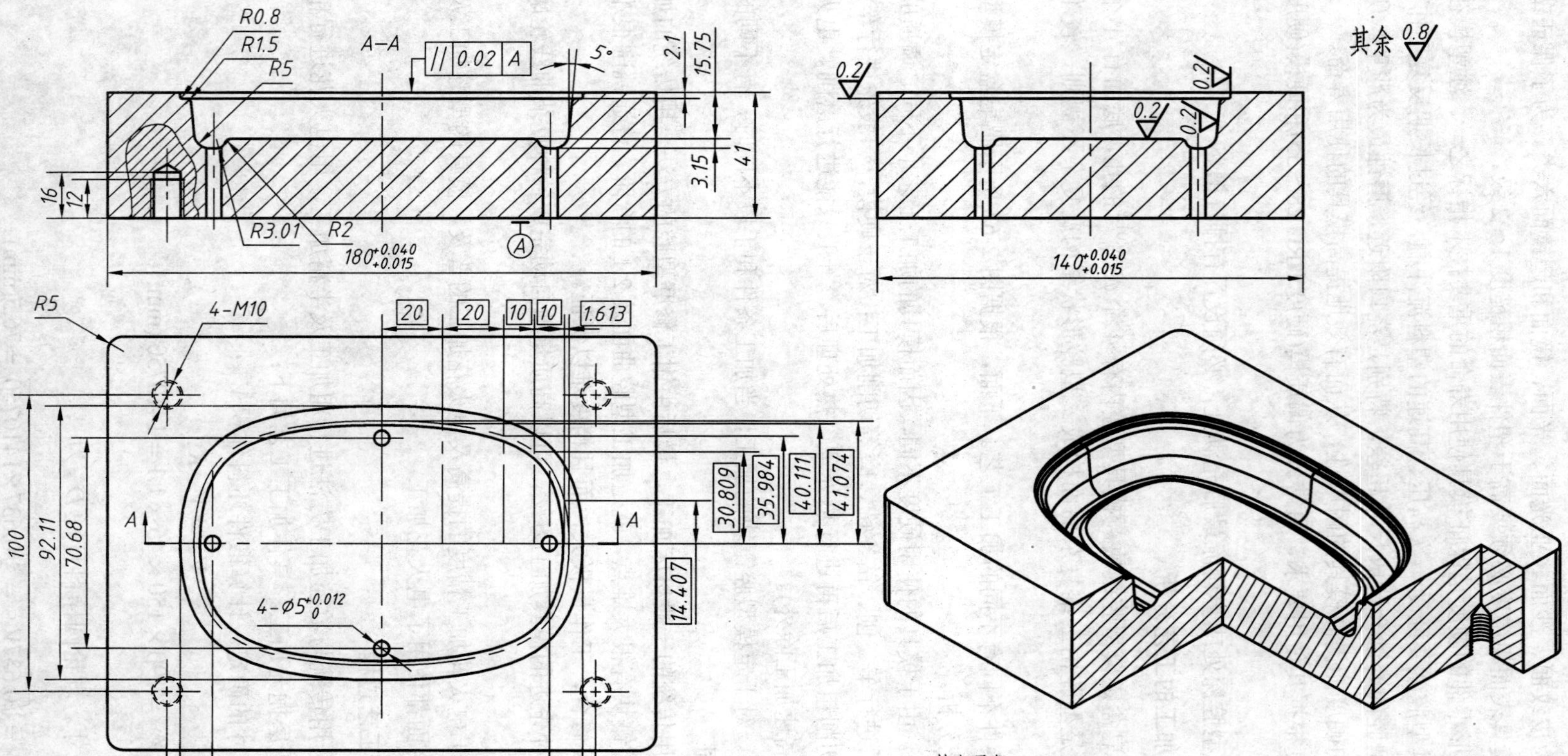

其余 $\sqrt{0.8}$

技术要求

1. 镶块进行调质热处理,硬度达HRC32～38;
2. 4-$\phi 5^{+0.012}_{0}$深度为8的孔暂不加工,装配时配作;
3. 镶块具体加工尺寸以装供的3D模型为准,该图仅供参考;
4. 有文字框的尺寸为3D模型基准曲线尺寸,供参考。

图 2-67 肥皂盒定模镶块加工图

$14.0^{-0.040}_{-0.015}$

0.2

0.2

0.2

0.2

41

3.15

15.75

2.1

$5°$

A

$//$ 0.02 A

$A—A$

$180^{-0.040}_{-0.015}$

$R2$

$R3.01$

$R0.8$

$R1.5$

$R5$

16

12

$R5$

$4-M10$

A

A

$4-\phi 5^{+0.012}_{0}$

1.613

10

10

20

20

14.407

30.809

35.984

40.111

41.074

110.57

132.25

140.66

70.68

92.11

100

实际圆棒料的直径尺寸按现有钢材棒料的直径规格选取，当 $D_{理}$ 比较接近实有规格时，$D_{实} \approx D_{理}$。$D_{实}$ 最终取 100 mm。

圆棒料的长度应根据锻件毛坯的质量和选定的坯料直径，查选棒料长度重量表确定。

圆棒料的高度尺寸为

$$H_{实} = \frac{V_{坯}}{\pi} \times \frac{D^2}{4} = \frac{1410750}{3.14} \times \frac{100^2}{4} \approx 180 \text{ (mm)}$$

表 2-23　肥皂盒定模镶块工艺过程卡

工艺过程卡								
零件名称	肥皂盒定模镶块		模具编号	F3		零件编号	M2011F12	
材料名称	45		毛坯尺寸	190×150×45		件数	1	
工序	机号	工种	施工简要说明		定额工时/min	实做工时	制造人	检验	等级
1		下料	$\phi 100 \times 180$		40			
2		锻造	$190 \times 150 \times 45$		60			
3		热处理	调质处理					
4	B665	刨削	进行六面加工，均留磨削余量		80			
5	M7132H	磨削	进行六面磨削加工，六面对角尺，仅留上面下磨削余量 0.5 mm		80			
6		划线	划4-M10螺孔位置及4-$\phi 5^{+0.012}_{0}$孔位置		25			
7	Z512B	钻	钻、攻螺孔		60			
8	XKA5032A/K	数控铣	依据肥皂盒定模镶块三维模型，在数控铣床上转换模型格式，编制程序，对镶块三维内曲面进行粗、半精及精加工		600			
9	MD20A	电火花	利用制造好的肥皂盒定模镶块专用紫铜电极对定模镶块三维内曲面进行粗、半精及放电精加工		1200			
10		研磨抛光	对定模镶块三维内曲面进行研磨抛光，达图纸要求		300			
		检验			20			
工艺员			年　月　日			零件质量等级		

————思 考 题————

1. 在模具加工中，制定模具零件工艺规程的主要依据是什么？

2. 在导柱的加工过程中，为什么粗(半精)、精加工都采用中心孔作定位基准？

3. 导柱在磨削外圆柱面之前，为什么要先修正中心孔？

4. 拟出图 2-68 所示导柱的工艺路线，并选出相应的机加工设备。

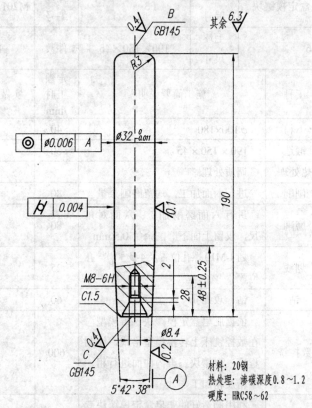

材料：20钢
热处理：渗碳深度0.8~1.2
硬度：HRC58~62

图 2-68　可卸导柱

5. 导套加工时，怎样保证配合表面间的位置精度要求？

6. 在机械加工中，非圆形凸模的粗(半精)、精加工可采用哪些方法？试比较这些加工方法的优缺点。

7. 成形磨削适于加工哪些模具零件？常采用哪些磨削方法？

8. 对具有圆形型孔的多型孔凹模，在机械加工时怎样保证各型孔间的位置精度？

9. 对具有非圆形型孔的凹模和型腔，在机械加工时常采用哪些方法？试比较其优缺点。

10. 拟出图 2-69 所示凸模和凹模的工艺路线，并选出相应的加工设备。

11. 对图 2-70 所示的紫铜电极拟定工艺路线，并选出相应的加工设备。

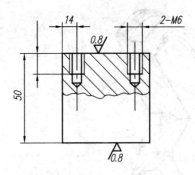

(a)

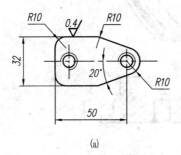

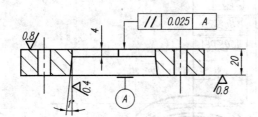

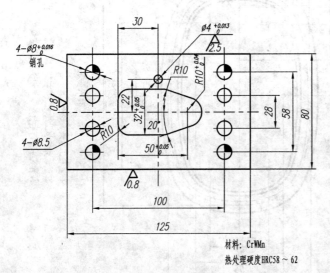

材料: CrWMn
热处理硬度HRC58～62

1. 完工后与凹模刃口的双面配合间隙为0.03
2. 材料: CrWMn
3. 热处理硬度HRC58～62

(b)

图 2-69 凸模、凹模
(a) 凸模; (b) 凹模

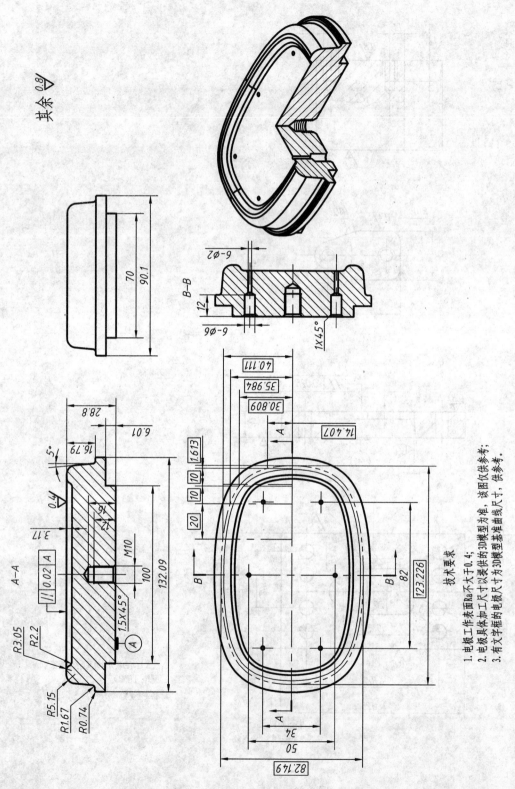

其余 0.8

A—A

∥ 0.02 A

技术要求
1. 电极工作表面Ra不大于0.4；
2. 电极具体加工尺寸以提供的3D模型为准，该图仅供参考；
3. 有文字框的电极尺寸为3D模型基准曲线尺寸，供参考。

图 2-70 紫铜电极

第3章　模具电火花加工

❋+❋

3.1　电火花加工

电火花加工是在一定介质中，通过工具电极和工件电极之间脉冲放电时的电腐蚀作用，对工件进行加工的一种工艺方法。它可以加工各种高熔点、高硬度、高强度、高纯度、高韧性材料，并在生产中显示出很多优越性，因此得到了迅速发展和广泛应用。在模具制造中被用于凹模型孔和型腔的加工。

3.1.1　电火花加工的原理和特点

1. 电火花加工的原理

早在一百多年前，人们就发现电器开关在断开或闭合时，往往会产生火花而把触点腐蚀成粗糙不平的凹坑，并逐渐损坏。这是一种有害的电腐蚀现象。随着人们对电腐蚀现象的深入研究，认识到在液体介质内进行重复性脉冲放电，能对导电材料进行加工，因而创立了电火花加工。

要使脉冲放电能够用于零件加工，应具备下列基本条件：

(1) 一定的放电间隙：必须使接在不同极性上的工具和工件之间保持一定的距离以形成放电间隙。这个间隙的大小与加工电压、加工介质等因素有关，一般为 0.01～0.1 mm 左右。在加工过程中还必须用工具电极的进给和调节装置来保持这个放电间隙，使脉冲放电能连续进行。

(2) 绝缘的介质：放电必须在具有一定绝缘性能的液体介质中进行。液体介质还能够将电蚀产物从放电间隙中排除出去，并对电极表面进行较好的冷却。

近年来，新开发的水基工作液可使粗加工效率大幅度提高，对改善工作环境有很好的促进作用。

(3) 单向脉冲：脉冲波形基本是单向的，如图 3-1 所示。放电延续时间 t_i 称为脉冲宽度，t_i 应小于 10^{-3} s，以使放电所产生的热量来不及从放电点过多地传导扩散到其它部位，从而只在极小的范围之内使金属局部熔化，直至气化。相邻脉冲之间的间隔时间 t_0 称为脉冲间隔，它使放电介质有足够的时间恢复绝缘状态(称为消电离)，以免引

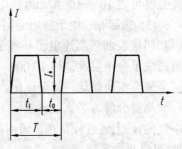

t_i—脉冲宽度；t_0—脉冲间隔；
T—脉冲周期；I_e—电流峰值

图 3-1　脉冲电流波形

起持续电弧放电，烧伤加工表面而无法用于尺寸加工。$T=t_i+t_0$ 称为脉冲周期。

(4) 足够的能量：要有足够的脉冲放电能量，以保证放电部位的金属熔化或气化。

图 3-2 所示是电火花加工的原理图。自动进给调节装置能使工件和工具电极经常保持给定的放电间隙。由脉冲电源输出的电压加在液体介质中的工件和工具电极(以下简称电极)上。当电压升高到间隙中介质的击穿电压时，会使介质在绝缘强度最低处被击穿，产生火花放电，如图 3-3 所示。瞬间高温使工件和电极表面都被蚀除掉一小块材料，形成小的凹坑。

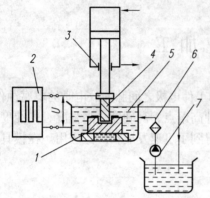

1－工件；2－脉冲电源；3－自动进给装置；

4－工具电极；5－工作液；6－过滤器；7－泵

图 3-2　电火花加工的原理图

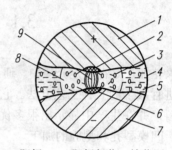

1－阳极；2－阳极气化、熔化区；

3－熔化的金属微粒；4－工作介质；

5－凝固的金属微粒；6－阴极气化、熔化区；

7－阴极；8－气泡；9－放电通道

图 3-3　放电状况微观图

一次脉冲放电的过程可以分为电离、放电、热膨胀、抛出金属和消电离等几个连续的阶段。

(1) 电离：由于工件和电极表面存在着微观的凹凸不平，在两者相距最近的点上电场强度最大，因此会使附近的液体介质首先被电离为电子和正离子。

(2) 放电：在电场的作用下，电子高速奔向阳极，正离子奔向阴极，并产生火花放电，形成放电通道。在这个过程中，两极间液体介质的电阻从绝缘状态的几兆欧姆骤降到几分之一欧姆。由于放电通道受放电时磁场力和周围液体介质的压缩，因此其截面积极小，电流强度可达 $10^5\sim10^6\,A/cm^2$(放电状况如图 3-3 所示)。

(3) 热膨胀：由于放电通道中电子和正离子高速运动时相互碰撞，产生大量的热能；阳极和阴极表面受高速电子和离子流的撞击，其动能也转化成热能，因此，在两极之间沿通道形成了一个温度高达 10 000～12 000℃的瞬时高温热源。在热源作用区的电极和工件表面层金属会很快熔化，甚至气化。通道周围的液体介质(一般为煤油)除一部分气化外，另一部分被高温分解为游离的碳黑和 H_2、C_2H_2、C_2H_4、C_nH_{2n} 等气体(使工作液变黑，在极间冒出小气泡)。上述过程是在极短时间($10^{-7}\sim10^{-5}$s)内完成的，因此，具有突然膨胀、爆炸的特性(可以听到噼啪声)。

(4) 抛出金属：由于热膨胀具有爆炸的特性，爆炸力将熔化和气化了的金属抛入附近的液体介质中冷却，凝固成细小的圆球状颗粒，其直径视脉冲能量而异(一般约为 0.1～500 μm)，电极表面则形成一个周围凸起的微小圆形凹坑，如图 3-4 所示。

(5) 消电离：使放电区的带电粒子复合为中性粒子的过程。在一次脉冲放电后应有一段间隔时间，使间隙内的介质来得及消电离而恢复绝缘强度，以实现下一次脉冲击穿放电。如果电蚀产物和气泡来不及很快排除，就会改变间隙内介质的成分和绝缘强度，破坏消电离过程，易使脉冲放电转变为连续电弧放电，影响加工。

一次脉冲放电之后，两极间的电压急剧下降到接近于零，间隙中的电介质立即恢复到绝缘状态。此后，两极间的电压再次升高，又在另一处绝缘强度最小的地方重复上述放电过程。多次脉冲放电的结果，使整个被加工表面由无数小的放电凹坑构成，如图3-5所示。工具电极的轮廓形状便被复制在工件上，达到加工的目的。

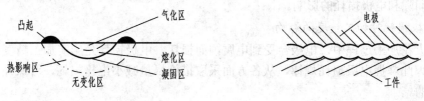

图 3-4　放电凹坑剖面示意图　　　　　　图 3-5　加工表面局部放大图

在脉冲放电过程中，工件和电极都要受到电腐蚀，但正、负两极的蚀除速度不同，这种两极蚀除速度不同的现象称为极性效应。产生极性效应的基本原因是由于电子的质量小，其惯性也小，在电场力作用下容易在短时间内获得较大的运动速度，即使采用较短的脉冲进行加工，也能大量、迅速地到达阳极，轰击阳极表面；而正离子由于质量大，惯性也大，在相同时间内所获得的速度远小于电子，当采用短脉冲进行加工时，大部分正离子尚未到达负极表面，脉冲便已结束。因此，负极的蚀除量小于正极。但是，当用较长的脉冲加工时，正离子可以有足够的时间加速，获得较大的运动速度，并有足够的时间到达负极表面，加上它的质量大，因而，正离子对负极的轰击作用远大于电子对正极的轰击，负极的蚀除量则大于正极。

电极和工件的蚀除量不仅与脉冲宽度有关，而且还受电极及工件材料、加工介质、电源种类、单个脉冲能量等多种因素的综合影响。在电火花加工过程中，极性效应愈显著愈好。因此，必须充分利用极性效应，合理选择加工极性，以提高加工速度，减少电极的损耗。在实际生产中，把工件接正极的加工，称为"正极性加工"或"正极性接法"；把工件接负极的加工称为"负极性加工"或"负极性接法"。极性的选择主要靠实验确定。

2．电火花加工的特点

(1) 便于加工用机械加工难以加工或无法加工的材料，如淬火钢、硬质合金、耐热合金等。

(2) 电极和工件在加工过程中不接触，两者间的宏观作用力很小，所以便于加工小孔、深孔、窄缝零件，而不受电极和工件刚度的限制；对于各种型孔、立体曲面、复杂形状的工件，均可采用成形电极一次加工。

(3) 电极材料不必比工件材料硬。

(4) 直接利用电、热能进行加工，便于实现加工过程的自动控制。

由于电火花加工有其独特的优点，加上电火花加工工艺技术水平的不断提高、数控电火花机床的普及，因此，其应用领域日益扩大，已在模具制造、机械、宇航、航空、电子、仪器轻工等部门用来解决各种难加工的材料和复杂形状零件的加工问题。

3.1.2 影响电火花加工质量的主要因素

电火花加工质量包括电蚀表面的加工精度及表面质量。

1. 影响加工精度的因素

工件的加工精度除受机床精度、工件的装夹精度、电极制造及装夹精度影响之外，主要受放电间隙和电极损耗的影响。

1) 电极损耗对加工精度的影响

在电火花加工过程中，电极会受到电腐蚀而损耗。电极损耗是影响加工精度的一个重要因素，因此掌握电极损耗规律，从各方面采取措施尽量减小电极损耗，对保证加工精度是很重要的。

型腔加工时，多用电极的体积损耗率来衡量电极的损耗情况，即

$$C_V = \frac{V_E}{V_W} \times 100\%$$

式中：C_V——电极的体积损耗率；

V_E——电极的体积损耗；

V_W——工件的蚀除体积。

穿孔加工时，多用长度损耗率来衡量电极的损耗，即

$$C_L = \frac{h_E}{h_W}$$

式中：C_L——电极的长度损耗率；

h_E——电极长度方向上的损耗尺寸，单位为 mm；

h_W——工件上已加工出的深度尺寸，单位为 mm。

在加工过程中，电极的不同部位其损耗是不同的。电极的尖角、棱边等凸起部位的电场强度较强，易形成尖端放电，所以这些部位比平坦部位损耗要快。电极的不均匀损耗必然使加工精度下降。

电极的损耗受电极材料的热学物理常数的综合影响。常用电极材料的热学物理常数见表 3-1。当脉冲放电能量相同时，金属的熔点、沸点、比热容、熔化潜热、气化潜热愈高，则电极耐腐蚀的性能愈高，损耗愈小。另一方面，导热系数大的材料，在相同的放电时间内能较多地把瞬时产生的热量从放电区传导出去，使热损耗相对增大，同样可以减小电极的损耗。如钨和石墨的熔点、沸点高，石墨的热容量又很大，所以它们的耐腐蚀性也高；铜的导热系数虽然比钢大，但其熔点远比钢低，所以它不如钢耐腐蚀。

此外，电极损耗还受脉冲电源的电参数、加工极性、加工面积等因素的综合影响。因此，在电火花加工中应正确选择脉冲电源的电参数和加工极性，用耐腐蚀性能好的材料制造电极，改善工艺条件，以减小电极损耗对加工精度的影响。一般把电极损耗小于 1% 的加工称为低损耗加工。由于电火花加工设备和工艺水平的不断提高，目前已使成形加工的精度达到 0.01 mm 以上。

表 3-1　常用材料的热学物理常数

热学物理常数	材　料				
	铜	石墨	钢	钨	铝
比热容 $c/(\mathrm{J \cdot kg^{-1} \cdot K^{-1}})$	393.56	1674.7	695.0	154.91	1004.8
密度 $\rho/(\mathrm{kg \cdot m^{-3}})$	8.9×10^3	2.2×10^3	7.9×10^3	19.3×10^3	2.7×10^3
热导率 $\lambda/(\mathrm{W \cdot m^{-1} \cdot K^{-1}})$	384.93	48.95	33.47	150.62	205.02
熔点 $t_{\mathrm{r}}/℃$	1083	3500	1535	3410	657
熔化潜热 $q_{\mathrm{r}}/(\mathrm{J \cdot kg^{-1}})$	1.80×10^5	—	2.09×10^5	1.59×10^5	3.85×10^5
沸点 $t_{\mathrm{f}}/℃$	2595	3700	2735	5930	2450
气化潜热 $q_{\mathrm{g}}/(\mathrm{J \cdot kg^{-1}})$	3.59×10^6	4.60×10^7	6.65×10^6	3.39×10^6	9.32×10^6
传温系数 $\alpha(\alpha=\lambda/c\rho)/(\mathrm{m^2 \cdot s^{-1}})$	1.1×10^{-4}	0.133×10^{-4}	0.061×10^{-4}	0.504×10^{-4}	0.756×10^{-4}

注：① 热导率为℃的值。

　　② K 为热力学温度的单位。

2) 放电间隙对加工精度的影响

电火花加工时，电极和工件之间发生脉冲放电需保持一定的放电间隙。由于放电间隙的存在，使加工出的工件型孔(或型腔)尺寸和电极尺寸相比，沿加工轮廓要相差一个放电间隙(单边间隙)。若不考虑电蚀产物引起的二次放电(由电蚀产物在侧面间隙中滞留引起的电极侧面和已加工面之间的放电现象)和电极进给时机械误差的影响，放电间隙可用下面的经验公式表示：

$$\delta = K_\delta t_{\mathrm{i}}^{0.3} I_{\mathrm{e}}^{0.3}$$

式中：δ——放电间隙，单位为 μm；

　　　t_{i}——脉冲宽度，单位为 μs；

　　　I_{e}——放电峰值电流，单位为 A；

　　　K_δ——系数(与电极、工件材料有关)。

从上式可知，要使放电间隙保持稳定，必须使脉冲电源的电参数保持稳定，同时还应使机床精度和刚度也保持稳定。特别要注意电蚀产物在间隙中的滞留而引起的二次放电对放电间隙的影响。一般单面放电间隙值为 0.01~0.1 mm。加工精度与放电间隙的大小是否稳定和均匀有关，间隙愈稳定、均匀，加工精度愈高。目前采用稳定的脉冲电源和高精度机床，在加工过程稳定性良好的情况下放电间隙误差可控制在 0.05δ 的范围内。

3) 加工斜度对加工精度的影响

在加工过程中随着加工深度的增加，二次放电次数增多，侧面间隙逐渐增大，使被加工孔入口处的间隙大于出口处的间隙，出现加工斜度，使加工表面产生形状误差，如图 3-6 所示。二次放电的次数越多，单个脉冲的能量越大，则加工斜度越大。二次放电的次数与电蚀产物的排除条件有关。因此，应从工艺上采取措施及时排除电蚀产物，使加工斜度减小。目前精加工时斜度可控制在 10′ 以下。

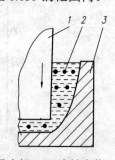

1—工具电极；2—电蚀产物；3—工件

图 3-6　二次放电造成侧面间隙增大

2．影响表面质量的因素

1) 表面粗糙度

电火花加工后的表面，是由脉冲放电时所形成的大量凹坑排列重叠而形成的。在一定的加工条件下，加工表面的粗糙度可用以下经验公式表示：

$$R_a = K_{Ra} t_i^{0.3} I_e^{0.3}$$

式中：R_a——实测的表面粗糙度评定参数，单位为 μm；

K_{Ra}——系数(用钢电极加工淬火钢，按负极性加工时 $K_{Ra} = 2.3$)；

t_i——脉冲宽度，单位为 μs；

I_e——电流峰值，单位为 A。

由上式可以看出，电蚀表面粗糙度的评定参数 R_a 随脉冲宽度和电流峰值的增大而增大。在一定的加工条件下，脉冲宽度和电流峰值的增大使单个脉冲能量增大，电蚀凹坑的断面尺寸也增大。所以，表面粗糙度主要取决于单个脉冲能量，单个脉冲能量愈大，表面愈粗糙。要使 R_a 减小，则必须减小单个脉冲能量。

电火花加工的表面粗糙度，粗加工一般可达 $R_a = 25 \sim 12.5\ \mu m$；精加工可达 $R_a = 3.2 \sim 0.8\ \mu m$；微细加工可达 $R_a = 0.8 \sim 0.2\ \mu m$。加工熔点高的硬质合金等可获得比钢更小一些的粗糙度。由于电极的相对运动，侧壁粗糙度比底面小。近年来研制的超光脉冲电源已使电火花成形加工的粗糙度达到 $R_a = 0.20 \sim 0.10\ \mu m$。

2) 表面变化层

经电火花加工后的表面将产生包括凝固层和热影响层的表面变化层(见图 3-4)，它的化学(工作介质和石墨电极的碳元素渗入工件表层)、物理、力学性能均有所变化。

凝固层是工件表层材料在脉冲放电的瞬时高温作用下熔化后未能抛出，在脉冲放电结束后迅速冷却、凝固而保留下来的金属层，其晶粒非常细小，有很强的抗腐蚀能力。

热影响层位于凝固层和工件基体材料之间，该层金属受到放电点传来的高温的影响，使材料的金相组织发生了变化。对未淬火钢，热影响层就是淬火层。对经过淬火的钢，热影响层是重新淬火层。由于所采用的电参数、冷却条件及工件材料原来的热处理状况不同，变化层的硬度变化情况也不一样。图 3-7 所示为未淬火钢经过电火花加工后的表层显微硬度变化情况。图 3-8 所示为已淬火钢的情况。

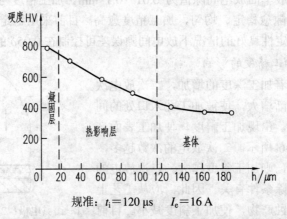

规准：$t_i = 120\ \mu s$　　$I_e = 16\ A$

图 3-7　未淬火钢 T10 经过电火花加工后的表层显微硬度

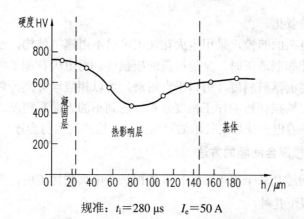

规准：$t_i = 280\ \mu s$　　$I_e = 50\ A$

图 3-8　已淬火钢 T10 经过电火花加工后的表层显微硬度

表面变化层的厚度与工件材料及脉冲电源的电参数有关，它随着脉冲能量的增加而增厚。粗加工时变化层一般为 0.1～0.5 mm，精加工时一般为 0.01～0.05 mm。凝固层的硬度一般比较高，故电火花加工后的工件耐磨性比机械加工好。但是，随之而来的是增加了钳工研磨、抛光的困难。

3．影响生产率的因素

单位时间内从工件上蚀除的金属量称为电火花加工的生产率。生产率的高低受加工极性、工件材料的热学物理常数、脉冲电源、电蚀产物的排除情况等因素的影响。生产率与脉冲参数之间的关系可用下面的经验公式表示：

$$V_w = K_{VW} W_e f$$

式中：V_w——电火花加工的生产率，单位为 g/min；

　　　K_{VW}——系数(与电极材料、脉冲参数、工作液成分等因素有关)；

　　　W_e——单个脉冲能量，单位为 J；

　　　f——脉冲频率，单位为 Hz。

在一定的加工条件下增加单个脉冲能量，能增大金属的蚀除量，使生产率提高。但单个脉冲能量的增大，使电蚀凹坑的断面尺寸也增大，从而使表面粗糙度增大。另外，提高脉冲频率，使单位时间内的放电次数增多，也能提高电火花加工的生产率。提高脉冲频率将使脉冲宽度、脉冲间隔时间缩短，会降低单个脉冲的能量。太小的脉冲间隔会使工作液来不及消电离而恢复绝缘状态，使间隙经常处于击穿状态，形成连续电弧放电，破坏电火花加工的稳定性，影响加工质量。所以，选择脉冲电源的电参数，应根据加工要求进行考虑。一般粗加工对表面粗糙度要求不高，可选用较宽的脉冲，以提高单个脉冲的能量，使生产率提高，并用较低的脉冲频率进行加工。精加工对表面粗糙度要求较高，宜选用较窄的脉冲宽度，并用较高的脉冲频率进行加工，使之在保证加工表面粗糙度的前提下能获得较高的生产率。

提高系数 K_{VW} 也可相应地提高生产率。其途径很多，例如合理选用电极材料、电参数和工作液，改善工作液循环过滤方式，及时排除放电间隙中的电蚀产物等。

3.1.3　凹模型孔加工

用电火花加工方法加工通孔称为穿孔加工。它在模具制造中主要用于加工用切削加工方法难以加工的凹模型孔。

对于型孔形状复杂的凹模，采用电火花加工可以不用镶拼结构，而采用整体结构，这样既可节约模具设计和制造工时，又能提高凹模强度。用电火花加工的冲模，容易获得均匀的配合间隙和所需的落料斜度，刃口平直耐磨，可以相应地提高冲件质量和模具的使用寿命。但加工中电极的损耗影响加工精度，难以达到小的表面粗糙度，要获得小的棱边和尖角也比较困难。随着电火花加工技术的日臻完善，这些问题将会逐步得到解决。

1. 保证凸、凹模配合间隙的方法

冷冲模的配合间隙是一个很重要的技术指标，在电火花加工中，常用的保证配合间隙要求的工艺方法有以下几种：

1) 直接法

直接法是用加长的钢凸模作电极加工凹模的型孔，加工后将凸模上的损耗部分去除。凸、凹模的配合间隙靠控制脉冲放电间隙来保证。用这种方法可以获得均匀的配合间隙，模具质量高，不需另外制造电极，工艺简单。但是，钢凸模作电极加工速度低，在直流分量的作用下易磁化，使电蚀产物被吸附在电极放电间隙的磁场中而形成不稳定的二次放电。此方法适用于形状复杂的凹模或多型孔凹模，如电机定子、转子硅钢片冲模等。

2) 混合法

混合法是将凸模的加长部分选用与凸模不同的材料，如铸铁等粘接或钎焊在凸模上，与凸模一起加工，以粘接或钎焊部分作穿孔电极的工作部分，加工后，再将电极部分去除。此方法的电极材料可选择，因此，电加工性能比直接法好；电极与凸模连接在一起加工，电极形状、尺寸与凸模一致，加工后凸、凹模配合间隙均匀。混合法是一种使用较广泛的方法。

上述加工方法是靠调节放电间隙来保证配合间隙的。当凸、凹模配合间隙很小时，必须保证放电间隙也很小，但过小的放电间隙使加工困难。在这种情况下，可将电极的工作部分用化学浸蚀法蚀除一层金属，使断面尺寸均匀缩小 $\delta-(Z/2)$（Z 为凸、凹模双边配合间隙；δ 为单边放电间隙），以利于放电间隙的控制。反之，当凸、凹模的配合间隙较大时，可以用电镀法将电极工作部位的断面尺寸均匀扩大 $Z/2-\delta$，以满足加工时的间隙要求。

3) 修配凸模法

修配凸模法是将凸模和工具电极分别制造，在凸模上留一定的修配余量，按电火花加工好的凹模型孔修配凸模，达到所要求的凸、凹模配合间隙。这种方法的优点是电极可以选用电加工性能好的电极材料。由于凸、凹模的配合间隙是靠修配凸模来保证的，因此，不论凸、凹模的配合间隙大小，均可采用这种方法。其缺点是增加了制造电极和钳工修配的工作量，而且不易得到均匀的配合间隙。故修配凸模法只适合于加工形状比较简单的冲模。

4) 二次电极法

二次电极法加工是利用一次电极制造出二次电极，再分别用一次和二次电极加工出凹模和凸模，并保证凸、凹模配合间隙。有两种情况：其一是一次电极为凹型，用于凸模制造有困难者；二是一次电极为凸型，用于凹模制造有困难者。图 3-9 所示是二次电极为凸型电极时的加工方法。其工艺过程为：根据模具尺寸要求设计并制造一次凸型电极→用一次电极加工出凹模(见图 3-9(a))→用一次电极加工出凹型二次电极(见图 3-9(b))→用二次电极

加工出凸模(见图 3-9(c))→凸、凹模配合，保证配合间隙(见图 3-9(d))。图中，δ_1、δ_2、δ_3 分别为加工凹模、二次电极和凸模时的放电间隙。

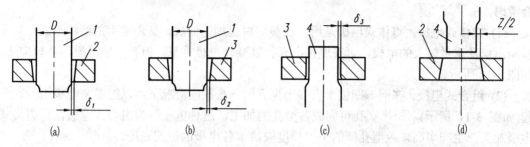

1—一次电极；2—凹模；3—二次电极；4—凸模

图 3-9 二次电极法

(a) 加工凹模；(b) 制造二次电极；(c) 加工凸模；(d) 凸、凹模配合

用二次电极法加工，操作过程较为复杂，一般不常采用。但此法能合理调整放电间隙 δ_1、δ_2、δ_3，可加工无间隙或间隙极小的精冲模。对于硬质合金模具，在无成形磨削设备时可采用二次电极法加工凸、凹模。

由于电火花加工要产生加工斜度，型孔加工后其孔壁要产生倾斜，为防止型孔的工作部分产生反向斜度而影响模具正常工作，因此，在穿孔加工时应将凹模的底面向上，如图 3-9(a)所示。加工后，将凸模、凹模按照图 3-9(d)所示方式进行装配。

2．电极设计

凹模型孔的加工精度与电极的精度和穿孔时的工艺条件密切相关。为了保证型孔的加工精度，在设计电极时必须合理选择电极材料和确定电极尺寸。此外，还要使电极在结构上便于制造和安装。

1) 电极材料

依据电火花加工原理，可以说任何导电材料都可以用来制作电极。但在生产中应选择损耗小、加工过程稳定、生产率高、机械加工性能良好、来源丰富、价格低廉的材料作电极材料。常用电极材料的种类和性能见表 3-2，选择时应根据加工对象、工艺方法、脉冲电源的类型等因素综合考虑。

表 3-2 常用电极材料的种类和性能

电极材料	电火花加工性能		机械加工性能	说　　明
	加工稳定性	电极损耗		
钢	较差	中等	好	在选择电参数时应注意加工的稳定性，可以凸模作电极
铸铁	一般	中等	好	—
石墨	尚好	较小	尚好	机械强度较差，易崩角
黄铜	好	大	尚好	电极损耗太大
纯铜	好	较小	较差	磨削困难
铜钨合金	好	小	尚好	价格贵，多用于深孔、直壁孔、硬质合金穿孔
银钨合金	好	小	尚好	价格贵，用于精密及有特殊要求的加工

2) 电极结构

电极的结构形式应根据电极外形尺寸的大小与复杂程度、电极的结构工艺性等因素综合考虑。

(1) 整体式电极。整体式电极是用一块整体材料加工而成，是最常用的结构形式。对于横断面积及重量较大的电极，可在电极上开孔以减轻电极重量，但孔不能开通，孔口向上，如图 3-10 所示。

(2) 组合式电极。在同一凹模上有多个型孔时，在某些情况下可以把多个电极组合在一起(如图 3-11 所示)，一次穿孔可完成各型孔的加工，这种电极称为组合式电极。用组合式电极加工，生产率高，各型孔间的位置精度取决于各电极的位置精度。

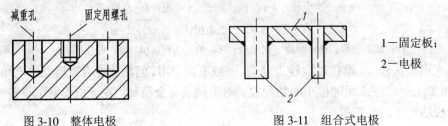

图 3-10　整体电极　　　　　　　图 3-11　组合式电极

1—固定板；
2—电极

(3) 镶拼式电极。对于形状复杂的电极整体加工有困难时，常将其分成几块，分别加工后再镶拼成整体，这样既节省材料又便于电极制造。

不论采用哪种结构，电极都应有足够的刚度，以利于提高加工过程的稳定性。对于体积小、易变形的电极，可将电极工作部分以外的截面尺寸增大以提高刚度。对于体积较大的电极，要尽可能减轻电极的重量，以减小机床的变形。电极与主轴连接后，其重心应位于主轴中心线上，这对于较重的电极尤为重要，否则会产生附加偏心力矩，使电极轴线偏斜，影响模具的加工精度。

3) 电极尺寸

(1) 电极横截面尺寸的确定。垂直于电极进给方向的电极截面尺寸称为电极的横截面尺寸。在凸、凹模图样上的公差有不同的标注方法：当凸模与凹模分开加工时，在凸、凹模图样上均标注公差；当凸模与凹模配合加工时，落料模将公差标注在凹模上，冲孔模将公差标注在凸模上，另一个只标注基本尺寸。因此，电极横截面尺寸分别按下述两种情况计算。

① 当按凹模型孔尺寸和公差确定电极的横截面尺寸时，则电极的轮廓应比型孔均匀地缩小一个放电间隙值。如图 3-12 所示，与型孔尺寸相对应的电极尺寸为

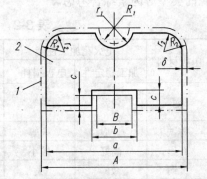

$$a=A-2\delta, \quad b=B+2\delta, \quad c=C$$
$$r_1=R_1+\delta$$
$$r_2=R_2-\delta$$

式中：A、B、C、R_1、R_2——型孔基本尺寸，单位为 mm；

a、b、c、r_1、r_2——电极横截面基本尺寸，单位为 mm；

1—型孔轮廓；2—电极横截面

图 3-12　按型孔尺寸确定电极的横截面尺寸

δ——单边放电间隙，单位为 mm。

② 当按凸模尺寸和公差确定电极的横截面尺寸时，则随凸模、凹模配合间隙 Z(双面)的不同，分为三种情况：

配合间隙等于放电间隙($Z=2\delta$)时，电极与凸模截面基本尺寸完全相同。

配合间隙小于放电间隙($Z<2\delta$)时，电极轮廓应比凸模轮廓均匀地缩小一个数值，但形状相似。

配合间隙大于放电间隙($Z>2\delta$)时，电极轮廓应比凸模轮廓均匀地放大一个数值，但形状相似。

电极单边缩小或放大的数值可用下式计算：

$$a_1=\frac{|Z-2\delta|}{2}$$

式中：a_1——电极横截面轮廓的单边缩小或放大量；

Z——凸、凹模双边配合间隙；

δ——单边放电间隙。

(2) 电极长度尺寸的确定。电极的长度取决于凹模结构形式、型孔的复杂程度、加工深度、电极材料、电极使用次数、装夹形式及电极制造工艺等一系列因素，可按下式进行计算(参见图 3-13)：

$$L=Kt+h+l+(0.4\sim0.8)(n-1)Kt$$

式中：t——凹模有效厚度(电火花加工的深度)，单位为 mm；

h——当凹模下部挖空时，电极需要加长的长度，单位为 mm；

l——为夹持电极而增加的长度(约为 10~20 mm)；

n——电极的使用次数；

K——与电极材料、型孔复杂程度等因素有关的系数。

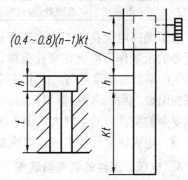

图 3-13　电极长度尺寸

K 值选用的经验数据：紫铜为 2~2.5，黄铜为 3~3.5，石墨为 1.7~2，铸铁为 2.5~3，钢为 3~3.5。当电极材料损耗小、型孔简单、电极轮廓无尖角时，K 取小值；反之取大值。

若加工硬质合金时，由于电极损耗较大，因此电极长度应适当加长些，但其总长不宜过长，太长会带来制造上的困难。

在生产中为了减少脉冲参数的转换次数，使操作简化，有时将电极适当增长，并将增长部分的截面尺寸均匀减小，做成阶梯状，称为阶梯电极，如图 3-14 所示。阶梯部分的长度 L_1 一般取凹模加工厚度的 1.5 倍左右；阶梯部分的均匀缩小量 $h_1=0.10\sim0.15$ mm。对阶梯部分不便进行切削加工的电极，常用化学浸蚀方法将断面尺寸均匀缩小。

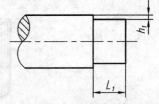

图 3-14　阶梯电极

(3) 电极横截面的尺寸公差一般取模具刃口相应尺寸公差的 1/2~2/3。电极在长度方向上的尺寸公差没有严格要求。电极侧面的平行度误差在 100 mm 长度上不超过 0.01 mm。电极工作表面的粗糙度不大于型孔的表面粗糙度。

3. 凹模模坯准备

凹模模坯准备是指电火花加工前的全部工序。常用的凹模模坯准备工序见表 3-3。

表 3-3　常用的凹模模坯准备工序

序号	工序	加工内容及技术要求
1	下料	用锯床割断所需的材料，包括需切削的材料
2	锻造	锻造所需的形状，并改善其内部组织
3	退火	消除锻造后的内应力，并改善其加工性能
4	刨(铣)	刨(铣)四周及上、下平面，厚度留余量 0.4～0.6 mm
5	平磨	磨上、下平面及相邻两侧面，对角尺，粗糙度 R_a=0.63～1.25 μm
6	划线	钳工按型孔及其它安装孔划线
7	钳工	钻排孔，除掉型孔废料
8	插(铣)	插(铣)出型孔，单边留余量 0.3～0.5 mm
9	钳工	加工其余各孔
10	热处理	按图样要求淬火
11	平磨	磨上、下面，为使模具光整，最好再磨四侧面
12	退磁	退磁处理(目前因机床性能提高，大多可省略)

为了提高电火花加工的生产率和便于工作液强迫循环，凹模模坯应去除型孔废料，只留适当的余量作为电火花穿孔余量。余量大小直接影响加工效率与加工精度。余量小，加工的生产率及形状精度高。但余量过小，则由于热处理变形而容易产生废品，对电极定位也将增加困难。因此，应根据型孔形状及精度确定其余量大小。一般留单边余量 0.25～0.5 mm，形状复杂的型孔可适当增大，但不超过 1 mm。另外，余量分布应均匀。为了避免淬火变形的影响，电火花穿孔加工应在淬火后进行。

4. 电极、工件的装夹与调整

在电火花加工时，必须将电极和工件分别装夹到机床(见图 3-15)的主轴和工作台上，并将其校正、调整到正确位置。电极、工件的装夹及调整精度，对模具的加工精度有直接影响。

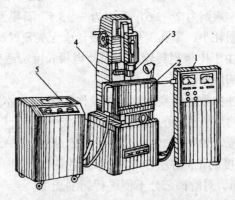

1—电源；2—工作液箱；3—主轴；4—床身；5—工作液系统

图 3-15　电火花加工机床

1) 电极的装夹及校正

整体电极一般使用夹头将电极装夹在机床主轴的下端。图 3-16 所示是用标准套筒装夹的圆柱形电极。直径较小的电极可用钻夹头装夹，如图 3-17 所示。尺寸较大的电极用标准螺钉夹头装夹，如图 3-18 所示。镶拼式电极一般采用一块联接板将几个电极拼块联接成一个整体后，再装到机床主轴上校正。加工多型孔凹模的多个电极可在标准夹具上加定位块进行装夹，或用专用夹具进行装夹。

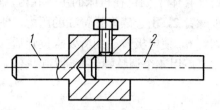

1—标准套筒；2—电极

图 3-16　标准套筒装夹电极

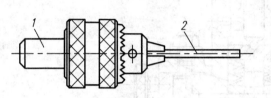

1—钻夹头；2—电极

图 3-17　钻夹头装夹电极

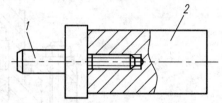

1—标准螺钉夹头；2—电极

图 3-18　标准螺钉夹头装夹电极

电极装夹时必须进行校正，使其轴心线或电极轮廓的素线垂直于机床工作台面。在某些情况下，电极横截面上的基准还应与机床工作台拖板的纵横运动方向平行。

校正电极的方法较多，图 3-19 所示是用角尺观察它的测量边与电极侧面的一条素线间的间隙，在相互垂直的两个方向上进行观察和调整，直到两个方向观察到的间隙上下都均匀一致时，电极与工作台的垂直度即被校正。这种方法比较简便，校正精度也较高。

图 3-20 所示是用千分表校正电极的垂直度。将主轴上下移动，在相互垂直的两个方向上用千分表找正，其误差可直接由千分表显示。这种校正方法可靠，精度高。

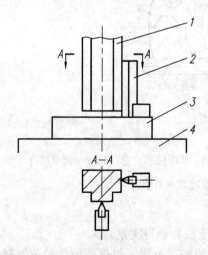

1—电极；2—角尺；3—凹模；4—工作台

图 3-19　用精密角尺校正电极垂直度

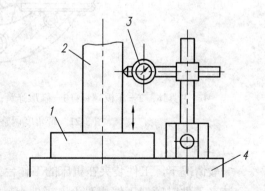

1—凹模；2—电极；3—千分表；4—工作台

图 3-20　用千分表校正电极

为使电极校正方便，可采用如图 3-21 所示带角度调整的钢球铰链式调节装置。使用时将夹具体 1 固定在机床的主轴孔内，电极装夹在电极装夹套 5 内。调整电极角度时松开压板螺钉 2，由于碟形弹簧 3 的压力，使夹具体 1 与外壳 4 的平面间出现间隙，转动两个调整螺钉 6，使电极转动到所要求位置后，用压板螺钉 2 将其固定。调整范围为±15°。电极的垂直度用 4 个调整螺钉 7 进行调整。

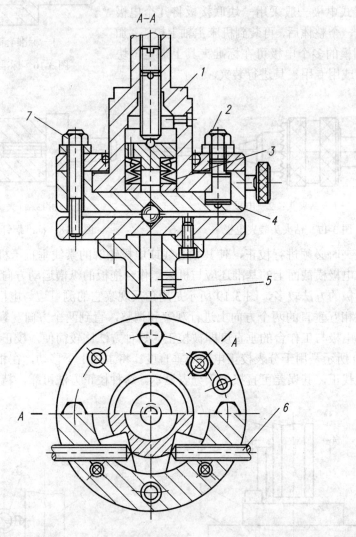

1—夹具体；2—压板螺钉；3—碟形弹簧；4—外壳；5 电极装夹套；6、7—调整螺钉

图 3-21 带角度调整的钢球铰链式调节装置

2) 工件的装夹

一般情况下，工件装夹在机床的工作台上，用压板和螺钉夹紧。

装夹工件时应使工件相对于电极处于一个正确的相对位置，以保证所需的位置精度要求。使工件在机床上相对于电极具有正确位置的过程称为定位。在电火花加工中根据加工条件可采用不同的定位方法。以下是两种常见的定位方法：

(1) 划线法：按加工要求在凹模的上、下平面划出型孔轮廓，工件定位时将已安装正确的电极垂直下降，靠上工件表面，用眼睛观察并移动工件，使电极对准工件上的型孔线后将其压紧。经试加工后观察定位情况，并用纵横拖板作补充调整。这种方法定位精度不高，且凹模的下平面不能有台阶。

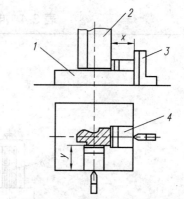

(2) 量块角尺法：如图 3-22 所示，按加工要求计算出型孔至两基准面之间的距离 x、y。将安装正确的电极下降至接近工件，用量块、角尺确定工件位置后将其压紧。这种方法不需专用工具，操作简单方便。

1—凹模；2—电极；3—角尺；4—量块

图 3-22　量块角尺定位

5．电规准的选择与转换

电火花加工中所选用的一组电脉冲参数称为电规准。电规准应根据工件的加工要求、电极和工件材料、加工的工艺指标等因素来选择。选择的电规准是否恰当，不仅影响模具的加工精度，还直接影响加工的生产率和经济性，在生产中主要通过工艺试验确定。通常要用几个规准才能完成凹模型孔加工的全过程。电规准分为粗、中、精三种。从一个规准调整到另一个规准称为电规准的转换。

粗规准主要用于粗加工。对它的要求是生产率高，工具电极损耗小，被加工表面的粗糙度 $R_a < 12.5\ \mu m$。所以，粗规准一般采用较大的电流峰值，较长的脉冲宽度($t_i = 20 \sim 60\ \mu s$)，采用钢电极时，电极相对损耗应低于 10%。

中规准是粗、精加工间过渡性加工所采用的电规准，用以减小精加工余量，促进加工稳定性和提高加工速度。中规准采用的脉冲宽度一般为 6～20 μs；被加工表面粗糙度 $R_a = 6.3 \sim 3.2\ \mu m$。

精规准用来进行精加工，要求在保证冲模各项技术要求(如配合间隙、表面粗糙度和刃口斜度)的前提下尽可能提高生产率。故多采用小的电流峰值，高频率，短的脉冲宽度($t_i = 2 \sim 6\ \mu s$)，被加工表面粗糙度可达 $R_a = 1.6 \sim 0.8\ \mu m$。

粗、精规准的正确配合，可以较好地解决电火花加工的质量和生产率之间的矛盾。凹模型孔用阶梯电极加工时电规准转换的程序是：当阶梯电极工作端的台阶进给到凹模刃口处时，转换成中规准过渡加工 1～2 mm 后，再转入精规准加工，若精规准有两挡，则还应依次进行转换。在规准转换时，其它工艺条件也要适当配合：粗规准加工时，排屑容易，冲油压力应小些；转入精规准后加工深度增加，放电间隙小，排屑困难，冲油压力应逐渐增大；当穿透工件时，冲油压力应适当降低。对加工斜度、粗糙度要求较小和精度要求较高的冲模加工，要将上部冲油改为下端抽油，以减小二次放电的影响。

6．冲裁模加工示例

1) 电火花加工凹模孔工艺

电火花机床加工凹模孔的工艺过程见表 3-4。

表 3-4 电火花加工凹模孔的工艺过程

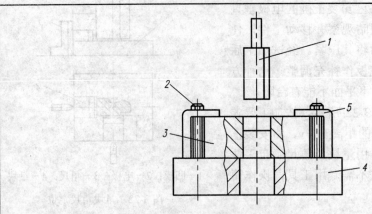

1—工具电极；2—螺钉；3—凹模；4—工作台；5—压板

工序号	工 序 过 程	注意事项
1	零件加工前的准备： ① 将零件(凹模、卸料板、凸模固定板)上、下面先划出对应的型孔线； ② 去掉中间余料，留加工余量 0.25～1 mm，尖角处用手锉修整； ③ 零件需热处理淬硬的，应热处理	① 划线的目的是便于加工中校准； ② 各边加工余量应相同； ③ 各螺孔、销孔在淬硬前加工
2	电极的准备： ① 检查电极尺寸及形状正确性； ② 将电极装夹正确，并校正及定位准确； ③ 电极与零件应进行退磁处理	电极的偏斜度不应超过凸、凹模间隙的 1/4
3	选择电规准及转换级数： ① 根据型孔大小、电极材料、工作机床选择电规准参数； ② 工具电极接在脉冲电源的负极，而加工零件接在正极	对于不同材料，电源也可反接，以提高效率
4	电火花加工过程： ① 把准备好的零件(如凹模)所需切削刃口朝下，并找准凹模 90°基面与机床导轨的平行度，调整后压紧在机床工作台上； ② 调准工具电极对工作台的垂直度； ③ 将电极下降，盖住零件型孔，然后用铅笔沿电极四周在零件上划线，这时，抬起电极观察铅笔线所表示的各边余量是否均匀。经调整均匀后压紧； ④ 根据工艺图纸计算所加工孔对基面的坐标尺寸，并用相应块规定位； ⑤ 开动机床，把工作液槽上升，使零件全部浸入介质中； ⑥ 先用弱规准进行加工，观察接触面四周是否产生电火化放电。若不放电继续调整； ⑦ 调整合适开始放电后，紧固螺钉，用选用的标准电规准进行加工； ⑧ 取出零件，进行检验	① 全长不大于 0.01 mm； ② 深度应低于液面 60～80 mm； ③ 工途中不允许再重新定位

2) 加工示例

(1) 某凹模工作零件电火花加工凹模孔的工艺参数见表 3-5。

表 3-5　电火花加工凹模孔的工艺参数表

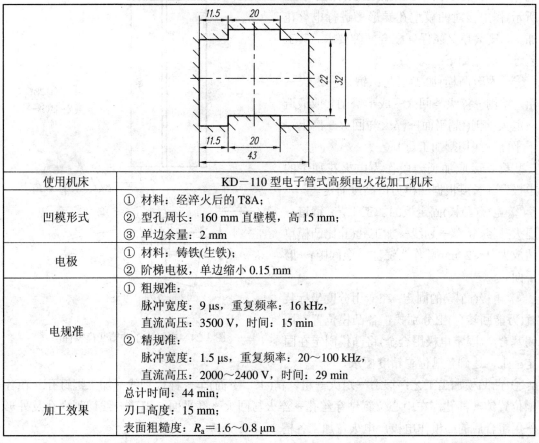

使用机床	KD-110 型电子管式高频电火花加工机床
凹模形式	① 材料：经淬火后的 T8A； ② 型孔周长：160 mm 直壁模，高 15 mm； ③ 单边余量：2 mm
电极	① 材料：铸铁(生铁)； ② 阶梯电极，单边缩小 0.15 mm
电规准	① 粗规准： 　脉冲宽度：9 μs，重复频率：16 kHz， 　直流高压：3500 V，时间：15 min ② 精规准： 　脉冲宽度：1.5 μs，重复频率：20～100 kHz， 　直流高压：2000～2400 V，时间：29 min
加工效果	总计时间：44 min； 刃口高度：15 mm； 表面粗糙度：R_a＝1.6～0.8 μm

(2) 电机定子凸凹模，凹模型孔有 24 个槽，冲件厚度为 0.5 mm，配合间隙为 0.03～0.07 mm(双边)，模具材料为 Cr12MoV，硬度为 HRC60～62，如图 3-23 所示。

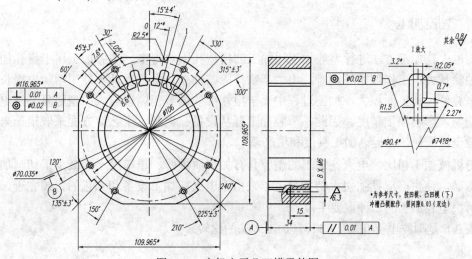

图 3-23　电机定子凸凹模零件图

由于配合间隙较小，对凸模和相应的凹模型孔的制造公差要求比较严，使用常规的配作存在一定的难度。采用凸模(如图 3-24 所示)作电极对凹模型孔异形槽进行电火花加工，既简单又能保证配合间隙要求。其工艺过程简述如下：

① 电极(凸模)加工工艺：锻造→退火→粗、精刨→淬火与回火→成形磨削。或锻造→退火→刨(铣)平面→淬火与回火→磨上、下平面→线切割加工。

凸模长度应加长一段作为电火花加工的电极，其长度根据凹模刃口高度而定。

② 电极(凸模)固定板的加工工艺：锻造→退火→粗、精车→划线→加工孔(孔比凸模单边放大 1～2 mm，作为浇注合金间隙)→磨平面。

③ 电极(凸模)的固定：在专用分度坐标装置(万能回转台)上分别找正各凸模位置，用锡基合金(固定电极用合金)将凸模固定在固定板上，达到各槽位置精度要求。

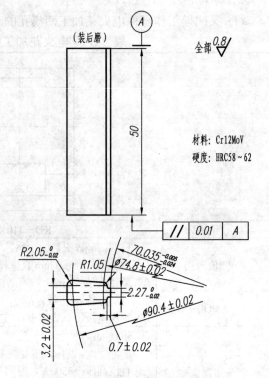

材料: Cr12MoV
硬度: HRC58～62

图 3-24　电机定子冲槽凸模零件图

④ 凸凹模加工工艺：锻造→退火→粗、精(上、下面)车→样板划线→加工螺钉孔，在各槽位置钻冲油孔，在中心位置钻穿丝孔→淬火与回火→磨平面→退磁→线切割内孔及外形→用组合后的凸模作电极，电火花加工各槽。

凸凹模各槽与凸模间隙大小靠电火花加工时所选的电规准控制。如果配合间隙不在放电间隙内，则对凸模电极部分采用化学浸蚀或镀铜的方法适当减小或增大。

3.1.4　型腔加工

用电火花加工方法进行型腔加工比加工凹模型孔困难得多。型腔加工属于盲孔加工，金属蚀除量大，工作液循环困难，电蚀产物排除条件差，电极损耗不能用增加电极长度和进给来补偿；加工面积大，加工过程中要求电规准的调节范围也较大；型腔复杂，电极损耗不均匀，影响加工精度。因此，型腔加工要从设备、电源、工艺等方面采取措施来减小或补偿电极损耗，以提高加工精度和生产率。

与机械加工相比，电火花加工的型腔具有加工质量好、粗糙度小、减少了切削加工和手工修磨，使生产周期缩短。特别是近年来由于电火花加工设备和工艺的日臻完善，它已成为解决型腔加工的一种重要手段。

表 3-6 是型腔电火花加工与其它加工方法的比较。

表 3-6　型腔加工方法比较

		机加工(立铣，仿形铣)	冷挤压	电火花加工
对各类型腔的适应性	大型腔	较好	较差	好
	深型腔	较差	低碳钢等塑性好的材料尚好	较好
	复杂型腔	立铣稍差，仿形铣较好	较差，有的要分次挤压才行	较好
	文字图案	差	较好	好
	硬材料	较差	差	好
加工质量	精度	立铣较高，仿形铣较差	较高	比机加工高，比冷挤压低
	粗糙度	立铣较小，仿形铣大	小	比机加工小，比冷挤压大
	后工序抛光量	立铣较小，仿形铣大	小	较小
效益	辅助时间(包括二类工具)	长	较长	较短
	成形时间	长	很短	较短
辅助工具	种类	成形刀具、靠模等	挤头、套圈等	电极、装夹工具等
	重复使用性	可多次使用	可使用几次	一般不能多次使用
操作与劳动强度		操作复杂，劳动强度高	操作简单，强度低	操作简单，强度低
经济技术效益		低	高	高
适用范围		较简单型腔，并在淬火前加工	小型型腔，塑性好的材料在退火状态下加工	各种材料，大、中、小均可。淬火后也能加工

1. 型腔加工的工艺方法

1) 单电极加工法

单电极加工法是指用一个电极加工出所需型腔。用于下列几种情况：

(1) 用于加工形状简单、精度要求不高的型腔。

(2) 用于加工经过预加工的型腔。为了提高电火花加工效率，型腔在电火花加工之前采用切削加工方法进行预加工，并留适当的电火花加工余量，在型腔淬火后用一个电极进行精加工，以达到型腔的精度要求。一般型腔可用立式铣床进行预加工；复杂型腔或大型型腔可先用立式铣床去除大量的加工余量，再用仿形铣床精铣。在能保证加工成形的条件下电火花加工余量越小越好。一般，型腔侧面余量单边留 0.1～0.5 mm，底面余量留 0.2～0.7 mm。如果是多台阶复杂型腔，则余量应适当减小。电火花加工余量应均匀，否则将使电极损耗不均匀，影响成形精度。

(3) 用平动法加工型腔。对有平动功能的电火花机床，在型腔不预加工的情况下也可用一个电极加工出所需型腔。在加工过程中，先采用低损耗、高生产率的电规准对型腔进行粗加工,然后启动平动头带动电极(或数控坐标工作台带动工件)作平面圆周运动,同时按粗、中、精的加工顺序逐级转换电规准,并相应加大电极作平面圆周运动的回转半径,从而将型腔加工到所规定的尺寸及表面粗糙度要求。

平动头是用平动法加工型腔所必需的机床附件,有多种结构类型。图 3-25 所示平动头,使用时通过壳体 14、15 的上端面与机床主轴部分的液压头用螺纹联接。螺旋齿轮 11 与螺纹齿轮 18 相啮合,当转动手轮 17 使螺旋齿轮 11 旋转时,螺杆 13 产生升降,迫使偏心轴 8 相对于偏心套 9 旋转一定角度而产生偏心量(最大偏心量 3.7 mm)。调节时不需停车,同时可用百分表 19 直接显示平动量。

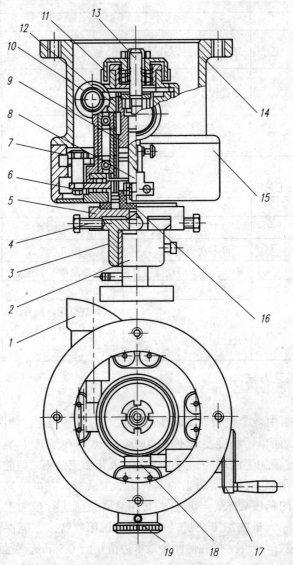

1—伺服电动机;2、3—电极卡头;4—螺钉;5—卡盘;6—支承板;

7—联接板;8—偏心轴;9—偏心套;10—蜗杆;11—螺旋齿轮;12—蜗轮;

13—螺杆;14、15—壳体;16—绝缘垫板;17—手轮;18—螺纹齿轮;19—百分表

图 3-25 平动头

由伺服电动机 1 带动蜗杆 10 及蜗轮 12 旋转，经键带动偏心套 9 及偏心轴 8 转动，同时带动绝缘垫板 16 和电极卡头 2、3 作平面圆周运动，从而实现电极的侧面进给。

支承板 6 是为使平面圆周运动的移动平稳而与联接板 7 联动，从而使电极循轨迹运动，保证了模具的加工精度。

卡盘 5 和螺钉 4 用于校正电极的垂直度。

2) 多电极加工法

多电极加工法是用多个电极依次更换、加工同一个型腔，如图 3-26 所示。每个电极都要对型腔的整个被加工表面进行加工，但电规准各不相同。所以，设计电极时必须根据各电极所用电规准的放电间隙来确定电极尺寸。每更换一个电极进行加工，都必须把被加工表面上由前一个电极加工所产生的电蚀痕迹完全去除。

用多电极加工法加工的型腔精度高，尤其适用于加工尖角、窄缝多的型腔。其缺点是需要制造多

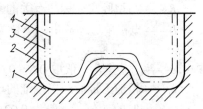

1—模块；2—精加工后的型腔；
3—中加工后的型腔；4—加工后的型腔

图 3-26　多电极加工示意图

个电极，并且对电极的制造精度要求很高，更换电极需要保证高的定位精度。因此，这种方法一般只用于精密型腔加工。

3) 分解电极法

分解电极法是根据型腔的几何形状，把电极分解成主型腔电极和副型腔电极分别进行加工。先用主型腔电极加工出型腔的主要部分，再用副型腔电极加工型腔的尖角、窄缝等部位。此法能根据主、副型腔的不同加工条件，选择不同的电规准，有利于提高加工速度和加工质量，使电极易于制造和修整。但主、副型腔电极的安装精度要求高。

2．电极设计

1) 电极的材料和结构选择

(1) 电极材料。型腔加工常用电极材料主要是石墨和紫铜，其性能见表 3-2。紫铜组织致密，适用于形状复杂、轮廓清晰、精度要求较高的塑料成形模、压铸模等。但由于紫铜机械加工性能差，难以成形磨削，且密度大、价格贵，不宜作大、中型电极。石墨电极容易成形，密度小，所以宜作大、中型电极。但石墨电极机械强度较差，在采用宽脉冲大电流加工时，容易起弧烧伤。

铜钨合金和银钨合金是较理想的电极材料，但价格贵，只用于特殊型腔加工。

(2) 电极结构。整体式电极适用于尺寸大小和复杂程度一般的型腔。镶拼式电极适用于型腔尺寸较大、单块电极坯料尺寸不够或电极形状复杂，将其分块才易于制造的情况。组合式电极适于一模多腔时采用，以提高加工速度，简化各型腔之间的定位工序，易于保证型腔的位置精度。

2) 电极尺寸的确定

加工型腔的电极，其尺寸大小与型腔的加工方法、加工时的放电间隙、电极损耗及是否采用平动等因素有关。电极设计时需确定的电极尺寸如下：

(1) 电极的水平尺寸。电极在垂直于主轴进给方向上的尺寸称为水平尺寸。当型腔采用

单电极进行电火花加工时，电极的水平尺寸确定与穿孔加工相同，只需考虑放电间隙，即电极的水平尺寸等于型腔的水平尺寸均匀地缩小一个放电间隙。当型腔采用单电极平动加工时，需考虑的因素较多，其水平尺寸的均匀缩小量按以下公式计算：

$$a = A \pm Kb$$

式中：a——电极水平方向上的基本尺寸，单位为 mm；

A——型腔的基本尺寸，单位为 mm；

K——与型腔尺寸标注有关的系数；

b——电极单边缩放量，单位为 mm。

$$b = e + \delta_j - \gamma_j$$

式中：e——平动量，一般取 $0.5 \sim 0.6$ mm；

δ_j——精加工最后一挡规准的单边放电间隙。最后一挡规准通常指粗糙度 $R_a < 0.8$ μm 时的 δ_j 值，一般为 $0.02 \sim 0.03$ mm；

γ_j——精加工(平动)时电极侧面损耗(单边)，一般不超过 0.1 mm，通常忽略不计。

式中的"$\pm$"号及 K 值按下列原则确定：

如图 3-27 所示，与型腔凸出部分相对应的电极凹入部分的尺寸(如图中 r_2、a_2)应放大，即用"$+$"号；反之，与型腔凹入部分相对应的电极凸出部分的尺寸(如图中 r_1、a_1)应缩小，即用"$-$"号。

当型腔尺寸以两加工表面为尺寸界线标注时：若蚀除方向相反(如图 3-27 中 A_1)，取 $K = 2$；若蚀除方向相同(如图 3-27 中 C)，取 $K = 0$。当型腔尺寸以中心线或非加工面为基准标注(如图 3-27 中 R_1、R_2)时，取 $K = 1$；凡与型腔中心线之间的位置尺寸以及角度尺寸相对应的电极尺寸不缩不放，取 $K = 0$。

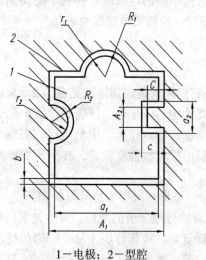

1—电极；2—型腔

图 3-27　电极水平截面尺寸

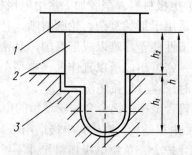

1—电极固定板；2—电极；3—工件

图 3-28　电极垂直方向尺寸

(2) 电极垂直方向尺寸。电极在平行于主轴轴线方向上的尺寸称为电极垂直方向尺寸，如图 3-28 所示。可按下式计算：

$$h = h_1 + h_2$$
$$h_1 = H_1 + C_1 H_1 + C_2 S - \delta_j$$

式中：h——电极垂直方向的总高度，单位为 mm；

  h_1—— 电极垂直方向的有效工作尺寸，单位为 mm；

  h_2——考虑加工结束时，为避免电极固定板和模块相碰、同一电极能多次使用等因素
而增加的高度，一般取 5～20 mm；

  H_1——型腔垂直方向的尺寸(型腔深度)，单位为 mm；

  C_1——粗规准加工时，电极端面的相对损耗率，其值小于 1%，$C_1 H_1$ 只适用于未预
加工的型腔；

  C_2——中、精规准加工时电极端面的相对损耗率，其值一般为 20%～25%；

  S——中、精规准加工时端面总的进给量，一般为 0.4～0.5 mm；

  δ_j——最后一挡精规准加工时端面的放电间隙，一般为 0.02～0.03 mm，可忽略不计。

 3) 排气孔和冲油孔

  由于型腔加工的排气、排屑条件比穿孔加工困难，为防止排气、排屑不畅而影响加工
速度、加工稳定性和加工质量，设计电极时应在电极上设置适当的排气孔和冲油孔。一般
情况下，冲油孔要设计在难于排屑的拐角、窄缝等处，如图 3-29 所示。排气孔要设计在蚀
除面积较大的位置(如图 3-30 所示)和电极端部有凹入的位置。

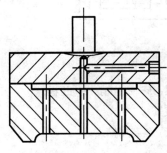   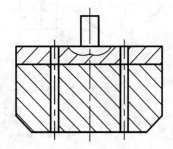

图 3-29 强迫冲油孔的电极   图 3-30 设排气孔的电极

  冲油孔和排气孔的直径应小于平动偏心量的二倍，一般为 1～2 mm，过大则会在电蚀
表面形成凸起，不易清除。各孔间的距离约为 20～40 mm 左右，以不产生气体和电蚀产物
的积存为原则。

 3. 电极、工件的装夹和调整

  型腔在进行电火花加工前，应分别将加工电极和型腔模坯装夹到机床上，并调整到正
确的加工位置。

 1) 电极的装夹

  电火花加工时用夹具将电极装夹到机床主轴的下端。在电火花加工过程中，粗、中、
精加工分别使用不同的电极，即采用多个电极加工时电极要进行多次更换和装夹，每次更
换，电极都必须具有惟一确定的位置。要采用专门的夹具来安装电极，以保证高的重复定
位精度。图 3-31 所示是几种用于电极安装的重复定位夹具的定位方式。

  如果电火花加工只使用一个电极(如平动法加工)完成型腔的全部(粗、中、精)加工时，
则电极的装夹比多电极加工简单，只须根据电极的结构和尺寸大小选用相应夹具进行装夹
即可。

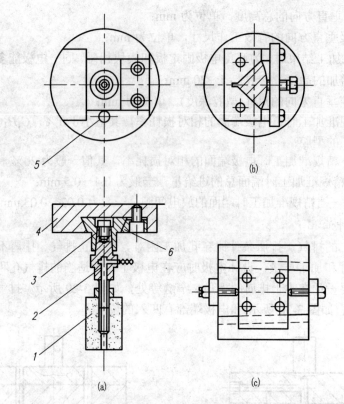

1—电极；2—接头；3—滑块；4—安装板；5—定位销；6—压板

图 3-31　重复定位夹具

(a) 燕尾槽式；(b) V 形槽式；(c) 斜燕尾槽式

2) 电极的校正

电极装夹后应对其进行校正，以使电极轴线(或中心线)与机床主轴的进给方向一致。常用的校正方法有：

(1) 按电极固定板的上平面校正。在制造电极时，使电极轴线与固定板的上平面垂直。校正电极时，以固定板的上平面作基准用百分表进行校正，如图 3-32 所示。

(2) 按电极的侧面校正。当电极侧面为较长的直壁面时，可用角尺或百分表直接校正电极，其操作方法与校正穿孔电极相同。

(3) 按电极的下端面校正。当电极的下端面为平面时，可用百分表按下端面进行校正，其操作方法与按固定板的上平面校正相似。

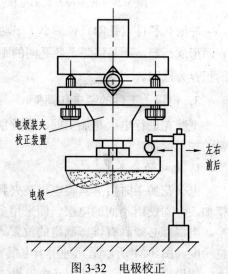

图 3-32　电极校正

3) 电极、工件相对位置的调整

加工型腔时工件安装在机床的工作台上，应使工件相对于电极处于一个正确的位置(称为定位)，以保证型腔的位置尺寸精度。常用的定位方法有以下几种：

(1) 量块、角尺定位法。若电极侧面为直平面，可采用量块、角尺来校正电极，其操作方法与校正凹模型孔加工电极相同。

(2) 十字线定位法。在电极或电极固定板的侧面划出十字中心线，在模坯上也划出十字中心线，校正电极和工件的相对位置时，依靠角尺分别将电极在模坯上对应的中心线对准即可，如图 3-33 所示。此法定位精度低，只适用于定位精度要求不高的模具。

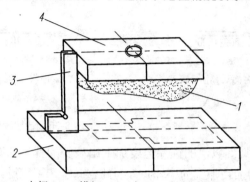

1—电极；2—模坯；3—角尺；4—电极固定板

图 3-33　十字线定位法

(3) 定位板定位法。在电极固定板和型腔模坯上分别加工出相互垂直的两定位基准面，在电极的定位基准面分别固定两个平直的定位板，定位时将模坯上的定位基准面分别与相应的定位板贴紧，如图 3-34 所示。此法较十字线法定位精度高。

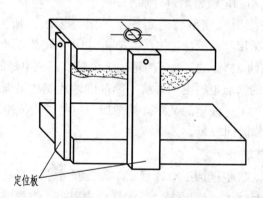

定位板

图 3-34　定位板定位法

4. 电规准的选择与转换

1) 电规准的选择

正确选择和转换电规准，可实现低损耗、高生产率加工，对保证型腔的加工精度和经济效益是很重要的。图 3-35 所示是用晶体管脉冲电源加工时，脉冲宽度与电极损耗的关系曲线。对一定的电流峰值，随着脉冲宽度减小，则电极损耗增大；脉冲宽度愈小，电极损耗上升趋势越明显。当 $t_i > 500\ \mu s$ 时，电极损耗可以小于 1%。

电流峰值和生产率的关系如图 3-36 所示。增大电流峰值可使生产率提高，提高的幅度与脉冲宽度有关。但是，电流峰值增加会加快电极的损耗，据有关实验资料表明，电极材料不同，电极损耗随电流峰值变化的规律也不同，而且和脉冲宽度有关。因此，在选择电规准时应综合考虑这些因素的影响。

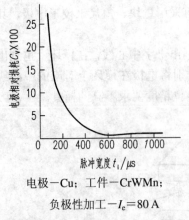

电极—Cu；工件—CrWMn；

负极性加工—I_e=80 A

图 3-35　脉冲宽度对电极损耗的影响

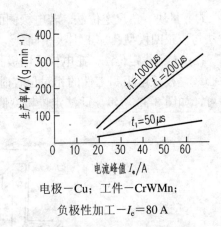

电极—Cu；工件—CrWMn；

负极性加工—I_e=80 A

图 3-36　脉冲峰值电流对生产率的影响

(1) 粗规准。要求粗规准以高的蚀除速度加工出型腔的基本轮廓，电极损耗要小，电蚀表面不能太粗糙，以免增加精加工的工作量。为此，一般选用宽脉冲(t_i>500 μs)和大的峰值电流，用负极性进行粗加工。但应注意加工电流与加工面积之间的配合关系，一般用石墨电极加工钢的电流密度为 3~5 A/cm²，用紫铜电极加工钢的电流密度可稍大些。

(2) 中规准。中规准的作用是减小被加工表面的粗糙度(一般中规准加工时 R_a=6.3~3.2 μm)，为精加工作准备，要求在保持一定加工速度的条件下，电极损耗尽可能小。一般选用脉冲宽度 t_i=20~400 μs，用小的电流密度进行加工。

(3) 精规准。精规准用来使型腔达到加工的最终要求，所去除的余量一般不超过 0.1~0.2 mm。因此，常采用窄的脉冲宽度(t_i<20 μs)和小的峰值电流进行加工。由于脉冲宽度小，因此电极损耗大(约 25%左右)。但因精加工余量小，故电极的绝对损耗并不大。

近几年来广泛使用的伺服电极主轴系统，能准确地控制加工深度，因而精加工余量可减小到 0.05 mm 左右，加上脉冲电源又附有精微加工电路，故精加工可达到 R_a<0.4 μm 的良好工艺效果，而且精修时间较短。

2) 电规准的转换

电规准转换的挡数，应根据加工对象确定。加工尺寸小、形状简单的浅型腔，电规准转换挡数可少些；加工尺寸大、深度大、形状复杂的型腔，电规准转换挡数应多些。粗规准一般选择一挡；中规准和精规准可选择 2~4 挡。

开始加工时，应选粗规准参数进行加工，当型腔轮廓接近加工深度(大约留 1 mm 的余量)时，减小电规准，依次转换成中、精规准各挡参数加工，直至达到所需的尺寸精度和表面粗糙度。

当采用单电极平动加工时，型腔的侧面修光是靠调节电极的平动量来实现的。在使用粗规准加工时电极无平动，在转换到中、精规准加工的同时，应相应调节电极的平动量。

5. 型腔模电火花加工示例

1) 型腔电火花加工的工艺过程

型腔电火花加工的工艺过程见表 3-7。

表 3-7 型腔电火花加工的工艺过程

序号	工序名称	工 艺 说 明
1	选择加工方法	按加工要求选择工艺方法
2	选择电极材料	① 紫铜电极要求无杂质,经锻压成形的电解铜; ② 石墨电极要质细、致密、颗粒均匀、气孔率小、灰粉少
3	设计电极	根据模具型腔大小深浅、复杂程度及精度要求,确定电极缩小量,再按型腔图样尺寸计算电极水平尺寸及垂直尺寸
4	电极加工	单件电极采用机械加工,批量电极采用紫铜精锻、石墨振动成形加工
5	工件准备	① 工件先用机械加工方法去除大部分余量,留加工余量要合适,力求均匀,工件加工后要去磁,除锈; ② 工件磨平后,在表面要划出轮廓线和中心线,以利于电极的校正、定位
6	工件、电极的装夹与校正定位	① 先将工件直接安放在垫板、垫块、工作台面或油杯盖上,然后将工件中心线校正到与机床十字滑板移动的轴线相平行。定位时要用量规块、深度尺、百分表等测量位置及垂直度。已定了位的工件用压板压紧; ② 在装卡电极时,要注意电极与夹具保持清洁,接触良好。在紧固时,要防止电极变形,保证定位准确
7	中间检查	检查加工深度、型腔上口水平尺寸,观察加工情况是否稳定,适当调整电参数
8	加工结束后检查	检查工件的各项技术要求

2) 加工示例

现以某锻模型腔为例,说明型腔电火花加工电参数的选取,见表 3-8。

表 3-8 锻模型腔电火花加工的电参数

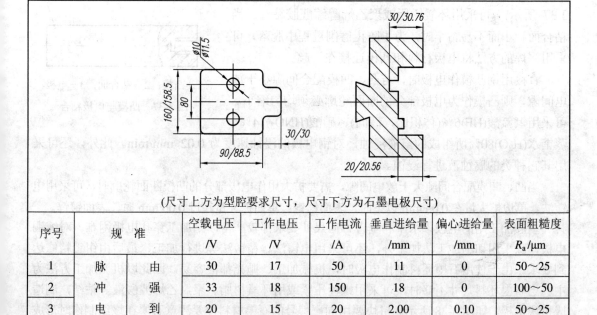

(尺寸上方为型腔要求尺寸,尺寸下方为石墨电极尺寸)

序号	规 准		空载电压 /V	工作电压 /V	工作电流 /A	垂直进给量 /mm	偏心进给量 /mm	表面粗糙度 R_a/μm
1	脉	由	30	17	50	11	0	50~25
2	冲	强	33	18	150	18	0	100~50
3	电	到	20	15	20	2.00	0.10	50~25
4	机	弱	25	20	5	0.30	0.25	26~12.5

序号	规准		空载电压 /V	工作电压 /V	工作电流 /A	垂直进给量 /mm	偏心进给量 /mm	表面粗糙度 R_a/μm
5	RLC	$C=2$ μF $R=12$ Ω $L=0.04$ H	250	125	4	0.22	0.20	26～12.5
6	脉冲发生器	$C=8$ μF $R=12$ Ω $L=0.04$ H	250	125	3	0.10	0.10	12.5～6.3
7		$C=2$ μF $R=92$ Ω $L=0.04$ H	250	125	1.5	0.05	0.05	12.5～6.3
8		$C=0.5$ μF $R=92$ Ω $L=0.04$ H	250	100	0.8	0.03	0.05	3.2～1.6

注：使用设备 D5570A。

3.1.5 电极的制造

电极的制造应根据电极类型、尺寸大小、电极材料和电极结构的复杂程度等进行考虑。穿孔加工用电极的垂直尺寸一般无严格要求，而对水平尺寸要求较高，对这类电极，若适合于切削加工，可用切削加工方法粗加工和精加工。对于紫铜、黄铜一类材料制作的电极，其最后加工可用刨削或由钳工精修来完成，也可采用电火花线切割加工来制作电极。

需要将电极和凸模连接在一起进行成形、磨削时(如图 3-37 所示)，可采用环氧树脂或聚乙烯醇缩醛胶粘合。当粘合面积小而不易粘牢时，为了防止磨削过程中脱落，可采用锡焊的方法将电极材料和凸模连接在一起。

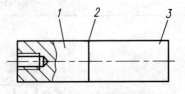

1—凸模；2—粘合面；3—电极

图 3-37 凸模与电极粘合

直接用钢凸模作电极时，若凸、凹模配合间隙小于放电间隙，则凸模作为电极部分的断面轮廓必须均匀缩小。可采用氢氟酸(HF)6%(体积比，后同)、硝酸(HNO_3)14%、蒸馏水(H_2O)80%所组成的溶液浸蚀，对钢电极的浸蚀速度为 0.02 mm/min。此外，还可采用其它种类的腐蚀液进行浸蚀。

当凸、凹模配合间隙大于放电间隙，需要扩大用作电极部分的凸模断面轮廓时，可采用电镀法。单边扩大量在 0.06 mm 以下时，表面镀铜；单面扩大量超过 0.06 mm 时，表面镀锌。

型腔加工用的电极，水平和垂直方向尺寸要求都较严格，比加工穿孔电极困难。对纯铜电极除采用切削加工法加工外，还可采用电铸法、精锻法等进行加工，最后由钳工精修达到要求。由于使用石墨坯料制作电极时，机械加工、抛光都很容易，因此以机械加工方法为主。当石墨坯料尺寸不够时，可采用螺栓压紧或用环氧树脂、聚氯乙烯醋酸液等粘结，制造成拼块电极，如图 3-38 所示。拼块要用同一牌号的石墨材料，要注意石墨在烧结制作时形成的纤维组织方向，避免不合理拼合(如图 3-39 所示)引起电极的不均匀损耗，降低加工质量。

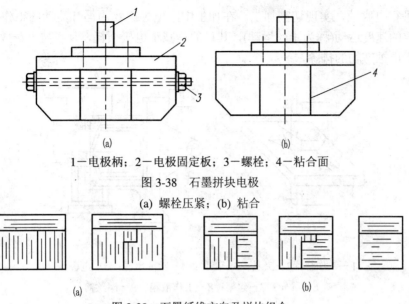

1—电极柄；2—电极固定板；3—螺栓；4—粘合面

图 3-38　石墨拼块电极

(a) 螺栓压紧；(b) 粘合

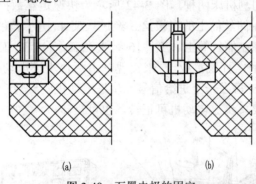

图 3-39　石墨纤维方向及拼块组合

(a) 合理拼法；(b) 不合理拼法

由于石墨性脆，在其上不适合攻螺纹，因此常采用螺栓或压板将石墨电极固定在电极固定板上，如图 3-40 所示。电极固定板的贴合面必须平整光洁，连接必须牢固可靠，否则将影响加工精度或使加工不稳定。

图 3-40　石墨电极的固定

3.2　电火花线切割加工

3.2.1　概述

1. 基本原理

电火花线切割加工也是通过电极和工件之间脉冲放电时的电腐蚀作用，对工件进行加工的一种工艺方法。其加工原理与电火花成形加工相同，但加工方式不同，电火花线切割加工采用连续移动的金属丝作电极，如图 3-41 所示。工件 3 接脉冲电源的正极，电极丝 5 接负极，工件 3(工作台 1)相对电极丝 5 按预定的要求运动，从而使电极丝 5 沿着所要求的切割路线进行电腐蚀，实现切割加工。在加工中，电蚀产物由循环流动的工作液带走；电极丝以一定的速度运动(称为走丝运动)，其目的是减小电极损耗，且不被火花放电烧断，同时也有利于电蚀产物的排除。

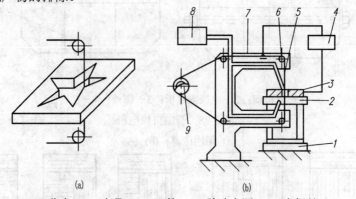

1—工作台；2—夹具；3—工件；4—脉冲电源；5—电极丝；

6—导轮；7—丝架；8—工作液箱；9—储丝筒

图 3-41　电火花线切割加工示意图

(a) 切割图形；(b) 机床加工示意图

2．线切割加工机床

目前，我国广泛使用的线切割机床主要是数控电火花线切割机床，按其走丝速度分为快速走丝和慢速走丝线切割机床两种。图 3-42 所示为快速走丝数控线切割机床。储丝筒 2 由电动机 1 驱动，使绕在储丝筒上的电极丝 3 经过丝架 4 上的导轮 5 作来回高速移动，并将电极丝整齐地来回排绕在储丝筒上。工件 6 装夹在工作台上。工作台的运动由步进电动机经减速齿轮、传动精密丝杠及滑板 7 来实现，由两台步进电动机分别驱动工作台纵、横方向的移动。控制台 8 每发一个进给信号，步进电动机就旋转一定角度，使工作台移动 0.001 mm。根据加工需要，步进电动机可正转，也可反转。

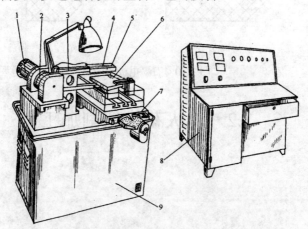

1—电动机；2—储丝筒；3—电极丝；4—丝架；5—导轮；6—工件；

7—滑板；8—控制台；9—床身

图 3-42　快速走丝线切割机床

快速走丝线切割机床采用直径为 0.08～0.2 mm 的钼丝或直径为 0.3 mm 左右的铜丝作电极，走丝速度约 48～600 m/min，而且是双向往返循环运行，成千上万次地反复通过加工间隙，一直使用到断丝为止。工作液通常采用 5% 左右的乳化液和去离子水等。电极丝的快速运动能将工作液带进狭窄的加工缝隙，起到冷却的作用，同时还能将电蚀产物带出加工间隙，以保持加工间隙的"清洁"状态，有利于切割速度的提高。目前能达到的加工精度为 ±0.01 mm，表面粗糙度 R_a＝2.5～0.63 μm，最大切割速度可达 50 mm²/min 以上。切割厚度与机床的结构参数有关，最大可达 500 mm。该机床还能切割锥度，最大可达 36°，可满足一般模具的加工要求。

慢速走丝线切割机床采用直径为 0.03～0.35 mm 的铜丝作电极，走丝速度为 3～12 m/min，线电极只是单向通过间隙，不能重复使用，可避免电极损耗对加工精度的影响。工作液主要是去离子水和煤油。加工精度可达 ±0.001 mm，粗糙度可达 R_a＜0.32 μm。这类机床还能进行自动穿电极丝和自动卸除加工废料等，自动化程度较高，能实现无人操作加工，但其售价比快速走丝机床要高得多。

相对慢速走丝线切割机床来讲，快速走丝机床结构简单，价格便宜，加工生产率较高，精度能满足一般模具要求。因此，目前国内主要生产、使用的是快速走丝数控电火花线切割加工机床。

3．线切割加工的特点

电火花线切割加工与电火花成形加工相比，有如下特点：

(1) 不需要制作电极，可节约电极设计、制造费用，缩短生产周期。

(2) 能方便地加工出形状复杂、细小的通孔和外形表面。

(3) 由于在加工过程中，快速走丝线切割采用低损耗电源且电极丝高速移动，慢速走丝线切割单向走丝，在加工区域总是保持新电极加工，因而，电极损耗极小(一般可忽略不计)，有利于加工精度的提高。

(4) 采用四轴联动，可加工锥度，上、下面异形体等零件。

4．线切割加工的应用

线切割广泛用于加工硬质合金、淬火钢模具零件、样板、各种形状复杂的细小零件、窄缝等。如形状复杂、带有尖角窄缝的小型凹模的型孔可采用整体结构在淬火后加工，既能保证模具精度，又可简化模具设计和制造费用。此外，电火花线切割加工还可用于加工除盲孔以外的其它难加工的金属零件。

3.2.2　3B 格式程序编制

数控线切割加工时，数控装置要不断进行插补运算，并向驱动机床工作台的步进电动机发出相互协调的进给脉冲，使工作台(工件)按指定的路线运动。要使数控线切割机床按照预定的要求、自动完成切割加工，首先要把被加工零件的切割顺序、切割方向及有关尺寸等信息按一定格式记录在机床所需的输入介质(穿孔纸带、磁盘或 U 盘)上，输入给机床的数控装置，经数控装置运算变换以后，控制机床的运动。从被加工工件的零件图到获得机床所需控制介质的全过程，称为程序编制。

1. 程序格式

目前,我国常用数控线切割机床的程序格式为 3B (无间隙补偿)型,如表 3-9 所示。3B 格式程序是我国生产的快速走丝数控线切割机床所采用的一种普遍程序格式。

表 3-9　3B 格式程序

B	X	B	Y	B	J	G	Z
分隔符号	X 坐标值	分隔符号	Y 坐标值	分隔符号	计数长度	计数方向	加工指令

(1) 分隔符号 B:因为 X、Y、J 均为数码,所以用分隔符号(B)将其隔开,以免混淆。

(2) 坐标值(X、Y):为了简化数控装置,规定只输入坐标的绝对值,其单位为 μm,μm 以下应四舍五入。

对于圆弧,坐标原点移至圆心,X、Y 为圆弧起点的坐标值。

对于直线(斜线),坐标原点移至直线起点,X、Y 为终点坐标值。允许将 X 和 Y 的值按相同的比例放大或缩小。

对于平行于 X 轴或 Y 轴的直线,即当 X 或 Y 为零时,X、Y 值均可不写,但分隔符号必须保留。

(3) 计数方向 G:选取 X 方向进给总长度进行计数的称为计 X,用 G_X 表示;选取 Y 方向进给总长度进行计数的称为计 Y,用 G_Y 表示。为了保证加工精度,应正确选择计数方向。为防止漏走,对于直线(或斜线)应选两坐标轴中,加工直线(或斜线)在其上有最大投影长度的坐标轴方向为计数方向,可按图 3-43 所示选取。当直线终点坐标(X_e, Y_e)在阴影区域内时,计数方向取 G_Y;在阴影区域外时,计数方向取 G_X。斜线正好在 45°线上时,计数方向可任意选取。即:

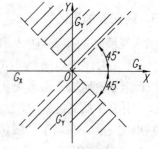

图 3-43　斜线的计数方向

$|Y_e| > |X_e|$ 时,取 G_Y;

$|X_e| > |Y_e|$ 时,取 G_X;

$|X_e| = |Y_e|$ 时,取 G_X 或 G_Y 均可。

对于圆弧,按图 3-44 所示选取。当圆弧终点坐标(X_e, Y_e)在阴影区域内时,计数方向取 G_X,反之取 G_Y,与斜线相反。若终点正好在 45°斜线上时,计数方向可以任意选取。即:

$|X_e| > |Y_e|$ 时,取 G_Y;

$|Y_e| > |X_e|$ 时,取 G_X;

$|X_e| = |Y_e|$ 时,取 G_X 或 G_Y 均可。

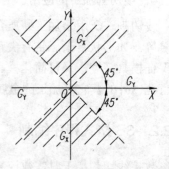

图 3-44　圆弧的计数方向

(4) 计数长度 J:是指被加工图形在计数方向上的投影长度(即绝对值)的总和,以 μm 为单位。对于计数长度 J 应补足六位,如计数长度为 1988 μm 时,应写成 001988。近年来生产的线切割机床,由于数控功能较强,则不必补足六位,只写有效位数即可。

例 3-1　加工图 3-45 所示斜线 $\overline{OA}$，其终点为 $A(X_e, Y_e)$，且 $Y_e > X_e$，试确定 G 和 J。

因为 $|Y_e| > |X_e|$，$\overline{OA}$ 斜线与 X 轴夹角大于 $45°$，则计数方向取 G_Y；斜线 $\overline{OA}$ 在 Y 轴上的投影长度为 Y_e，故 $J = Y_e$。

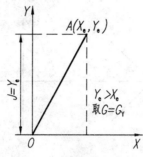

图 3-45　斜线的 G 和 J

例 3-2　加工图 3-46 所示圆弧，加工起点在第四象限，终点 $B(X_e, Y_e)$ 在第一象限，试确定 G 和 J。

因为加工终点靠近 Y 轴，则 $|Y_e| > |X_e|$，计数方向取 G_X；计数长度为各象限中的圆弧段在 X 轴上投影长度的总和，即 $J = J_{X1} + J_{X2}$。

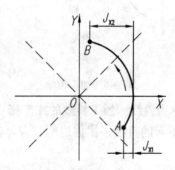

图 3-46　圆弧的 G 和 J

例 3-3　加工图 3-47 所示圆弧，加工终点为 $B(X_e, Y_e)$，试确定 G 和 J。

因加工终点 B 靠近 X 轴，则 $|X_e| > |Y_e|$，故计数方向取 G_Y；J 为各象限的圆弧段在 Y 轴上投影长度的总和，即 $J = J_{X1} + J_{X2} + J_{X3}$。

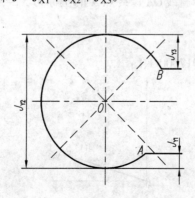

图 3-47　圆弧的 G 和 J

(5) 加工指令 Z：是用来传送关于被加工图形的形状、所在象限和加工方向等信息的。控制台根据这些指令正确选用偏差计算公式，进行偏差计算，控制工作台的进给方向，从而实现机床的自动化加工。加工指令共 12 种，如图 3-48 所示。

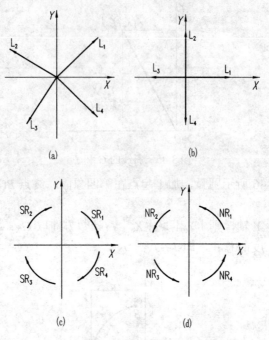

图 3-48　加工指令

位于四个象限中的直线段称为斜线。加工斜线的加工指令分别用 L_1、L_2、L_3、L_4 表示，如图 3-48(a)所示。与坐标轴相重合的直线，根据进给方向，其加工指令可按图 3-48(b)所示选取。

加工圆弧时，若被加工圆弧的加工起点在坐标系的四个象限中，并按顺时针插补时，加工指令分别用 SR_1、SR_2、SR_3、SR_4 表示，如图 3-48(c)所示；若按逆时针方向插补时，加工指令分别用 NR_1、NR_2、NR_3、NR_4 表示，如图 3-48(d)所示。若加工起点刚好在坐标轴上，其加工指令可选相邻两象限中的任何一个。

例 3-4　加工图 3-49 所示斜线 $\overline{OA}$，终点 A 的坐标为 $X_e = 17$ mm，$Y_e = 5$ mm，写出加工程序。

其程序为：

$$B17000B5000B017000G_X L_1$$

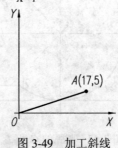

图 3-49　加工斜线

例 3-5 加工图 3-50 所示直线，其长度为 21.5 mm，写出其程序。

相应的程序为：

BBB021500$G_Y L_2$

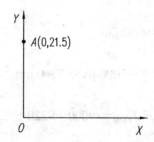

图 3-50　加工与 Y 轴正方向重合的直线

例 3-6 加工如图 3-51 所示圆弧，加工起点的坐标为 $A(-5，0)$，试编制程序。

其程序为：

B5000BB010000$G_Y SR_2$

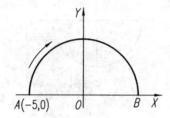

图 3-51　加工半圆弧

例 3-7 加工如图 3-52 所示的 1/4 圆弧，加工起点为 $A(0.707, 0.707)$，终点为 $B(-0.707, 0.707)$，试编制程序。

相应的程序为：

B707B707B001414$G_X NR_1$

由于终点恰好在 45°线上，故也可取 G_Y，即

B707 B707 B000586$G_Y NR_1$

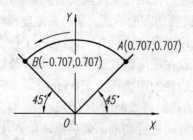

图 3-52　加工 1/4 圆弧

例 3-8 加工如图 3-53 所示圆弧，加工起点为 $A(-2，9)$，终点为 $B(9，-2)$，编制加工程序。

圆弧半径：

$$R = \sqrt{2000^2 + 9000^2} \ \mu m = 9220 \ \mu m$$

计数长度：

$$J_{YAC} = 9000 \ \mu m$$
$$J_{YCD} = 9220 \ \mu m$$
$$J_{YDB} = R - 2000 \ \mu m = 7200 \ \mu m$$

则

$$J_Y = J_{YAC} + J_{YCD} + J_{YDB} = (9000 + 9220 + 7200) \ \mu m$$
$$= 25\ 440 \ \mu m$$

其程序为：

B2000 B9000 B025440G_YNR_2

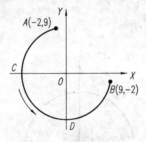

图 3-53　加工圆弧段

2. 程序编制的步骤与方法

在编程前应了解数控线切割机床的规格及主要参数，控制系统所具备的功能及编程指令格式等。要对零件图样进行工艺分析，明确加工要求，进行工艺处理和工艺计算。

1) 工艺处理

工艺处理应注意以下几点：

(1) 工具、夹具的设计选择。应尽可能选择通用(或标准)工具和夹具。所选夹具应便于装夹，便于协调工件和机床的尺寸关系。在通用工具、夹具不能满足使用要求时，才进行新工具与夹具设计。在加工大型模具时要特别注意工件的定位，尤其在加工快结束时，工件容易变形，因此，要防止因重力作用使电极丝夹紧而影响加工。

(2) 正确选择穿丝孔和电极丝切入的位置。穿丝孔是电极丝相对于工件运动的起点，同时也是程序执行的起点，故也称"程序原点"，一般选在工件上的基准点处。为缩短开始切割时的切入长度，穿丝孔也可设在距离型孔边缘 2~5 mm 处。加工凸模时为减小变形，电极丝切割时的运动轨迹与毛坯边缘的距离应大于 5 mm。

(3) 确定切割路线。正确的切割路线能减小工件变形，容易保证加工精度。一般在开始加工时应沿着离开工件夹具的方向进行切割，最后再转向夹具方向。

2) 工艺计算

线切割加工时，为了获得所要求的加工尺寸，电极丝和加工图形之间必须保持一定的距离，如图 3-54 所示。图中双点划线表示电极丝中心的轨迹，实线表示型孔或凸模轮廓。编程时首先要求出电极丝中心轨迹与加工图形的垂直距离 ΔR(补偿距离)，并将电极丝中心轨迹分割成单一的直线或圆弧段，求出各线段的交点坐标后，逐段进行编程。一般可按以下步骤进行：

(1) 根据工件的装夹情况和切割方向，确定相应的统一坐标系。为了简化计算，应尽量选取图形的对称轴线为坐标轴。

(2) 按选定的电极丝半径 r，放电间隙 δ 和凸、凹模的单面配合间隙 $Z/2$ 计算电极丝中心的补偿距离 ΔR。

若凸模和凹模型孔的基本尺寸相同，要求按型孔配作凸模，并保持单面间隙值 $Z/2$，则加工凹模的补偿距离 $\Delta R_1 = r + \delta$，如图 3-54(a)所示；加工凸模的补偿距离 $\Delta R_2 = r + \delta - Z/2$，如图 3-54(b)所示。

(3) 将电极丝中心轨迹分割成平滑的直线和单一的圆弧线，按型孔或凸模的平均尺寸计算出各线段交点的坐标值。

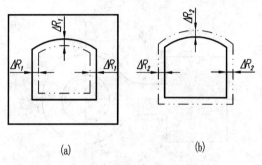

图 3-54　电极丝中心轨迹

(a) 凹模；(b) 凸模

3．编制程序

根据交点坐标值及各线段的加工顺序，逐段编制切割程序。

4．程序检验

编写好的程序一般要经过检验才能用于正式加工。机床数控系统一般都提供程序检验的方法，常见的方法主要有画图检验和空运行等。画图检验主要是验证程序中是否存在错误语法，零件的加工图形是否正确。空运行是总体验证程序实际加工情况，验证加工中是否存在干涉和碰撞，机床行程是否满足要求等。

上述工作，若采用一般的计算工具由人工来完成各个阶段编程工作的称为手工编程，当被加工零件形状不十分复杂时，可以采用手工编程。当加工工件形状复杂时，电极丝移动轨迹的计算十分繁琐，且容易出现错误，必须借助计算机进行自动编程。

5．手工编程实例

例 3-9　编制加工如图 3-55 所示凸凹模(图示尺寸是根据刃口尺寸公差及凸凹模配合间隙计算出的平均尺寸)的数控线切割程序。电极丝为 $\phi 0.1\ \text{mm}$ 的钼丝，单面放电间隙为 $0.01\ \text{mm}$。下面主要就工艺计算和程序编制进行讲述。

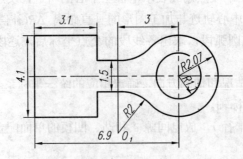

图 3-55　凸凹模

1) 确定计算坐标系

由于图形上、下对称，孔的圆心在图形对称轴上，故选对称轴为计算坐标系的 X 轴，圆心为坐标原点(如图 3-56 所示)。因为图形对称于 X 轴，所以只需求出 X 轴上半部(或下半部)钼丝中心轨迹上各线段的交点坐标值，从而使计算过程简化。

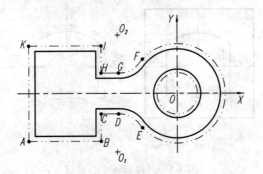

图 3-56　凸凹模编程示意图

2) 确定补偿距离

补偿距离为：

$$\Delta R=\left(\frac{0.1}{2}+0.01\right) \text{ mm}=0.06 \text{ mm}$$

钼丝中心轨迹如图 3-56 中双点划线所示。

3) 计算交点坐标

将电极丝中心轨迹划分成单一的直线或圆弧段。

求 E 点的坐标值：因两圆弧的切点必定在两圆弧的连心线 $\overline{OO_1}$ 上，直线 $\overline{OO_1}$ 的方程为 $Y=(2.75/3)X$，故 E 点的坐标值 X、Y 可以通过解下面的方程组求得

$$\begin{cases} X^2+Y^2=2.13^2 \\ 2.75X^2-3Y=0 \end{cases}$$

得

$$X=1.570 \text{ mm}, \quad Y=-1.4393 \text{ mm}$$

其余交点坐标可直接从图形尺寸得到，见表 3-10。

表 3-10　凸凹模轨迹图形各线段交点及圆心坐标　　　单位：(mm)

交点	X	Y	交点	X	Y	圆心	X	Y
A	-6.96	-2.11	F	-1.57	1.439	O	0	0
B	-3.74	-2.11	G	-3	0.81	O_1	-3	-2.75
C	-3.74	-0.81	H	-3.74	0.81	O_2	-3	2.75
D	-3	-0.81	I	-3.74	2.11			
E	-1.57	-1.4393	K	-6.96	2.11			

切割型孔时电极丝中心至圆心 O 的距离(半径)为

$$R=(1.1-0.06)\ \text{mm}=1.04\ \text{mm}$$

4) 编写程序单

切割凸凹模时，不仅要切割外表面，而且还要切割内表面，因此在凸凹模型孔的中心 O 处钻穿丝孔。先切割型孔，然后再按 $B{\to}C{\to}D{\to}E{\to}F{\to}G{\to}H{\to}I{\to}K{\to}A{\to}B$ 的顺序切割。其切割程序单见表 3-11 所示。

表 3-11　凸凹模切割程序单(3B 型)

序号	B	X	B	Y	B	J	G	Z	备　注
1	B		B		B	001040	G_X	L_3	穿丝切割
2	B	1040	B		B	004160	G_Y	SR_2	
3	B		B		B	001040	G_X	L_1	
4								D	拆卸钼丝
5			B		B	013000	G_Y	L_4	空走
6	B		B		B	003740	G_X	L_3	空走
7								D	重新装上钼丝
8	B		B		B	012190	G_Y	L_2	切入并加工 BC
9	B		B		B	000740	G_X	L_1	段
10	B		B	1940	B	000629	G_Y	SR_1	
11	B	1570	B	1439	B	005641	G_Y	NR_3	
12	B	1430	B	1311	B	001430	G_X	SR_4	
13	B		B		B	000740	G_X	L_3	
14	B		B		B	001300	G_Y	L_2	
15	B		B		B	003220	G_X	L_3	
16	B		B		B	004220	G_Y	L_4	
17	B		B		B	003220	G_X	L_1	
18	B		B		B	008000	G_Y	L_4	退出
19								D	加工结束

加工程序单是按加工顺序依次逐段编制的，每加工一条线段就应编写一个程序段。加工程序单中除安排切割工件图形线段的程序外，还应安排切入、退出、空走以及停机、拆丝、装丝等程序。如图 3-56 所示切割路线的程序单中除切割图形线段的程序外，还应有从穿丝孔到图形起始切割点的切入程序；切割完型孔后使电极丝回到坐标原点 O 的退出程序；拆掉电极丝，将电极丝位置调整到模坯之外，并位于 BC 的延长线上的空走程序；穿丝后加工外形轮廓的切入程序等。

切割图形上各条线段交点的坐标是按计算坐标系计算的，而加工程序中的数码和指令是按切割时所选的坐标系(即切割坐标系)来填写的。如切割直线 *AB* 时切割坐标系的坐标原点为 *A* 点；切割圆弧 *DE* 时切割坐标系的坐标原点为 O_1 点。因此，在填写程序单时应根据各交点在计算坐标系中的坐标，利用坐标平移求得它们在相应切割坐标系中的坐标。

3.2.3　ISO 代码程序

为了便于国际交流，按照国际统一规范——ISO 代码进行数控编程是数控线切割加工编程和控制发展的必然趋势。现阶段生产厂家和使用单位可以采用 3B、4B 格式和 ISO 代码并存的方式作为过渡。为了适应这种新的要求，生产厂家制造的数控系统必须带有可以接受 ISO 代码程序的接口或必须是 3B、4B 格式与 ISO 代码兼容，用户单位不论是手工编程还是计算机辅助编程，都应具备生成 ISO 代码程序或直接采用 ISO 代码编程的手段。通过一段时间的过渡，将逐步淘汰 3B、4B 代码格式的程序，使编程和控制全部规范为 ISO 国际标准代码。实际上，在计算机上 3B 格式很容易转换成 ISO 代码程序。

表 3-12 所示为我国快速走丝数控电火花线切割机床常用的 ISO 指令代码，与国际上使用的标准基本一致。

表 3-12　数控线切割机床常用 ISO 指令代码

代码	功　能	代码	功　能
G00	快速定位	G55	加工坐标系 2
G01	直线插补	G56	加工坐标系 3
G02	顺圆插补	G57	加工坐标系 4
G03	逆圆插补	G58	加工坐标系 5
G05	*X* 轴镜像	G59	加工坐标系 6
G06	*Y* 轴镜像	G80	接触感知
G07	*X*、*Y* 轴交换	G82	半程移动
G08	*X* 轴镜像，*Y* 轴镜像	G84	微弱放电找正
G09	*X* 轴镜像，*X*、*Y* 轴交换	G90	绝对坐标
G10	*Y* 轴镜像，*X*、*Y* 轴交换	G91	增量坐标
G11	*Y* 轴镜像，*X* 轴镜像，*X*、*Y* 轴交换	G92	定起点
G12	消除镜像	M00	程序暂停
G40	取消间隙补偿	M02	程序结束
G41	左偏间隙补偿 *D* 偏移量	M05	接触感知解除
G42	右偏间隙补偿 *D* 偏移量	M96	主程序调用文件程序
G50	消除锥度	M97	主程序调用文件结束
G51	锥度左偏，*A* 角度值	W	下导轮到工作台面高度
G52	锥度右偏，*A* 角度值	H	工件厚度
G54	加工坐标系 1	S	工作台面到上导轮高度

例 3-10　编制如图 3-57 所示落料凹模型孔的线切割加工程序。电极丝直径为ϕ0.5 mm，单边放电间隙为 0.01 mm。图中尺寸为型孔的平均尺寸。

穿丝孔在 O 点(如图 3-57 所示)，按 $O \rightarrow A \rightarrow B \rightarrow C \rightarrow D \rightarrow E \rightarrow F \rightarrow G \rightarrow H \rightarrow A$ 的顺序切割，程序如下：

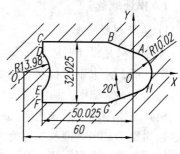

图 3-57　凹模型孔

```
OA1
G92    XO      YO
G41    D85
G01    X3427    Y9416
G01    X-14698   Y16013
G01    X-50025   Y16013
G01    X-50025   Y9795
G02    X-50025   Y-9795    I-9975    J-9795
G01    X-50025   Y-16013
G01    X-14698   Y-16013
G01    X3427    Y-9416
G03    X3427    Y9416    I-3427    J9416
G40
G01    X0      Y0
M02
```

3.2.4　线切割加工工艺

电火花线切割加工，一般是作为工件加工中的最后工序。要达到加工零件的精度及表面粗糙度要求，应合理控制线切割加工时的各种工艺因素(电参数、切割速度、工件装夹等)，同时应安排好零件的工艺路线及线切割加工前的准备加工。有关线切割加工的工艺准备和工艺过程如图 3-58 所示。

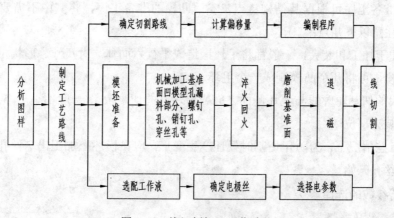

图 3-58　线切割加工工艺过程

1. 模坯准备

1) 工件材料及毛坯

工件材料是设计时就已经确定的。在采用快速走丝机床和乳化液介质的情况下，通常切割铜、铝、淬火钢等材料较稳定，切割速度也快。而切割不锈钢、磁钢、硬质合金等材料时，加工不太稳定，切割速度也慢。

模具工作零件一般采用锻造毛坯，其线切割加工常在淬火与回火后进行。由于受材料淬透性的影响，当大面积去除金属和切断加工时，会使材料内部残余应力的相对平衡状态遭到破坏而产生变形，影响加工精度，甚至在切割过程中造成材料突然开裂。为减少这种影响，除在设计时应选用锻造性能好、淬透性好、热处理变形小的合金工具钢(如 Cr12、Cr12MoV、CrWMn)作模具材料外，对模具毛坯锻造及热处理工艺也应正确进行。

2) 模坯准备工序

模坯准备工序是指凸模或凹模在线切割加工之前的全部加工工序。

凹模的准备工序如下：

(1) 下料：用锯床切断所需材料。

(2) 锻造：改善内部组织，并锻成所需的形状。

(3) 退火：消除锻造内应力，改善加工性能。

(4) 刨(铣)：刨六面，厚度留磨余量 0.4～0.6 mm。

(5) 磨：磨出上、下平面及相邻两侧面，对角尺。

(6) 划线：划出刃口轮廓线及孔(螺孔、销孔、穿丝孔等)的位置。

(7) 加工型孔部分：当凹模较大时，为减少线切割加工量，需将型孔漏料部分铣(车)出，而只切割刃口高度；对淬透性差的材料，可将型孔的部分材料去除，留 3～5 mm 切割余量。

(8) 孔加工：加工螺孔、销孔、穿丝孔口等。

(9) 淬火：达设计要求。

(10) 磨：磨削上、下平面及相邻两侧面，对角尺。

(11) 退磁处理。

凸模的准备工序可根据其结构特点，参照凹模的准备工序，将其中不需要的工序去掉即可。但应注意以下几点：

(1) 为便于加工和装夹，一般都将毛坯锻造成平行六面体。对尺寸、形状相同，断面尺寸较小的凸模，可将几个凸模制成一个毛坯。

(2) 凸模的切割轮廓线与毛坯侧面之间应留足够的切割余量(一般不小于 5 mm)。毛坯上还要留出装夹部位。

(3) 在有些情况下，为防止切割时模坯产生变形，应在模坯上加工出穿丝孔。切割的引入程序从穿丝孔开始。

2. 工艺参数的选择

1) 脉冲参数的选择

线切割加工一般都采用晶体管高频脉冲电源，用单个脉冲能量小、脉宽窄、频率高的脉冲参数进行正极性加工。加工时，可改变的脉冲参数主要有电流峰值、脉冲宽度、脉冲间隔、空载电压、放电电流。要求获得较好的表面粗糙度时，所选用的电参数要小；若要求获得较高的切割速度时，脉冲参数要选大一些，但加工电流的增大受排屑条件及电极丝截面积的限制，过大的电流易引起断丝。快速走丝线切割加工脉冲参数的选择见表 3-13。

表 3-13　快速走丝线切割加工脉冲参数的选择

应　用	脉冲宽度 t_i/μs	电流峰值 I_e/A	脉冲间隔 t_0/μs	空载电压/V
快速切割或加工大厚度工件，R_a>2.5 μm	20～40	大于 12	为实现稳定加工，一般选择 t_0/t_i=3～4 以上	一般为 80
半精加工，1.25～2.5 μm	6～20	6～12		
精加工，R_a<1.25 μm	2～6	4.8 以下		

2) 电极丝的选择

电极丝应具有良好的导电性和抗电蚀性，抗拉强度高，材质应均匀。常用电极丝有钼丝、钨丝、黄铜丝等。钨丝抗拉强度高，直径在 ϕ0.03～0.1 mm 范围内，一般用于各种窄缝的精加工，但价格昂贵。黄铜丝适于慢速加工，加工表面粗糙度和平直度较好，蚀屑附着少，但抗拉强度差，损耗大，直径在 ϕ0.1～0.3 mm 范围内，一般用于慢速单向走丝加工。钼丝抗拉强度高，适于快速走丝加工，我国快速走丝机床大都选用钼丝作电极丝，直径在 ϕ0.08～0.2 mm 范围内。

电极丝直径应根据切缝宽窄、工件厚度和拐角尺寸大小来选择。若加工带尖角、窄缝的小型模具，则宜选用较细的电极丝；若加工大厚度工件或大电流切割时，则应选用较粗的电极丝。

3) 工作液的选配

工作液对切割速度、表面粗糙度、加工精度等都有较大影响，加工时必须正确选配。常用工作液主要有乳化液和去离子水。

慢速走丝线切割加工，目前普遍使用去离子水。为了提高切割速度，在加工时还要加进有利于提高切割速度的导电液，以增大工作液的电阻率。加工淬火钢，可使电阻率在 $2 \times 10^4 \Omega \cdot cm$ 左右；加工硬质合金，可使电阻率在 $30 \times 10^4 \Omega \cdot cm$ 左右。对于快速走丝线切割加工，目前最常用的是乳化液。乳化液是由乳化油和工作介质配制(浓度为 5%～10%)而成的。工作介质可用自来水，也可用蒸馏水、高纯水和磁化水。

3. 工件的装夹与调整

装夹工件时，必须保证工件的切割部位位于机床工作台纵横进给的允许范围之内，避免撞到极限，同时应考虑切割时电极丝的运动空间。

1) 工件的装夹

(1) 悬臂式装夹。如图 3-59 所示是用悬臂方式装夹工件，这种方式装夹方便，通用性强。但由于工件一端悬伸，易出现切割表面与工件上、下平面间的垂直度误差。该方式仅用于工件加工要求不高或悬臂较短的情况。

(2) 两端支撑式装夹。如图 3-60 所示是用两端支撑方式装夹工件，这种方式装夹方便、稳定，定位精度高，但不适于装夹较小的零件。

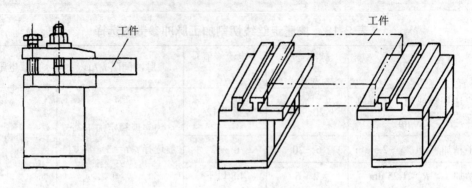

图 3-59　悬臂式装夹工件　　　　　　图 3-60　两端支撑式装夹

(3) 桥式支撑式装夹。这种方式是在通用夹具上放置垫铁后再装夹工件，如图 3-61 所示。该方式装夹方便，对大、中、小型工件都可采用。

(4) 板式支撑式装夹。如图 3-62 所示是用板式支撑方式装夹工件。根据常用的工件形状和尺寸，采用有通孔的支撑板装夹工件。这种方式装夹精度高，但通用性差。

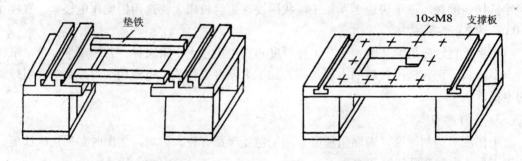

图 3-61　桥式支撑式装夹　　　　　　图 3-62　板式支撑式装夹

2) 工件的调整

采用以上方式装夹工件，还必须配合找正法进行调整，方能使工件的定位基准面分别与机床的工作台面和工作台的进给方向 X、Y 保持平行，以保证所切割的表面与基准面之间的相对位置精度。常用的找正方法有：

(1) 用百分表找正。如图 3-63 所示，用磁力表架将百分表固定在丝架或其它位置上，百分表的测量头与工件基面接触，往复移动工作台，按百分表指示值调整工件的位置，直至百分表指针的偏摆范围达到所要求的数值。找正应在相互垂直的三个方向上进行。

(2) 划线法找正。工件的切割图形与定位基准之间的相互位置精度要求不高时，可采用划线法找正。如图 3-64 所示，利用固定在丝架上的划针对正工件上划出的基准线，往复移动工作台，目测划针、基准间的偏离情况，将工件调整到正确位置。

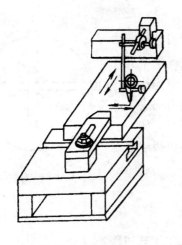
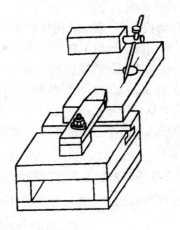

图 3-63　用百分表找正　　　　　图 3-64　划线法找正

4．电极丝位置的调整

线切割加工之前，应将电极丝调整到切割的起始坐标位置上。其调整方法有以下几种：

1）目测法

对于加工要求较低的工件，在确定电极丝与工件上有关基准间的相对位置时，可以直接利用目测或借助 2～8 倍的放大镜来进行观察。图 3-65 所示是利用穿丝孔处划出的十字基准线，分别沿划线方向观察电极丝与基准线的相对位置，根据两者的偏离情况移动工作台，当电极丝中心分别与纵、横方向基准线重合时，工作台纵、横方向上的读数就确定了电极丝中心的位置。

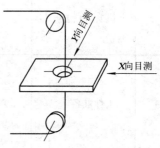

图 3-65　目测法调整电极丝位置

2）火花法

如图 3-66 所示，移动工作台使工件的基准面逐渐靠近电极丝，在出现火花的瞬时，记下工作台的相应坐标值，再根据放电间隙推算电极丝中心的坐标。此法简单易行，但往往因电极丝靠近基准面时产生的放电间隙，与正常切割条件下的放电间隙不完全相同而产生误差。

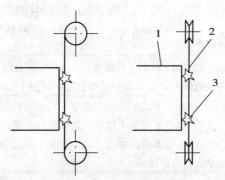

1—工件；2—电极丝；3—火花

图 3-66　火花法调整电极丝位置

3) 自动找中心

所谓自动找中心，就是让电极丝在工件孔的中心自动定位。此法是根据线电极与工件的短路信号来确定电极丝的中心位置。数控功能较强的线切割机床常用这种方法。首先让线电极在 X 或 Y 轴方向与孔壁接触，接着在另一轴的方向进行上述过程，这样经过几次重复就可找到孔的中心位置，如图 3-67 所示。当误差达到所要求的允许值之后，定电极丝中心就算结束。

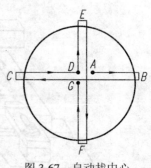

图 3-67　自动找中心

5. 电火花线切割加工工艺过程示例

电火花线切割加工工艺过程见表 3-14。

表 3-14　电火花线切割加工工艺过程

序号	工序名称	工 艺 与 操 作
1	选择加工方式	① 按加工要求及根据现有加工设备条件选择加工方式； ② 根据选择的加工方式相应地做好加工前的工艺准备(如编制程序)
2	机床的检查与调整	① 检查导轮的工作是否正常，去除导轮中的电蚀物； ② 检查保持器是否有沟槽，否则要更换； ③ 检查纵、横向滑板丝杠与滑板间是否配合间隙正常，并调整
3	工件准备	① 坯件在热处理前应钻好穿丝孔； ② 坯件要进行热处理； ③ 磨光上、下平面及侧面基准面； ④ 去除穿丝孔的杂质、毛刺； ⑤ 工件加工前应退磁
4	绕丝和穿丝	① 绕丝要按规定走向穿入丝架、导轮及红宝石保持器等处，并绕在丝筒上； ② 丝要张紧，不能叠，并必须在穿线孔中心
5	工件装夹与定位	① 校正好电极丝与工件装夹台的垂直度； ② 工件装夹时，基准必须与机床的滑板 X 方向和 Y 方向相平行，位置要适当； ③ 确定电极丝相对位置可以用前面讲述的几种方法； ④ 工件装夹定位后，应记下 X、Y 方向的滑板原始坐标点位置，并使丝杠手轮刻度为 0
6	电规准及进给速度选择	在加工时，根据工件的厚度、材质及配合间隙，正确选择高频电源参数，并根据加工状况，调整进给速度，使加工稳定进行
7	加工完成后的检查	① 检查一下，加工程序结束后与原始点坐标位置是否一致； ② 不要将工件急于卸下，如果发现有问题，可进行补救； ③ 程序结束后，如果手轮刻度为 0，则将工件卸下，检查各项技术要求是否符合标准

电火花线切割加工注意事项：

(1) 用数控线切割加工时，凡是未经严格审核而又比较复杂的程序，不宜直接用来加工模具零件，应先进行空机运转或用薄钢板试割，确认无误后再进行正式加工。

(2) 机床的进给速度应根据零件的厚度、材质等因素在加工前调整好，也可以在切割工艺线时进行调整，使电流表针稳定为止。以后在整个加工过程中，均不宜轻易变动进给旋钮。

(3) 在加工时，应随时清除异物和电蚀产物、杂质。

(4) 为确保模具加工的高精度，在每段程序完成之后，应检查纵、横拖板手轮刻度值是否与指令规定的坐标相符。若发现差错时，应及时处理，以免使零件报废。

(5) 不要中途轻易停机，以免在零件上留下中断痕迹。

(6) 发现断丝，应立即关闭脉冲电源和变频，再关闭工作液泵及走丝电机。接着把变频粗调置于"手动"一边，打开变频开关，让机床按程序走完，最后回到起点穿丝重新加工。

—— 思 考 题 ——

1. 电火花加工有何特点？常用于加工哪些模具零件？

2. 什么是电火花加工过程中的极性效应？加工时如何正确选择加工极性？

3. 影响电火花加工精度的主要因素有哪些？常采用哪些方法来减小和消除其不良影响？

4. 在电火花加工中怎样协调生产率和加工表面粗糙度之间相互矛盾的关系？

5. 在用电火花加工方法进行凹模型孔加工时，怎样保证凸模和凹模的配合间隙？

6. 冲孔凸模的断面尺寸如图 3-68 所示，相应凹模采用电火花加工。已知加工时的放电间隙(单面)$\delta=0.03$ mm，模具的冲裁间隙(双面)$Z=0.04$ mm，试确定加工电极的横断面尺寸。

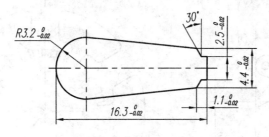

图 3-68　冲孔凸模

7. 落料凹模的型孔尺寸如图 3-69 所示，型孔采用电火花加工。已知加工时的放电间隙(单面)$\delta=0.02$ mm，模具的冲裁间隙(双面)$Z=0.06$ mm，试确定加工电极的横断面尺寸。

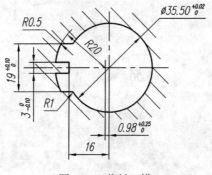

图 3-69　落料凹模

8. 和型腔加工的其它方法相比，电火花加工型腔有何特点？

9. 何谓电规准？电规准一般怎样进行选择？

10. 在电火花加工中根据型腔的结构和要求，可采用哪些加工方法？

11. 和电火花加工相比，电火花线切割加工的主要特点是什么？

12. 编制图 3-70 所示的 4 个模具工作零件的线切割程序。

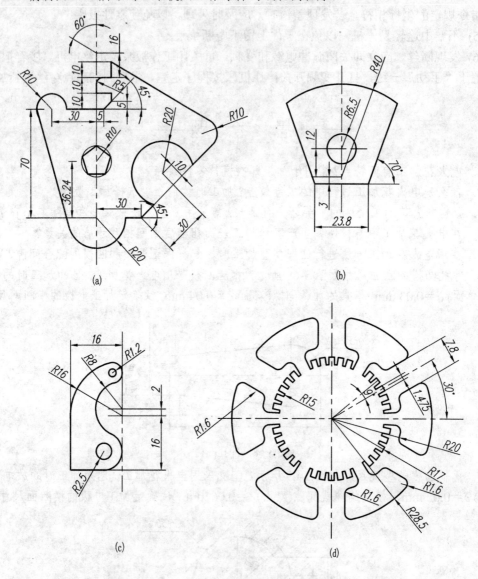

图 3-70　模具工作零件

第4章 模具制造的其它方法及典型零件加工实例

▓＋

随着模具制造技术的发展和模具新材料的出现，对于凸模、凹模等模具工作零件，除采用切削加工和电加工方法进行加工外，还可以采用超声波加工、化学及电化学加工、冷挤压、超塑成型、铸造、激光快速成型等方法进行加工。这些加工方法各有其特点和适用范围，在应用时可根据模具材料、模具结构特点和生产条件等因素来选择。

4.1 超声波加工

人耳能听到的声波频率为 16～16 000 Hz，频率低于 16 Hz 的声波为次声波，频率超过 16 000 Hz 的声波为超声波，而用于模具零件加工的超声波频率为 16 000～25 000 Hz。超声波和普通声波的区别是频率高，波长短，能量大和有较强的束射性。超声波加工广泛应用于模具工作表面的抛光加工，特别是深窄沟槽表面的抛光。

4.1.1 超声波抛光加工机的结构组成和工作原理

1. 超声波抛光的工作原理

超声波抛光是利用工具端面作超声频振动，迫使磨料悬浮液对硬脆材料表面进行加工的一种方法。超声波抛光的作用是降低工件表面粗糙度，其原理如图 4-1 所示。抛光时工具 5 和工件 7 之间加入由磨料和工作液组成的磨料悬浮液，工具以较小的压力压在工件表面上。超声发生器 1 通入 50 Hz 的交流电，使超声换能器 2 产生 16 000 Hz 以上的超声频纵向振动，并借助变幅杆 3、4 把位移振幅放大到 0.05～0.1 mm，迫使工具端面作超声振动，使工作液中的悬浮磨料以很大的速度和加速度不断地撞击和抛磨被加工表面，使被加工表面的材料不断遭到破坏而变成粉末，实现微切削作用。虽然每次打击下来的粉末很少，但由于打击的频率很高，因此仍保持一定的加工效率。超声波抛光的主要作用是磨料在超声频振动下的机械撞击和抛磨，其次是工作液中的"空化"作用加速了超声波加工的效率。所谓"空化"作用，是当工作液对被加工表面

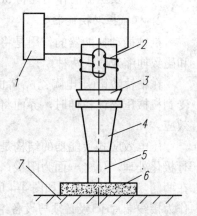

1—超声发生器；2—超声换能器；
3、4—变幅杆；5—工具；
6—磨料悬浮液；7—工件

图 4-1 超声波抛光加工原理

产生正面冲击时，工作液将进入被加工表面的微裂处，加速了机械破坏作用；在高频振动的某一瞬间，使工作液又以很大的加速度离开工件表面，使工件表面的微细裂纹间隙内形成负压和局部真空，同时在工作液内也形成很多微小的空泡，当工具端面以很大的加速度接近工件表面时，迫使空泡闭合，引起极强的液压冲击波，强化了加工过程。

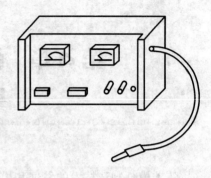

图 4-2 手持式超声波抛光机外形图

2. 超声波抛光机的结构和组成

模具超声波抛光机的外形如图 4-2 所示。超声波抛光机主要由超声波发生器、机械换能器和机械振动系统三部分组成，如图 4-3 所示。

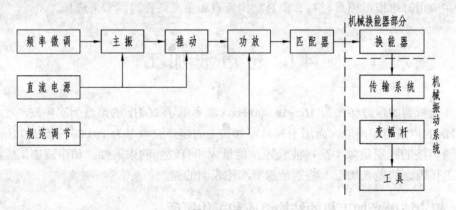

图 4-3 超声波抛光机的组成

1) 超声波发生器

超声波发生器的作用是将 50 Hz 的交流电转变成具有一定功率输出的超声波电振荡。

2) 机械振动换能器

机械振动换能器的作用是将超声波电振荡转换成机械振动。目前换能器有压电效应式和磁致伸缩效应式两种。

在锆钛酸铅(压电陶瓷)等界面上加以一定电压后，会产生一定的机械变形；反之，当它受到机械压缩或拉伸时，界面将产生一定的电荷，形成一定的电动势，这种现象称为压电效应。

压电效应式换能器的结构是将锆钛酸铅制成圆形薄片，两面镀银，再经高压直流电进行极化处理，使之一面为阳极，一面为阴极。使用时将两片叠在一起，阳极在中间，阴极在两侧，用螺钉夹紧，如图 4-4 所示。为了方便引线，常用镍片夹在两压电陶瓷片阳极之间作为接线端片(阳极必须与设备绝缘)。压电陶瓷片的自振频率与其厚薄、上下端块的质量及夹紧力等成正比。

镍、钴、铁及其合金的长度能随着所处的磁场强度的变化而伸缩的现象称为磁致伸缩效应。在生产实际中，可利用叠合纯镍片制成封闭磁路的镍换能器，如图 4-5 所示。在两芯柱上同向绕以线圈，通入高频电流可使之伸缩。

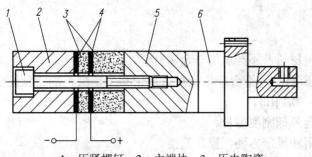

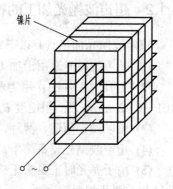

1—压紧螺钉；2—主端块；3—压电陶瓷；

4—导电镍片；5—下端块；6—变幅杆

图 4-4　压电效应式换能器　　　　　图 4-5　磁致伸缩效应式换能器

3) 机械振动系统

机械振动系统包括变幅杆和工具。当要加工的端面较小时，两者可以做成一体。

变幅杆也称振荡扩大器，前述的压电式或磁致式换能器的变形量很小，在共振条件下其振幅不超过 0.005～0.01 mm，所以需通过变幅杆将其放大到 0.01～0.1 mm，才能进行超声波加工。变幅杆是一根上粗下细的杆子，将变幅杆大端与换能器的轴截面相连，小端与工具连接。上粗下细的变幅杆之所以能扩大振幅，是因为通过任一截面的能量是相等的，从大截面传来的能量通过小截面时，其能量密度变大(截面愈小，能量密度愈大)，而波的能量密度正比于振幅的平方，因此振动的振幅也就愈大。从而实现将换能器的振幅扩大的目的，并满足超声波加工的需要。变幅杆的形式有圆锥形、指数形和阶梯形等，如图 4-6 所示。

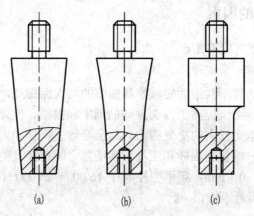

图 4-6　变幅杆的形式

(a) 圆锥形；(b) 指数形；(c) 阶梯形

工具和变幅杆之间采用机械或胶合方式相连接。超声波机械振动经变幅杆扩大振幅后传递给工具，工具沿轴向振动。工具头的形状应该和模具需抛光型腔的形状相适应。固定磨料式工具头有金刚石油石、电镀金刚石锉刀、刚玉油石等，这类磨料用于粗抛光。游离磨料式工具头采用硬木和竹片等材料，抛光时在抛光面涂以研磨粉和工作液的混合剂，用于精抛光。研磨粉有氧化铝、碳化硅等，工作液用煤油、汽油或水。

4.1.2 超声波抛光加工的特点

超声波抛光加工具有以下特点：

(1) 超声波抛光适用于加工硬脆材料及不导电的非金属材料。

(2) 工具对工件的作用力和热影响小，不会产生变形、烧伤和变质层，加工精度可达 0.01～0.02 mm，表面粗糙度 R_a＝1～0.1 μm。

(3) 可以抛光薄壁、薄片、窄缝及低刚度零件。

(4) 超声波抛光设备简单，使用和维修方便，操作简便。

(5) 由于抛光时工具头无旋转运动，工具头可以采用软材料做成复杂形状，因此用以抛光复杂的型孔和型腔表面。

4.1.3 抛光工艺

超声波抛光工艺主要涉及两方面的内容，即抛光余量和抛光方式。

(1) 抛光余量。模具成形表面经过电火花精加工之后，进行超声波抛光时的抛光余量一般控制在 0.02～0.04 mm 之内，特殊情况下抛光余量可小于或等于 0.15 mm。

(2) 抛光方式。欲使表面粗糙度 R_a＝1.25～2.5 μm 的表面抛光后达到 R_a＝0.63～0.08 μm，要经过逐级抛光才能实现。一般要经过粗抛光、细抛光和精抛光几个阶段。粗抛光时采用固体磨料或采用 F180 左右的磨料进行抛光；细抛光时采用游离磨料，磨料粒度为 F280 或 F320；精抛光时采用 F1000 以上的磨料进行干抛(无工作液)。每次更换磨料时，都应该将工具头和抛光表面清洗干净。

4.1.4 影响抛光效率的因素

影响抛光效率的因素有以下几点：

1) 工具的振幅和频率

超声波抛光的效率随着工具振动的频率和振幅的增大而提高，在分级抛光时可以在保持工具头压力的情况下，逐步提高工具头振动的频率和振幅。但是，随着频率和振幅的提高，将使变幅杆和工具承受过大的交变应力，这会导致变幅杆和工具的寿命降低。另外，随着频率和振幅的增大，将使变幅杆和工具、换能器之间连接处的能量损耗增大。因此，一般振幅应控制在 0.01～0.1 mm，频率应控制在 16 000～25 000 Hz。此外，在加工时频率应调至共振频率，以获得最大振幅。

2) 工具对工件的静压力

抛光时工具对工件的进给力也称静压力。随着工具头末端与工件抛光表面之间间隙的增大，磨料和工作液对抛光表面压力的降低，削弱了磨料对工件的撞击力和打击深度。当两者的间隙过小时，磨料和工作液将不能顺利循环更新，从而降低了生产效率。因此，工具与工件之间应有一个合理的间隙和压力。

3) 磨料的种类和粒度

磨料的种类应该根据被加工材料选择。加工硬质合金和淬火钢等高硬度材料时，应该选择碳化硼磨料；加工硬度不太高的硬脆材料时，可以选择碳化硅磨料。磨料粒度的选择和振幅有关：当振幅为 0.05 mm 时，磨料粒度愈大，加工效率愈高；当振幅小于 0.05 mm 时，磨料粒度愈小，加工效率愈高。

4) 料液比

磨料工作液中磨料与工作液之间的体积比或质量比，称为料液比。料液比过大和过小都将使抛光效率降低，通常抛光用的料液比为 0.5：1 左右。

4.1.5 影响抛光表面质量的因素

超声波抛光的表面粗糙度和磨料的粒度、被加工材料性质、工具振幅等有关。磨料颗粒尺寸越小，工件材料硬度越高，超声振幅越小，则加工表面粗糙度的改观越大。另外，采用机油和煤油工作液比水工作液更能获得较小的表面粗糙度。

4.2 化学及电化学加工

4.2.1 化学腐蚀加工

1. 化学腐蚀加工的原理和特点

化学腐蚀加工是将零件要加工的部位暴露在化学介质中，产生化学反应，使零件材料腐蚀溶解，以获得所需要形状和尺寸的一种工艺方法。化学腐蚀加工时，应先将工件表面不加工的部位用抗腐蚀涂层覆盖起来，然后将工件浸渍于腐蚀液中或在工件表面涂敷腐蚀液用以将裸露部位的余量去除，来达到加工目的。常见的化学腐蚀加工有照相腐蚀、化学铣削和光刻等。

化学腐蚀加工的特点如下所述：

(1) 可加工金属和非金属(如玻璃、石板等)材料，不受被加工材料的硬度影响，不发生物理变化。

(2) 加工后表面无毛刺，不变形，不产生加工硬化现象。

(3) 只要腐蚀液能浸入的表面都可以加工，故适合于加工难以进行机械加工的表面。

(4) 加工时不需要用夹具和贵重装备。

(5) 腐蚀液和蒸气污染环境，对设备和人体有危害作用，需采用适当防护措施。

化学腐蚀在模具制造中主要用来加工塑料模型腔表面上的花纹、图案和文字。应用较广的是照相腐蚀。

2. 照相腐蚀工艺

照相腐蚀加工是把所需图像摄影到底片上，再将底片上的图像经过光化学反应，复制到涂有感光胶(乳剂)的型腔工作表面上。经感光后的胶膜不仅不溶于水，而且还增强了抗腐蚀能力。未感光的胶膜能溶于水，用水清洗去除未感光胶膜后，部分金属便裸露出来，经腐蚀液的浸蚀，即能获得所需要的花纹、图案。

照相腐蚀法的工艺过程如下：

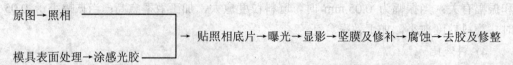

图 4-7 所示为照相腐蚀主要工序示意图。和其它加工方法相比，照相腐蚀能降低劳动强度，提高生产率，获得清晰的花纹、图案。

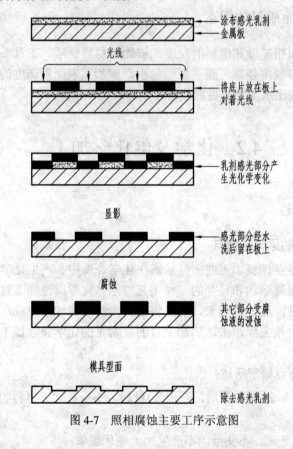

图 4-7　照相腐蚀主要工序示意图

1) 原图和照相

将所需图形或文字按一定比例绘制在图纸上即为原图。然后通过照相(专用照相设备)将原图缩小至所需大小的照相底片上。

2) 感光胶

感光胶的配方有很多种，现以聚乙烯醇感光胶为例，其成分为：

聚乙烯醇：45～60 g

重铬酸铵：10 g

水：1000 mL

配制时，先将聚乙烯醇溶解于 900 mL 的水中蒸煮 4 小时；将重铬酸铵溶解于 100 mL 的水中，倒入聚乙烯醇溶液里，再隔水蒸煮半小时即可。

上述配制过程必须在暗室进行，暗室可用红灯照明。熬制好的感光胶需严格避光保存。

感光胶的作用原理是：聚乙烯醇和重铬酸铵间不起化学反应。聚乙烯醇的特点是易溶于水，无色透明，有粘结作用，水分挥发后，形成一层薄膜，但用水冲洗、擦拭便可去掉。重铬酸铵是一种感光材料，经光照、感光、显影之后，不易溶于水，和聚乙烯醇的混合物共同形成一层薄膜，较牢固的附着在模具表面上。而未感光部分，仍以聚乙烯醇为主，经水冲洗，用脱脂棉擦拭便可去除。附着在模具表面的感光胶膜，经过固化后具有一定的抗腐蚀能力，能保护金属不被腐蚀。

3) 腐蚀面清洗和涂胶

涂胶前必须清洗模具表面。对小模具，可将其放入 10% 的 NaOH 溶液中加热去除油污，然后取出用清水冲洗。对较大的模具，先用 10% 的 NaOH 溶液煮沸后冲洗，再用开水冲洗。模具清洗后，经电炉烘烤至 50℃ 左右涂胶，否则涂上的感光胶容易起皮脱落。涂胶可采用喷涂法在暗室红灯下进行，在需要感光成像的模具部位应反复喷涂多次，每次间隔时间根据室温情况而定，室温高，时间短；室温低，时间长。喷涂时要注意均匀一致。

4) 贴照相底片

在需要腐蚀的表面上，铺上制作好的照相底片，校平表面，用玻璃将底片压紧，垂直表面则用透明胶带将底片粘牢。对于圆角或曲面部位，可用白凡士林将底片粘结。型腔设计时应预先考虑到贴片是否方便，必要时可将型腔设计成镶块结构。贴片过程都应在暗室红灯下进行。

5) 感光

将经涂胶和贴片处理后的工件部位用紫外线光源(如水银灯)照射，使工件表面的感光胶膜按图像感光。在此过程中应调整光源的位置，让感光部分均匀感光。感光时间的长短根据实践经验确定。

6) 显影冲洗

将感光(曝光)后的工件放入 40～50℃ 的热水中浸 40 s 左右，让未感光部分的胶膜溶解于水中。取出后滴上碱性紫 5BN 染料，涂匀显影，待出现清晰的花纹后，再用清水冲洗，并用脱脂棉将未感光部分擦掉。最后用热风吹干。

7) 坚膜及修补

将已显影的型腔模放入 150～200℃ 的电热恒温干燥箱内，烘焙 5～20 min，以提高胶膜的粘附强度及耐腐蚀性能。型腔表面若有未去净的胶膜，可用刀尖修除干净，缺膜部位用印刷油墨修补。不需进行腐蚀的部位，应涂汽油沥青溶液，待汽油挥发后，便留下一层薄薄的沥青层。沥青能抗酸的腐蚀，可起到保护作用。

8) 腐蚀

腐蚀不同的材料应选用不同的腐蚀液。对于钢型腔，常用三氯化铁水溶液，可用浸蚀或喷洒的方法进行腐蚀。若在三氯化铁水溶液中加入适量的粉末硫酸铜调成糊状，涂在型腔表面(涂层厚度为 0.2～0.4 mm)，可减少向侧面渗透。为防止侧蚀，也可以在腐蚀剂中添加保护剂或用松香粉刷嵌在腐蚀露出的图形侧壁上。

腐蚀温度为 50～60℃，根据花纹和图形的密度及深度一般约需腐蚀 1～4 次，每次约30～40 min。一般腐蚀深度为 0.4 mm。

9) 去胶、修整

将腐蚀好的型腔用漆溶剂和工业酒精擦洗。检查腐蚀效果，对于有缺陷的地方进行局部修描后，再腐蚀或机械修补。腐蚀结束，表面附着的感光胶应用火碱溶液冲洗，使保护层烧掉，接着用水冲洗若干遍。最后用热风吹干，涂一层油膜即完成全部加工。

3. 照相腐蚀对模具成形零件的要求

1) 材料要求

钢材除应具有强度高，韧性好，硬度高，耐磨、耐腐蚀性好，切削加工性能优良，易抛光等优点外，还应具有良好的图文饰刻性能，即钢质晶粒细小，组织结构均匀。常用的45钢、T8、T10、P20、40Cr、CrWMn 等均具有良好的饰刻性，而 Cr12、Cr12MoV 等材料的饰刻性较差，花纹装饰效果不太理想。另外，在加工前应对钢材的偏析及各向异性作相应处理。

2) 脱模斜度

如果型腔侧壁要做图文，则应有较大的脱模斜度。脱模斜度除根据塑件的材料、尺寸、精度来确定以外，还须考虑图文深度对脱模斜度的要求，图文越深，脱模斜度越大(一般在 $1°\sim2.5°$ 之间)，当图文深度大于 0.1 mm 时，脱模斜度应在 $4°$ 以上。

3) 表面粗糙度

在高光洁度的型腔表面上制作图文时，涂感光胶和贴花纹版时会打滑，不易粘牢，但表面太粗糙时图文的效果也不好，因此表面粗糙度要适当。如果是亚光细砂纹，取表面粗糙度 $R_a=0.4\sim0.8$ μm，细花纹或砂纹取 $R_a=1.6$ μm，一般花纹取 $R_a=3.2$ μm。如果是粗花纹，表面粗糙度还可适当增加。

4) 镶嵌块结构

如果图文面积很小，则可做成镶嵌块，只对镶嵌块做照相腐蚀。这种方法工艺性好，容易制作，不会因为腐蚀的失败而报废模具成形零件，且花纹磨损后镶嵌块更换方便。

4. 照相腐蚀的应用示例

1) 电器开关盒压塑模的工作型面饰刻

图 4-8 所示为电器开关盒，由于凹模型腔较深，文字又是圆弧排列，因此要采用照相蚀刻技术来做图文。由于使用过程中文字只起标志作用，故采用凸字，这样腐蚀面积较小，腐蚀工艺简单。采用如图 4-9 所示的正阳文文稿，经一次正拍、一次反拍后，得到反阳文版，曝光腐蚀后得到如图 4-10 所示的具有反向凹入文字的压塑模成形零件。

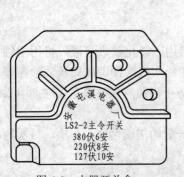

图 4-8　电器开关盒

图 4-9　开关盒的阳文稿图

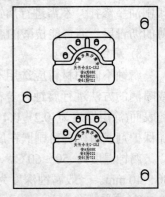

图 4-10　开关盒的压塑模

2) 金属冲压件图案的冲压加工

金属冲压件装饰图案的冲压加工，首先是用照相腐蚀的方法分别制造出图案的凸模和凹模，然后进行冲压成形。照相腐蚀的凸模、凹模精度高，吻合好，成形图案清晰，如图 4-11 所示。

图 4-11　银碗装饰龙图

3) 塑料模具型腔表面装饰花纹的加工技术

塑料制品表面装饰花纹(如电视机、收录机的机壳)是用化学腐蚀等方法直接在模具型腔表面形成一定深度的凸、凹纹络，经注射成形后获得的。常见的装饰花纹有皮革纹、桔皮、木纹等。

在塑料模具型腔表面加工装饰花纹的方法有丝印转移腐蚀法、光化学腐蚀法、电火花及手工雕刻和压印法等工艺。

(1) 丝印转移腐蚀工艺参见表 4-1。

表 4-1　丝印转移腐蚀工艺

工序号	工序名称	加 工 工 艺	注意事项
1	制备照相底板	① 绘制照相原图、图案或选择纹理清晰的人造革样片； ② 在图案或样片上滚一层均匀的白油墨； ③ 油墨干燥后，进行照相后制出底片	
2	制丝印板	用丝网感光膜直接制丝网图形： ① 配制(4～5)％重铬酸铵敏化液； ② 丝网架擦洗、脱脂去油，清洗后晾干； ③ 按图形尺寸每边放大 40 mm，剪裁聚乙烯醇感光膜，并用脱脂棉轻擦药膜面，以除去滑石粉； ④ 用排笔在丝网正面均匀涂刷敏化液。将感光膜药膜面轻轻地平贴在丝网中央、用橡胶刮板刮平； ⑤ 在 55～60℃恒温箱内烘焙 12 min，取出后剥去聚脂薄膜片，回烘 2 min； ⑥ 曝光：将底片置于曝光盒的玻璃上，再将丝网板置于底板上压紧网板曝光。光源：高压汞灯或碳精灯；灯距：400～500 mm；时间：4～6 min； ⑦ 曝光后，丝网架置于 30℃ 左右的温水中，再用自来水仔细喷淋冲洗图像，直至图形清晰无残膜为止	
3	丝印花纹	① 印料配方： 　醇酸黑磁漆　50％ 　胶版黑油墨　25％ 　黑厚漆　　　25％ 　汽油　　　　适量 ② 将漆膜丝印在专用的贴花纸上,印好放在室内 2～3 h； ③ 待漆膜呈半干状态时，即可往模具上转移	

工序号	工序名称	加 工 工 艺	注意事项
4	转移漆膜	① 用汽油和酒精清洗模具型腔，再用去污粉擦洗去油后，用水冲洗干净； ② 把印有花纹图案的贴花纸剪成所需尺寸，撕下考贝纸转贴在模具型腔上，用排笔轻轻压平； ③ 用脱脂棉蘸水将拷贝纸充分湿润，再慢慢揭起拷贝纸，此时花贴在模具上； ④ 吸去多余的水； ⑤ 放在恒温箱内烘烤： 　温度：80～100℃ 　时间：2～3 h	① 对于漆膜转移拼接部位时，可用制版粉修补，或用刮刀刮版，使图形完整； ② 型腔处不制花纹部分，用过氯乙烯清漆保护，孔和接缝处用胶带纸粘好或堵塞
5	腐蚀	① 腐蚀液： 　三氯化铁溶液：32～35 　温度：35～45℃ ② 放入溶液槽中腐蚀： 　时间：静腐蚀 22～25 min 　深度：0.08～0.12 mm 　喷淋腐蚀：8～10 min 　深度：0.1～0.15 mm ③ 达到腐蚀深度后，用水冲洗干净； ④ 除去模具过滤乙烯保护膜，擦干后涂机油防锈	① 腐蚀前可先用排笔蘸溶液在模具表面涂刷，反应正常后再置入溶液； ② 静腐蚀时，模具需腐蚀型腔表面朝下，并悬吊在腐蚀液中； ③ 腐蚀过程中应不断搅拌腐蚀液

(2) 光化学腐蚀法见表 4-2。

表 4-2　光化学腐蚀花纹法

工序号	工序名称	工 艺 方 法	注意事项
1	清洗	用汽油、酒精刷洗模具表面，除去油污，使型腔表面完全无水	洗干净且无油污
2	涂感光胶	在模具需做花纹的平面部分涂一层感光胶，并离心烘干。 感光胶配方： 聚乙烯醇　100 g 重铬酸铵　20 g 洗涤剂　3 mL 水　1000 mL	
3	曝光	在晒架内，把图纹底片与模具压紧曝光。 光源：碳精灯 距离：500～800 mm	
4	显影	用柠檬酸溶液显影，其配方： 柠檬酸 3～5 g 水　　1000 mL 温度：40℃ 时间：10～20 s	

工序号	工序名称	工 艺 方 法	注意事项
5	着色	在 0.3％龙胆紫溶液中，浸染 30 s，再用水冲洗干净	在常温下进行
6	烘烤	在恒温箱内烘烤，烤到花纹为古铜色为止 温度：180℃	
7	刷粉	用去污粉刷去残膜及异物，冲洗晾干	
8	修版	用制版红粉修版	
9	涂保护漆	用过氯乙烯清漆保护不腐蚀表面	
10	腐蚀	腐蚀液用波美度为 32～35 的三氯化铁，温度为 35～45℃。 时间： 静腐蚀：22～25 min 深度：0.08～0.12 mm 喷淋腐蚀：8～10 min 深度：0.1～0.15 mm 达到深度后，用清水清洗干净	在腐蚀时，应不断搅拌腐蚀液
11	煮碱脱纹	① 配方： 氢氧化钠　10～15 g/L 碳酸钠　40～50 g/L 磷酸钠　20～30 g/L ② 温度：60～70℃； ③ 时间：30～60 s	
12	清理	除去保护膜，并涂以机油防锈	

4.2.2　电铸加工

电铸加工是利用金属的电解沉积，翻制金属制品的一种工艺方法。其基本原理与电镀相同，但两者又有明显的区别，如表 4-3 所示。

表 4-3　电铸、电镀的主要区别

比较项目	电 镀	电 铸
工艺目的	表面装饰，防腐蚀	成形加工
镀层厚度	0.02～0.05 mm	0.06～6 mm 或以上
要求	表面光亮，平滑	一定尺寸和形状精度
镀层牢固程度	与工件牢固结合	要求与原模能分离

1. 电铸加工的原理和特点

电铸加工如图 4-12 所示。用导电的原模作阴极，电铸材料作阳极，含电铸材料的金属盐溶液作电铸溶液。在直流电源(电压为 6～12 V，电流密度为 15～40 A/cm^2)的作用下，电铸溶液中的金属离子在阴极获得电子还原成金属原子，沉积在原模表面，而阳极上的金属原子失去电子成为正离子源源不断地溶解到电铸溶液中进行补充，使溶液中金属离子的浓度保持不变。

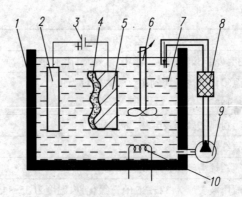

1—电铸槽；2—阳极；3—直流电源；4—电铸层；5—原模(阴极)；6—搅拌器

7—电铸液；8—过滤器；9—泵；10—加热器

图4-12　电铸加工

当原模上的电铸层逐渐加厚到所要求的厚度后，将其与原模分离，即获得与原模型面相反的电铸件。

电铸加工具有以下特点：

(1) 能准确地复制形状复杂的成形表面，制件表面粗糙度(R_a=0.1 μm 左右)小，用同一原模能生产多个电铸件(其形状、尺寸的一致性极好)。

(2) 设备简单，操作容易。

(3) 电铸速度慢(需几十甚至上百小时)，电铸件的尖角和凹槽部位不易获得均匀的铸层，尺寸大而薄的铸件容易变形。

在模具制造中，电铸加工法主要用于加工塑料压模、注射模等模具的型腔。为了保证型腔有足够的强度和刚度，其铸层厚度一般为 6～8 mm。用镍为电铸材料时，电铸时间约 8 天左右。电铸件的抗拉强度一般为$(1.4～1.6)×10^6$ Pa，硬度为 HRC45～50，不需进行热处理。对承受冲击载荷的型腔(如锻模型腔)，不宜采用电铸法制造。

2．电铸法制模的工艺过程

电铸法制模是预先按型腔的形状、尺寸做成原模，在原模上电铸一层适当厚度的镍(或铜)后将镍壳从原模上脱下，外形经过机械加工，镶入模套内作型腔。其加工的工艺过程如下：

原模设计与制造→原模表面处理→电铸至规定厚度→衬背处理→脱模→清洗干燥→成品

1) 原模

原模的尺寸应与型腔一致，沿型腔深度方向应加长 5～8 mm，以备电铸后切除端面的粗糙部分。原模电铸表面应有脱膜斜度(一般取 15'～40')，并进行抛光，使表面粗糙度 R_a=0.16～0.08 μm。此外还应考虑电铸时的挂装位置。

根据电铸模具的要求、铸件数量等情况，可采用不锈钢、铝、低熔点合金、有机玻璃、塑料、石膏、蜡等为原材料制造原模。凡是金属材料制作的原模，在电铸前需要进行表面钝化处理，使金属原模表面形成一层钝化膜，以使电铸后易于脱膜(一般用重铬酸盐溶液处理)。对于非金属材料制作的原模要进行表面导电化处理，其处理方法有：

(1) 以极细的石墨粉、铜粉或银粉调入少量胶合剂作成导电漆，均匀地涂在原模表面。

(2) 用真空镀膜或阴极溅射(离子镀)的方法使原模表面覆盖一薄层金或银的金属膜。

(3) 用化学镀的方法在原模表面镀一层银、铜或镍的薄层。

2) 电铸金属及电铸溶液

电铸金属应根据模具要求进行选择。常用的电铸金属有铜、镍和铁三种，相应的电铸溶液为含有所选用电铸金属离子的硫酸盐、氨基磺酸盐和氧化物等的水溶液。

电铸铜所用的电铸溶液由下列成分组成：

　　　硫酸铜　250～270 g

　　　硫酸　60～70 g

　　　酚磺酸　8 mL

　　　蒸馏水　1000 mL

　　　电铸温度　25～50℃

电铸镍所用的电铸溶液由下列成分组成：

　　　硫酸镍　180 g

　　　氯化铵　20～25 g

　　　硼酸　40 g

　　　十二烷基硫酸　1 g

　　　蒸馏水　1000mL

　　　电铸温度：非金属原模　45～55℃

　　　　　　　　金属原模　75～80℃

电铸时注意事项，以电铸镍为例，应注意以下几点：

(1) 镍阳极必须采用高纯度电解镍板，其面积是电铸模型投影面积的 1～2 倍，采用铜螺钉与导线连接。

(2) 电铸槽内不应混入有机物及金属杂质，每 2～4 天分析调整溶液，并维持电铸溶液的水位，液温采用恒温控制。

(3) 原模放入电铸槽内一分钟后，待原模完全浸透再接通电源，开始 4 小时内每隔半小时观察铸层情况，并注意电流与温度的调整。

(4) 在电铸时严禁断电，如中途断电时间不超过 2 小时可不必取出原模，待通电后做反向电流处理；如断电超过 2 小时，则将原模取出，用 20%稀盐酸活化后再进行电铸。

(5) 原模及阳极在电铸溶液中的放置对电铸质量影响较大。为改善铸层的均匀性，原模的电铸面与阳极间距离宜大，且距离要均匀，一般不小于 200 mm。对不同形状的原模，两者的放置也不相同。

对于轴类的原模，宜采用四面或呈三角形挂置阳极，以改善铸层的圆度。若因设备条件限制，阳极可两面挂置，如图 4-13 所示。铸层达一定厚度后，每隔一、二天将原模绕垂直轴线转置 45°。

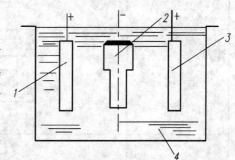

1、3—阳极；2—原模；4—铸槽

图 4-13　原模与阳极的位置

带有凸缘的盘形原模如图 4-14(a)所示。垂直挂置则在凹处易生成气泡，一般可采用水平挂置，以改善铸件中间薄四周厚的现象，如图 4-14(b)所示；或将原模倾斜 30° 挂置，如图 4-14(c)所示。

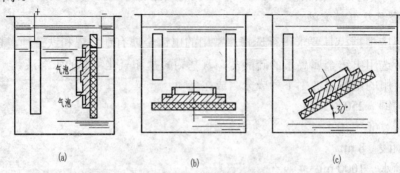

图 4-14　原模放置位置

(a) 垂直挂置；(b) 水平挂置；(c) 倾斜挂置

当铸件达到所要求的厚度后，取出清洗，擦干。

3) 衬背和脱模

有些电铸件(如塑料模具和电火花加工所用的电极等)电铸成型之后，需要用其它材料在其背面加固(称为衬背)，以防止变形，然后再对电铸件进行脱模和机械加工。加固可采用喷涂金属、镶入模套、铸铝、浇注低熔点合金或环氧树脂的方法来获得，见表 4-4。

表 4-4　电铸成型件的加固

加固方法	简　图	工　艺　说　明
喷涂金属 (铜，钢)	电铸层 0.9 1.0 1.1 喷涂层 原模	在电铸层外面喷涂金属(铜或钢)，待达到一定厚度，再将外形车成所需的形状
无机粘结	电铸层 无机粘结层 钢套	① 将电铸件的外形按铸件的镀层大致车成形；② 按车制后铸件的外形，配车钢套内形，间隙单边为 0.2～0.3 mm；③ 浇无机粘结剂
铸铝	浇铝 型砂 模框 电铸层	在电铸件的背面铸铝加固。在浇铸前，型腔填以型砂，以防止模具变形
浇低熔点合金或环氧树脂	环氧树脂或低熔点合金 电铸层	电铸电极为了防止在电火花加工时变形，在电铸件的内壁浇以低熔点合金或环氧树脂

电铸成型的型腔，结构简单时，对电铸表面机械加工后可直接镶入模套使用；型腔复杂时，为简化模套形状，一般都需要加衬背，机械加工后再镶入模套。脱模通常在镶入模套后进行，这样可避免电铸件在机械加工中变形或损坏。脱模方法有用锤敲打、加热(或冷却)、用脱模架脱出等，要视原模材料不同合理选用。图 4-15 所示为金属原模及电铸脱模架，旋转脱模架的螺钉，就可以将原模从电铸件中取出。

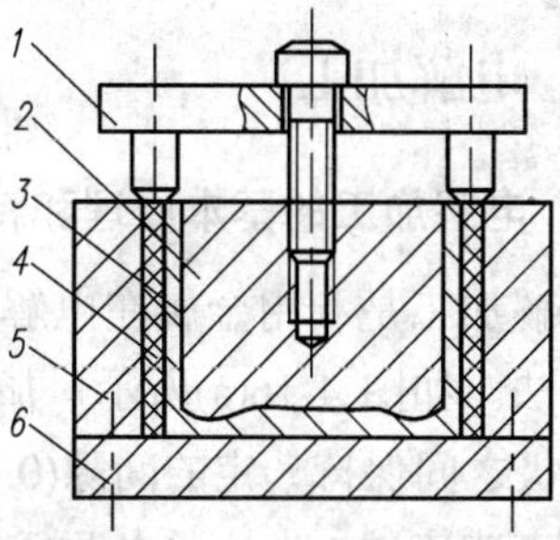

1—卸模架；2—原模；3—电铸型腔；
4—粘结剂；5—模套；6—垫板

图 4-15　电铸型腔与模套的组合及脱模

3．电铸法制模示例

某仪表壳塑压模型腔电铸成形工艺方法见表 4-5。

表 4-5　仪表壳电铸工艺过程

内　容	简　　图	工　艺　说　明
母模	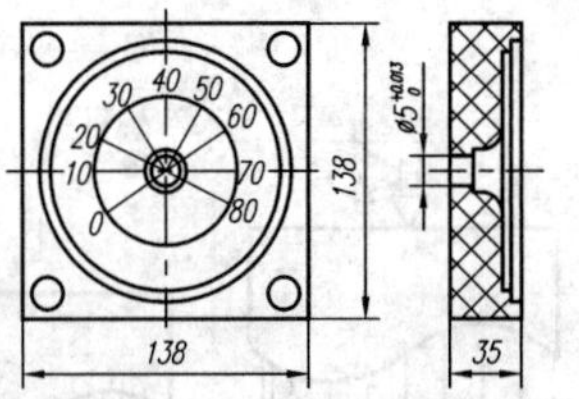	材料：有机玻璃 型面：R_a=0.20～0.10 μm
铸前处理	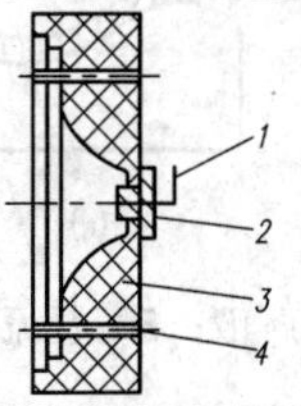 1—导线； 2—空心嵌件； 3—母模； 4—嵌件	① 将已车成的嵌件镶入母模； ② 在 $\phi5$ 孔内放入塑料导线，一端裸露，压紧盖板； ③ 母模清洗后镀银； ④ 将不需要银层的部位去除
母模放入电解槽	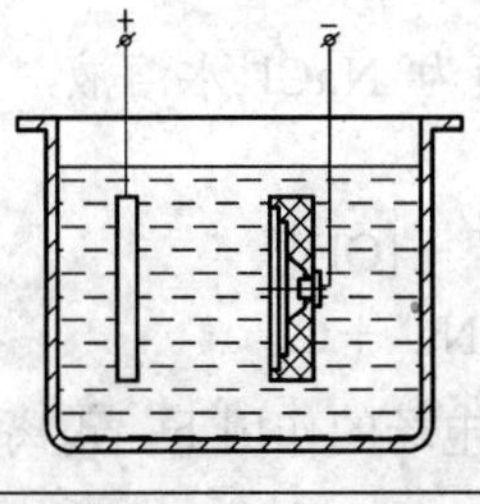	两极距离不小于 200 mm，母模垂直放置
电铸成形	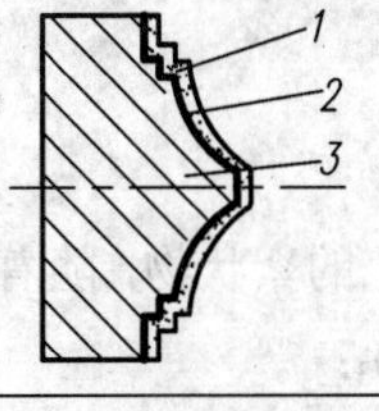 1—电铸件； 2—环氧树脂； 3—支撑板	时间：20 天左右 层厚：4～5 mm
铸后加工		① 在车床上将母模割下； ② 根据电铸件背面形状，配车加工一支撑板，并用环氧树脂粘接在一起，成为整体

4.2.3 电解加工

1. 电解加工的基本原理和特点

电解加工是利用金属在电解液中发生电化学阳极溶解的原理，将工件加工成形的一种工艺方法。如图 4-16(a)所示，加工时工具电极接直流稳压电源(6～24 V)的阴极，工件接阳极，两极之间保持一定的间隙(0.1～1 mm)。具有一定压力(0.49～1.96 MPa)的电解液从两极间隙间高速流过。当接通电源后(电流可达 1000～10 000 A)，工件表面产生阳极溶解。由于两极之间各点的距离不等，其电流密度也不相等(图 4-16(b)中以细实线的疏密程度表示电流密度的大小，实线越密处电流密度越大)，两极间距离最近的地方，通过的电流密度最大，可达 10～70 A/cm^2，该处的溶解速度最快。随着工具电极的不断进给(一般为 0.4～1.5 mm/min)，工件表面不断被溶解(电解产物被电解液冲走)，使电解间隙逐渐趋于均匀，工具电极的形状就被复制在工件上，如图 4-16(c)所示。

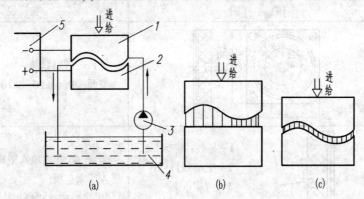

1—工具电极；2—工件(阳极)；3—电解液泵；4—电解液；5—直流电源

图 4-16 电解加工示意图

电解加工钢制模具零件时，常用的电解液为 NaCl 水溶液，其浓度(指质量分数)为 14%～18%。电解液的离解反应为

$$H_2O \rightleftharpoons H^+ + [OH]^-$$
$$NaCl \rightleftharpoons Na^+ + Cl^-$$

电解液中的 H^+、$[OH]^-$、Na^+、Cl^- 离子在电场的作用下，正离子和负离子分别向负极和正极运动。阳极的主要反应如下：

$$Fe - 2e \longrightarrow Fe^{+2}$$
$$Fe^{+2} + 2[OH]^- \longrightarrow Fe(OH)_2 \downarrow$$

由于 $Fe(OH)_2$ 在水溶液中的溶解度很小，沉淀为墨绿色的絮状物，随着电解液的流动而被带走，并逐渐与电解液以及空气中的氧作用生成 $Fe(OH)_3$：

$$4Fe(OH)_2 + 2H_2O + O_2 \longrightarrow 4Fe(OH)_3 \downarrow$$

$Fe(OH)_3$ 为黄褐色沉淀。

正离子 H^+ 从阴极获得电子成为游离的氢气，即

$$2H^+ + 2e \longrightarrow H_2 \uparrow$$

由此可见，电解加工过程中，阳极不断以 Fe^{+2} 的形式被溶解，水被分解消耗，因而电解液的浓度稍有变化。电解液中的氯离子和钠离子起导电作用，本身并不消耗，所以 NaCl 电解液的使用寿命长，只要过滤干净，可以长期使用。

电解加工与其它加工方法相比，具有如下特点：

(1) 可加工高硬度、高强度、高韧性等难切削的金属(如高温合金、钛合金、淬火钢、不锈钢、硬质合金等)，适用范围广。

(2) 加工生产率高。由于所用的电流密度较大(一般为 $10 \sim 100 \ A/cm^2$)，因此金属去除速度快，用该方法加工型腔比用电火花方法加工提高工效四倍以上，在某些情况下甚至超过切削加工。

(3) 加工中工具和工件间无切削力存在，所以适用于加工易变形的零件。

(4) 加工后的表面无残余应力和毛刺，粗糙度 $R_a = 0.25 \sim 0.2 \ \mu m$，平均加工精度可达 ±0.1 mm 左右。

(5) 加工过程中工具损耗极小，可长期使用。

但由于工具电极设计、制造和修正都比较困难，因此难以保证很高的精度。另外，影响电解加工的因素很多，所以难于实现稳定加工；电解加工的附属设备比较多，占地面积较大；电解液对机床设备有腐蚀作用；电解产物需进行妥善处理，否则将污染环境。

2. 型腔电解加工工艺

由于电解加工可以使用成形的工具电极加工形状复杂的型腔，生产率高，粗糙度小，其加工精度可控制在 ±(0.1~0.2) mm，因此在模具制造中多用于精度要求不高的锻模型腔加工。

1) 电解液的选择

在电解加工过程中，电解液除了传送电流使工件进行阳极溶解外，还可破坏阳极表面上形成的钝化薄膜，并把电解产物及热量从加工区域带走。

电解液可分为中性盐溶液、酸性溶液和碱性溶液三大类。中性盐溶液的腐蚀性较小，使用较安全，故应用最普遍，最常用的有 NaCl(氯化钠)、$NaNO_3$(硝酸钠)、$NaClO_3$(氯酸钠)三种电解液。NaCl 电解液价廉、电流效率高，并在相当宽的范围内不随浓度和温度的变化而变化，加工过程消耗量也少；因其杂散电流腐蚀较大，所以成形精度较低。$NaNO_3$、$NaClO_3$ 经济性差，生产效率较低，但加工精度较高。使用时应根据不同的模具材料和工艺要求选择不同的电解液。

当加工精度要求不高的锻模及零件时选择 NaCl 电解液，反之则选择 $NaNO_3$ 和 $NaClO_3$ 电解液。

2) 工具电极的设计与制造

(1) 电极材料。电解加工的电极材料应具备电阻小，有耐液压的刚性，耐腐蚀性好，机械加工性好，导热性好和熔点高等条件。满足这些条件的材料主要有黄铜、紫铜和不锈钢等。

(2) 电极尺寸确定。设计电极时，一般是先根据被加工型腔尺寸和加工间隙确定电极尺寸，再通过工艺试验对电极尺寸、形状加以修正，以保证电解精度。

在电解加工中,当工作电压和进给速度恒定时,随着工具电极的不断进给,型腔底面的加工间隙逐渐趋于一稳定的数值 Δ_b,称 Δ_b 为平衡间隙。其值按下式计算:

$$\Delta_b = \frac{\eta \omega \gamma U_R}{10 v_c}$$

式中: Δ_b——电解加工平衡间隙,单位为 mm;

η——电流效率;

ω——被电解物质的体积电化当量,单位为 $mm^3 \cdot A^{-1} \cdot min^{-1}$;

γ——电解液的电导率,单位为 $\Omega^{-1} \cdot mm^{-1}$;

U_R——电解液的电压降,单位为 V;

v_c——电极的进给速度,mm/min。

表 4-6 列出了一些常见金属的电化当量。对于多元素合金,可以按元素含量的比例折算或由试验确定。

表 4-6 常见金属的电化当量和体积电化当量

金 属	密 度 $\rho/(g \cdot cm^{-3})$	原子价	电化当量 $K/(g \cdot C^{-1})$	体积电化当量 $\omega/(mm^3 \cdot A^{-1} \cdot min^{-1})$
铁	7.869	2	0.2893×10^{-3}	2.206
		3	0.1929×10^{-3}	1.471
铜	8.92	1	0.6585×10^{-3}	4.429
		2	0.3292×10^{-3}	2.215
镍	8.902	2	0.3042×10^{-3}	2.05
		3	0.2028×10^{-3}	1.366
铬	7.188	3	0.1796×10^{-3}	1.499
		6	0.898×10^{-4}	0.749
铝	2.70	3	0.9327×10^{-4}	2.073
钼	10.218	3	0.3316×10^{-3}	1.947
钒	6.11	3	0.176×10^{-3}	1.728
		5	0.1056×10^{-3}	1.037
锰	7.3	2	0.2847×10^{-3}	2.339
		3	0.1898×10^{-3}	1.559

由上式计算出底平面平衡间隙后,电解加工的侧面间隙 Δ_s 和法向间隙 Δ_n(如图 4-17 所示)可分别按以下公式进行计算:

侧面不绝缘

$$\Delta_s = \Delta_b \sqrt{\frac{2s}{\Delta_b} + 1}$$

侧面绝缘

$$\Delta_s = \Delta_b \sqrt{\frac{2h}{\Delta_b} + 1}$$

法向间隙
$$\Delta_n = \frac{\Delta_b}{\cos\theta}$$

式中：s——加工的进给深度，单位为 mm；

h——阴极侧面露出高度，单位为 mm；

θ——型腔的倾斜角度，单位为 rad。

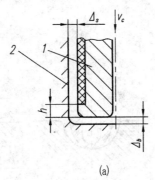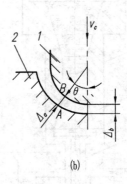

(a)   (b)

1－工具电极；2－工件

图 4-17　电解加工的间隙

在图 4-17(a)所示加工条件下，按型腔尺寸减去相应的 Δ_b 和 Δ_s 即为电极尺寸。当加工图 4-17(b)所示圆弧时，可沿圆弧长度分别取点 A_1，A_2，…，A_n，依次计算出相应的法向间隙 Δ_{n1}，Δ_{n2}，…，Δ_{nn}，与该点圆弧半径相减即得工具电极上相应点 B_1，B_2，…，B_n 的尺寸。将这些点用平滑曲线连接起来即得到工具电极的形状。在以上计算中只考虑了电极和被加工表面间的几何关系，而未考虑电场和流场(电解液流动规律)的影响，所以计算是近似的，当 $\theta > 45°$ 时，计算的误差更大。为了保证型腔的加工精度，还要通过工艺实验对工具电极的形状进行修正。

(3) 电极制造。电极的制造主要采用机械加工。对三维曲面可采用仿形铣、数控铣和反拷贝法(电解加工)制作。反拷贝法是预先准备好基准模型，以基准模型作电极，用电解加工法制作工具电极，然后再用这个工具电极加工模具。为保证电极的加工精度，选用 $NaNO_3$ 作电解液。

3. 混气电解加工

混气电解加工是将具有一定压力的气体与电解液混合后，再送入加工区进行电解加工，如图 4-18 所示。压缩空气经喷嘴引入气、液混合腔(包括引入部、混合部及扩散部)，与电解液强烈搅拌成细小气泡，成为均匀的气、液混合物，经工具电极进入加工区域。

由于气体不导电，而且气体的体积会随着压力的改变而改变，因此，在压力高的地方，气泡的体积小，电阻率低，电解作用强；在压力低的地方，气泡体积大，电阻率高，电解作用弱。混气电解液的这种电阻特性，可使加工区域的某些部位当间隙达到一定值时，电解作用趋于停止(这时的间隙值称为切断间隙)。所以，混气电解加工的型腔侧面间隙小而均匀，使加工电极的形状较接近型腔，使电极的设计、制造简化，易保证较高的成形精度。图 4-19 所示是两种加工的成形效果比较。

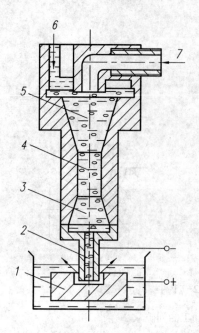

1—工件；2—工具电极；3—扩散部；4—混合部；
5—引入部；6—电解液入口；7—气源入口

图 4-18　混气电解加工

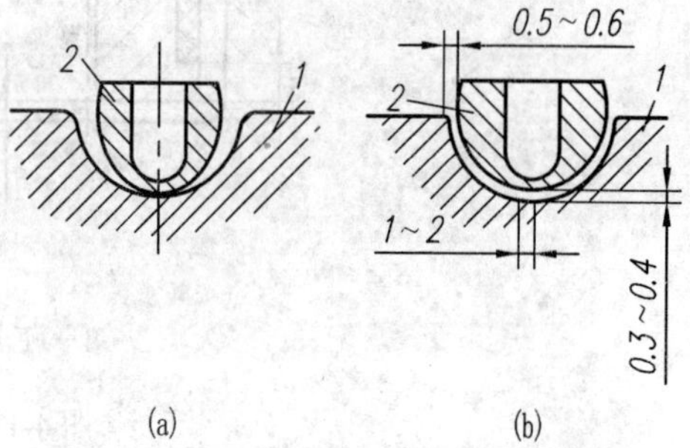

1—工件；2—工具电极

图 4-19　混气电解加工成形效果比较

(a) 不混气；(b) 混气；

因气体的密度和粘度远小于液体，混气后的密度和粘度降低，能使电解液在较低的压力下达到较高的流速，从而降低了对工艺设备的刚度要求；由于气体强烈的搅拌作用，还能驱散粘附在电极表面的惰性离子。同时，使加工区内的流场分布均匀，消除"死水区"，使加工稳定。

4. 电解磨削

电解磨削是电解加工和磨削相结合的一种复合加工工艺。它能获得比电解加工更高的加工精度和小的表面粗糙度，生产效率则高于磨削加工。

1) 电解磨削的基本原理和特点

图 4-20 所示为电解磨削的原理图。工件接直流电源的正极，导电砂轮接负极。导电砂轮和工件表面之间除凸出的磨粒(不导电)接触外，尚有极微小的间隙存在，该间隙即为电解间隙。当电解间隙中注入电解液并有直流电流通过时，工件(阳极)表面便发生电化学阳极溶解，同时在表面生成一层极薄的氧化物(或氢氧化物)薄膜，称为阳极钝化膜。这层钝化膜具有较高的电阻，使金属的阳极溶解过程减慢。由于导电砂轮磨粒的切削作用，将这层阳极钝化膜去除，并由电解液带走，使工件又露出新的金属表面，又使阳极表面重新活化。这样，在电解和磨削的综合作用下工件表面钝化、活化不断交替地进行，直至将工件磨削到一定的尺寸和表面粗糙度为止。

在电解磨削过程中，工件加工余量的大部分(95%～98%)由电解作用去除，小部分(2%～5%)由磨粒切除。磨粒的主要作用是去除阳极钝化膜和平整工件表面。

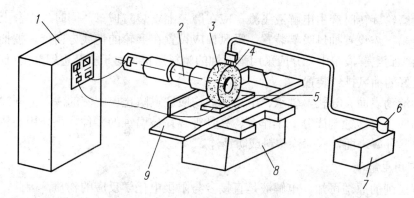

1—直流电源；2—绝缘主轴；3—导电砂轮；4—电解液喷嘴；5—工件；
6—电解液泵；7—电解液箱；8—机床本体；9—工作台

图 4-20　电解磨削原理图

与一般磨削相比，电解磨削具有如下特点：

(1) 加工范围广，加工效率高，可以加工高硬度、高韧性的金属材料(如硬质合金、不锈钢、耐热合金等)。与用普通的金刚石砂轮磨削相比，用电解磨削加工硬质合金，其效率可提高 3～5 倍。

(2) 磨削后的表面质量高。因电解磨削由磨粒切除的金属量很少，因而磨削力和磨削热很小，不会产生毛刺、裂纹、烧伤等缺陷。表面粗糙度 $R_a \leqslant 0.16\ \mu m$。

(3) 磨削精度高。随着电解磨削工艺的发展，现已采用既能电解磨削又能单独磨削的导电砂轮，在电解磨削后切断直流电源进行纯机械磨削，能获得与机械磨削相同的加工精度。

(4) 砂轮损耗小。由于电解磨削主要靠电解作用去除金属材料，磨粒的切削负荷极小，因此砂轮的损耗小，寿命长。

但是，电解加工需要的辅助设备较多，设备投资较高。有时要使用具有腐蚀性的电解液，磨削中会产生电解液雾沫和有刺激性的气体，所以应采用相应的防护性措施。

2) 电解磨床

电解磨床由直流电源、机床和电液系统三部分组成。根据用途不同机床有多种类型，如电解平面、内圆、外圆和成形磨床等。无论哪种电解磨床，其机械结构与普通磨床基本相同，但还需要有直流电源、电解液和绝缘、防腐蚀等方面的装置和要求。在无专用电解磨床时，可用普通磨床进行改装。

电解磨削所用直流电源，一般采用硅整流器或可控硅整流器。电源电压一般为 0～20 V，电流容量可按磨轮与工件最大接触面积和电流密度确定(一般可按 40～50 A/cm² 的电流密度计算)。电源必须能无级调压，具有过电流保护和稳压装置。

在电解磨削过程中为了使直流电流集中通过磨轮与工件的接触表面，防止漏电和确保操作上的安全，主轴、工件必须与床身绝缘。在实际应用中有单极绝缘(工件或磨轮与机床床身绝缘)和双极绝缘(工件和磨轮分别与机床床身绝缘)两种形式。从绝缘性能的安全可靠考虑，应尽可能采用双极绝缘。

电解液有一定的腐蚀性，特别是电解液中含有氯化钠成分的情况下更显著，因此必须从机床结构和材料等方面考虑，采取适当的防腐措施。

为防止磨轮旋转时产生电解液飞溅，应在磨轮上安装防护罩，同时工作台上应装置有机玻璃密封箱。需设置抽风吸雾装置，吸风口应设置在磨轮的切线方向处，被抽吸的电解液雾沫应回收到电解液箱中，并应采用耐腐蚀的塑料风机。对于安装电解磨削机床的车间，也应具有良好的抽风排气装置。

机床的滑动表面、导轨、轴承、电动机等均应注意防止电解液的渗入。同时，机床使用的润滑油应含有缓蚀剂成分。工作台、夹具等容易被腐蚀的零件，可采用不锈钢等耐腐蚀材料。一些外露表面，应喷涂塑料或防锈漆。

3) 磨削用电解液

由电解磨削的原理可知，电解液是直接参与阳极电化学反应的物质，因此，电解液的选择对电解磨削的生产率、加工精度和表面质量等都有很大影响。有关资料所介绍的电解液种类较多，性质各异，以下是两种电解液成分。

磨削硬质合金电解液成分：

$NaNO_2$(亚硝酸钠) 9.6%，$NaNO_3$ 0.3%，Na_2HPO_4(磷酸氢二钠) 0.3%，

$K_2Cr_2O_7$(重铬酸钾) 0.1%，$C_3H_5(OH)_3$(丙三醇) 0.05%，其余 H_2O

硬质合金与钢焊接在一起同时磨削的电解液成分：

$NaNO_2$ 5%，Na_2HPO_4 1.5%，KNO_3 0.3%，$Na_2B_4O_7$(硼酸钠) 0.3%，其余 H_2O

磨削不同材料的工件需使用不同成分的电解液，合适的电解液成分往往通过试验加以确定。在实际生产过程中希望电解液具备以下特性：

(1) 对工件材料的各种成分能产生电化学溶解或生成阳极氧化膜；

(2) 具有较高的电导率；

(3) 腐蚀性小；

(4) 能溶解反应生成物；

(5) 不影响人体健康；

(6) 使用寿命长，价格便宜。

4) 导电砂轮

导电砂轮既是电解作用的阴极，又要刮除工件表面的钝化膜，并与工件保持一定的电解间隙。它对提高生产率和加工精度、减小表面粗糙度有直接影响。导电砂轮应具备良好的导电性能和足够的强度，同时要求砂轮易于修整，使用寿命长，价格低廉。导电砂轮可以采用铜、树脂、石墨作结合剂，以人造金刚石、氧化铝、碳化硅为磨料制成。

由于金属结合剂砂轮可以进行反极性处理(进行反极性处理时砂轮接直流电源的阳极，工件接阴极，砂轮慢慢转动，把砂轮的导电基体均匀电解，露出磨料的颗粒)，因此可获得均匀的电解间隙。特别是金属结合剂的人造金刚石砂轮，磨粒形状规则，硬度高，所以这种砂轮不仅磨削效率高，而且使用寿命长。

用普通的氧化铝或碳化硅砂轮经化学镀银或将银粉、铜粉混合于液体树脂中，采用加压或抽真空的办法使其渗透到砂轮的气孔中，经干燥处理(称为导电处理)后作导电砂轮，能获得良好的导电性能和磨削能力。用于导电处理的砂轮粒度为 80#～180#，气孔尺寸约为0.1～0.3 mm，气孔率为 50%左右。

石墨结合剂的砂轮可用车刀修整成任何形状，但磨削效率低，磨削精度差，砂轮使用寿命短，多用于成形磨削的粗加工。

5) 电解磨削的主要工艺参数

在电解磨削过程中，影响生产率、加工精度和表面粗糙度的工艺因素较多，其中主要有：

(1) 电参数。电解磨削的主要参数是工作电压和电流密度。电流密度是影响生产率的主要因素，一般，生产率随电流密度的增大而按比例上升。因此，要提高生产率，应在加工要求允许的条件下采用尽可能大的电流密度。当电解液的电阻率和电解间隙一定时，升高工作电压是提高电流密度的主要方法。但工作电压过高容易引起火花放电或电弧放电，使表面质量恶化。一般粗加工时工作电压约为 $10 \sim 20$ V，精加工时为 $5 \sim 15$ V。一般电流密度为 $30 \sim 50$ A/cm^2，较高可达 100 A/cm^2 左右。

(2) 磨轮(阴极)与工件间的导电面积。当电流密度一定时，通过的电量与导电面积成正比。砂轮和工件的接触面积愈大，通过的电量愈多，生产率就愈高。因此，应尽可能增加两极之间的导电面积。

磨削外圆时工件与砂轮之间的接触面积较小，为增大导电面积，可采用"中极法"进行磨削。图 4-21 所示为中极法电解磨削的原理图。由图可见，在普通砂轮之外再附加一个中间电极作为阴极，工件接阳极，砂轮不导电，电解作用在中间电极和工件之间进行，砂轮只起刮除钝化膜的作用，从而使导电面积增大，生产率提高。如果利用带孔的中间电极往工件表面喷射电解液，则生产率更高。但采用中极法磨削外圆时，对不同直径的工件需要制造不同的电极。

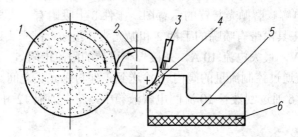

1—普通砂轮；2—工件；3—电解液喷嘴；4—钝化膜；5—中间电极；6—绝缘层

图 4-21　中极法电解磨削

(3) 电解间隙。具有导电性能的砂轮结合剂是电解磨削的阴极，加工时凸出于结合剂之外的磨粒和工件相接触，工件表面和砂轮结合剂之间的间隙 δ 即为电解间隙，它等于磨粒凸出的高度，如图 4-22 所示。在磨削时，若 δ 大，则电流密度变小，生产率降低；若 δ 过小，则易发生短路使阳极(工件)表面烧伤，加工质量恶化。一般 $\delta = 0.01 \sim 0.1$ mm，精加工时 δ 较小($0.01 \sim 0.05$ mm)，相应的工作电压也较低，以提高加工精度。为了得到一定的电解间隙 δ，对金属结合剂砂轮可采用反极性处理来获得。

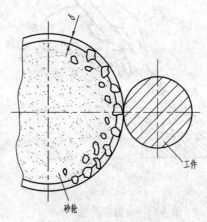

图 4-22　电解磨削的电解间隙

(4) 磨削压力。磨削压力大，工作台运动速度快，均可提高生产率。但磨削压力愈大，将使磨料易于磨损或脱落而减小了加工间隙，影响电解液的输入，导致火花放电或发生短路现象，反而使生产率和加工质量下降。通常磨削压力为 0.1～0.3 MPa。

(5) 磨轮转速。增加磨轮转速，可使电解间隙中的电解液供应充分和迅速更换，使电流密度增大，磨削作用增强，从而可提高生产率。但转速超过某一限度后，由于离心力增大，磨轮表面不能保持足够的电解液，反而使电流密度减小，生产率降低。一般磨轮线速度为 20～30 m/min。

(6) 电解液供给量。电解液按工件材料的性质选择，应保证流量充分，均匀注入电解间隙。流量过大，虽然生产率高，但加工精度不易控制。特别是工件的尖棱部分易形成圆角，流量过小或供应不均匀时，则易产生火花放电而影响加工质量。一般流量为(1～6) L/min。

电解磨削时还应对非加工表面(特别是有精度要求的)采取保护措施。

5. 电解修磨抛光

电解修磨抛光是在抛光工件和抛光工具之间施以直流电压，利用通电后工件(阳极)与抛光工具(阴极)在电解液中发生的阳极溶解和抛光工具上磨粒的刮削作用来进行抛光的一种工艺方法，其机理与电解磨削相类似。

电解修磨抛光工具可采用导电油石制造。这种油石以树脂作粘结剂与石墨和磨料(碳化硅或氧化铝)混合压制而成。为获得较好的加工效果，应将导电油石修整成与加工表面相似的形状，如图 4-23 所示。

图 4-24 所示为电解修磨抛光装置的示意图。工件 8 上吸附有一块与直流电源正极相连的永久磁铁 7，抛光工具由带有喷嘴的手柄 2 和抛光头 3 组成，抛光头连接负极。直流电源 4 输出电压为 0～24 V，最大电流 10 A，外接一个可调的限流电阻 5。离心式水泵 13 将电解液箱 9 内的电解液通过控制流量的阀门 1 输送到工件与抛光头之间。电解液可将电蚀产物冲走，并从工作槽 6 通过回液管 10 流回电解液箱中，箱中隔板 12 和过滤器 14 将电解液过滤。

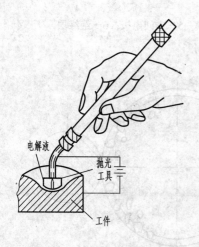

图 4-23　电解修磨抛光

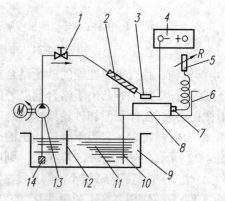

1—阀门；2—手柄；3—抛光头；4—直流电源；5—电阻；
6—工作槽；7—磁铁；8—工件；9—电解液箱；10—回液管；
11—电解液；12—隔板；13—泵；14—过滤器

图 4-24　电解修磨装置示意图

加工时，握住手柄(见图 4-23)，使抛光头在被加工表面上慢慢滑动，并稍加压力。由于抛光头表面上有凸出的磨粒，因此防止了两极直接接触发生短路。当电解液及电流在两极间通过时，工件表面发生电化学溶解并生成很薄的氧化膜。这层氧化膜被移动的抛光头上的磨粒刮除，使工件露出新的金属表面，并继续被电解。刮除氧化膜和电解作用如此交替进行，达到抛光表面的目的。

电解液常采用每立升水溶入 NaNO$_3$ 150 g，NaClO$_3$ 50 g 制成。

电解修磨抛光有以下特点：

(1) 电解修磨抛光不会使工件产生热变形或应力。

(2) 工件硬度不影响加工速度。

(3) 对型腔中用一般方法难以修磨的部位及形状(如深槽、窄缝及不规则圆弧等)，可采用相应形状的修磨工具进行加工，操作方便、灵活。

(4) 修磨抛光后，模具表面粗糙度一般为 R_a=6.3~3.2 μm，对粗糙度指标小于上述范围的表面再采用其它方法加工则较容易达到。

(5) 装置简单，工作电压低，电解液无毒，生产安全。

4.3　型腔的挤压成形技术

模具型腔的挤压成形有冷挤压、热挤压和超塑成形等方法。

4.3.1　冷挤压成形

型腔冷挤压成形是在常温下利用安装在压力机上的工艺凸模，以一定的压力和速度挤压模坯金属，使其产生塑性变形而形成具有一定几何形状和尺寸的模具型腔。该方法具有制造周期短，生产效率高，型腔精度高，模具寿命长等优点，但变形抗力大，需要大吨位的压力机。型腔冷挤压成形技术广泛应用于小尺寸浅型腔模具及难于机械加工的复杂型腔模具的制造，同时还可以用于有文字、花纹的模具及多型腔模具的加工。

1. 冷挤压方式

型腔的冷挤压方式有两种：开式挤压和闭式挤压。

1) 开式挤压

开式挤压如图 4-25 所示，将一定形状的模坯放在工艺凸模下加压，模坯金属的流动方向不受限制。这种方法比较简便，成形的压力较小。由于毛坯受挤压面有向下凹陷的现象，因此挤压成形后还需进行机械加工。开式挤压模坯易开裂，一般只宜加工精度不高或深度较浅的型腔。

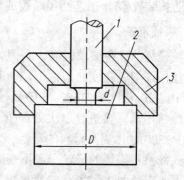

1—工艺凸模；2—模坯；3—导套

图 4-25　开式冷挤压示意图

2) 闭式挤压

闭式挤压是将模坯放在挤压模套内挤压,如图 4-26 所示。在工艺凸模向下挤压的过程中,由于受到模套的限制,模坯金属产生塑性变形时只能向上流动,这就保证了模坯金属与工艺凸模的吻合。因此型腔轮廓清晰,尺寸精度较高,表面粗糙度可达 $R_a=0.42\sim0.08\ \mu m$。但需要的挤压力较开式挤压大,模坯顶面产生变形,需机械加工。该方法多用于挤压面积小、型腔较深以及精度要求较高的模具型腔。

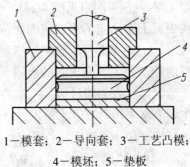

1—模套;2—导向套;3—工艺凸模;
4—模坯;5—垫板
图 4-26　闭式冷挤压示意图

2. 工作压力与设备选择

型腔冷挤压所需的工作压力,与冷挤压方式、模坯材料及其性能、挤压时的润滑情况等许多因素有关,一般采用下列公式计算:

$$F=10^{-6}pA$$

式中:F——冷挤压所需的工作压力,单位为 N;

A——型腔投影面积,单位为 mm^2;

p——单位挤压力,单位为 Pa。单位挤压力的大小与挤压深度有关,具体见表 4-7。

表 4-7　挤压深度与单位挤压力的关系

挤压深度 h/mm	单位压力 p/Pa
5	$(1.65HB-45)\times10^7$
10	$1.65HB\times10^7$
15	$(1.65HB+25)\times10^7$

注:HB——布氏硬度。

由于型腔冷挤压所需的工作运动简单,行程短,挤压工具和坯料体积小,单位挤压力大,挤压速度低,因此冷挤压一般选用构造不太复杂的小型专用油压机作为挤压设备。要求油压机刚性好、活塞运动时导向准确;工作平稳,能方便观察挤压情况和反映挤入深度;有安全防护装置(防止工艺凸模断裂或坯料崩裂时飞出)。

3. 模坯准备

型腔模坯的准备要求较高,是因为材料的化学成分、组织和力学性能对挤压力有很大影响。在保证型腔强度的条件下,一般尽量选用含碳量较低的钢材或有色金属及其合金材料,如 10、20、20Cr、T8A、T10A、4Cr2W8V 与铝及铝合金、铜及铜合金等作型腔材料。模坯在冷挤压前,要进行退火处理(低碳钢完全退火至 HBS100~160,中碳钢球化退火至 HBS160~200),以提高材料的塑性、降低强度,从而减小挤压时的变形抗力。

开式冷挤压模坯的形状一般不受限制。闭式冷挤压时模坯应与模套配合,模坯轮廓直径可取型腔直径的 2~2.5 倍,高度为型腔深度的 2.5~4 倍。

冷挤压成形较深的型腔时,为了减小挤压力,可在模坯上开减荷穴,如图 4-27 所示。图中减荷穴的尺寸:$d_1=(0.6\sim0.7)d$,$h_1=0.7h$,$R\geqslant2\ mm$,$r=1.5\sim2\ mm$,$\alpha=4°\sim8°$。如

型腔底部有文字或图案时，应将模坯做成凸起的端面(见图 4-28(a))，或挤压时在模坯下面用凸垫反顶成形(见图 4-28(b))。

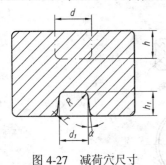

图 4-27　减荷穴尺寸

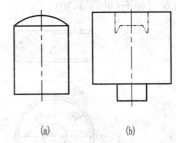

图 4-28　有文字或图案的模坯
(a) 端面有凸起的模坯；(b) 用凸垫反顶成形的模坯

4. 工艺凸模和模套

1) 工艺凸模

冷挤压工艺凸模在挤压过程中受到很大的工作压力，当凸模压入模坯后，其表面与模坯材料之间产生剧烈的摩擦。因此要求工艺凸模必须要有足够的强度、硬度、韧性和耐磨性。为了减少挤压时的摩擦阻力及避免使模坯材料粘附在凸模上，成形过程中常用硫酸铜或二硫化钼等润滑剂涂在凸模和模坯上。对于形状简单的工艺凸模，材料可选 T8A、T10A；对于形状复杂的工艺凸模，材料可选 9CrSi、Cr12、Cr12MoV、CrWMn。工艺凸模经热处理后，硬度为 HRC60～64。硬度过低会造成型腔轮廓不清晰，过高则易使凸模崩裂。

工艺凸模的基本结构如图 4-29 所示，分为工作部分(L_1)、导向部分(L_2)以及过渡部分。型腔的精度取决于工艺凸模工作部分的精度，该处的精度要比型腔的精度高 1～2 级，表面粗糙度 $R_a = 0.32～0.08\ \mu m$。一般将工艺凸模工作部分的长度设计为型腔深度的 1.1～1.4 倍。为便于模坯金属的塑性流动，工艺凸模的工作部分应尽量避免出现尖角或棱边，圆角半径 r 应大于 0.2 mm；端面不宜采用单面大斜度结构，以免产生侧向压力过大而引起凸模折断。为了减少应力集中，工艺凸模的过渡部分应圆滑过渡，一般取 $R \geqslant 5$ mm。导向部分应与导向套精密配合，以提高导向精度。工艺凸模顶端的螺纹孔，是为了方便挤压后取出凸模。

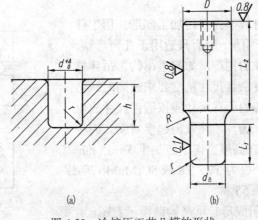

图 4-29　冷挤压工艺凸模的形状
(a) 型腔；(b) 工艺凸模

2) 模套

模套的作用是限制金属的流动方向以提高材料的塑性和成形精度。模套的结构有两种：单层模套和双层模套(见图4-30)。

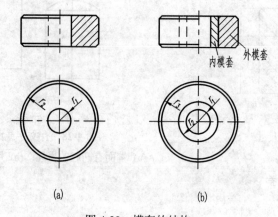

图 4-30 模套的结构

(a) 单层模套；(b) 双层模套

实验证明，单层模套的外径、内径之比越大，强度越高。但当 $r_2/r_1 > 4$ 时，即使再增加 r_2，强度改变已不太明显，因此实际应用中常取 $r_2 = (4 \sim 6) \, r_1$。单层模套的材料一般选用中碳钢、合金钢或工具钢，热处理硬度 HRC44～48。双层模套内套的材料选用、热处理与单层模套相同；外套的材料可选 Q245 钢或 45 钢。内套压入到外套后因受外套的预压力，具有比同尺寸单层模套更高的承载能力。

4.3.2　热挤压成形

热挤压成形又称为热反印法，是将模坯加热到锻造温度后，用预先准备好的模芯压入模坯而挤压出型腔的方法。热挤压成形模具制造方法简单，周期短，成本低，所形成的型腔内部纤维连续、组织细密，因而耐磨性好，强度高，使用寿命长。但由于模坯加热温度高，尺寸难以掌握，易出现氧化等缺陷。所以，热挤压成形技术常用于尺寸精度要求不高的锻模制造。

模芯可以用工件本身或事先专门加工制造。用工件作模芯时，由于未考虑冷缩量，因而只适用于几何形状、尺寸精度要求不高的锻件的生产，如起重吊钩、吊环螺钉等产品。当工件形状复杂且尺寸精度要求较高时，必须设计、制造模芯。模芯的所有尺寸应按锻件尺寸放出收缩量，一般取 1.5%～2.0%，并做出起模斜度。因考虑到分模面的后续加工,在高度方向上应加上 5～15 mm 的加工余量。模芯材料一般为 T7、T8 或 5CrMnMo 等，热处理硬度达到 HRC50～55。

图 4-31 所示为热挤压成形起重吊钩锻模示意图。用吊钩本身做模芯，先用砂轮打磨表面后涂上润滑剂，放

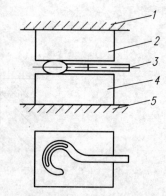

1—上砧；2—上模坯；3—模芯；

4—下模坯；5—下砧

图 4-31　热挤压成形吊钩锻模示意图

在加热好的上、下模坯之间，施加压力挤压出型腔。其工艺过程如图 4-32 所示。

图 4-32　热挤压制造模具的工艺过程

4.3.3　超塑成形

1. 模具超塑成形的特点

某些金属材料在特定的条件下具有特别好的塑性，其伸长率 δ 可达到 100%～2000%，甚至更高，这种现象称为超塑性。

在超塑性状态下，材料所允许的变形极大而且均匀，可以成形形状复杂的零件而不会产生加工硬化。超塑成形的模具型腔或型芯基本没有残余应力，尺寸精度高，稳定性高，材料的变形抗力小，与冷挤压相比，可极大地降低工作压力。利用超塑成形技术制造模具从设计到加工都得到简化，材料消耗减少，可使模具成本降低。

2. 常用的超塑性材料及其性能

凡伸长率 δ 超过 100% 的材料称为超塑性材料。到目前为止，共发现了一百多种超塑性金属，大部分已经在工业上得到应用，其中以有色金属为主，如 ZnAl22。

常用于模具制造的超塑性金属 ZnAl22，其主要成分与性能见表 4-8。

表 4-8　ZnAl22 的主要成分和性能

主要成分×100%				性　能								
				熔点	密度	在 250℃时		恢复正常温度时			强化处理后		
ω_{Al}	ω_{Cu}	ω_{Mg}	ω_{Zn}	$\theta/℃$	$/g \cdot cm^{-3}$	σ_b/Pa	$\delta×100$	σ_b/Pa	$\delta×100$	HB	σ_b/Pa	$\delta×100$	HB
20～24	0.4～1	0.001～0.1	余量	420～500	5.4	$0.86×10^7$	5～112	$(30～33)×10^7$	28～33	60～80	$(40～43)×10^7$	7～11	86～112

由表 4-8 可以看出，ZnAl22 是一种锌基中含铝的合金。这种材料在 360℃以上时快速冷却(见图 4-33)，可获得 5 μm 以下的超细晶粒组织；当变形温度处在 250℃时，伸长率 δ 可达 400% 以上，即进入超塑性状态。

材料发生超塑变形的速度和温度有一定的范围。一般来说，当温度超过材料熔点的一半即 0.5θ 时，在一定的温度范围内即具有超塑性。超塑性变形的最佳速度范围为 0.1 mm/min 以下。

经超塑成形后，要进行强化处理(见图 4-34)，以使 ZnAl22 的超塑性消失，并获得较高的力学性能。与常用模具钢相比，ZnAl22 的耐热性能和承载能力较差，所以多用于制造塑料注射模。为增强模具的承载能力，通常在模具的外围套上钢制模框加固。为弥补材料耐热性差的缺陷，可在模具的浇口与流道处用钢制镶块嵌套。

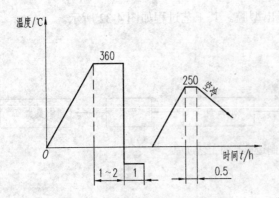
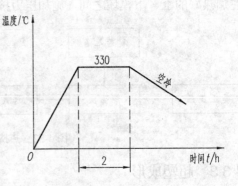

图 4-33 ZnAl22 超塑性处理工艺   图 4-34 ZnAl22 强化处理工艺

3. 型腔的超塑成形工艺

超塑成形加工型腔是用预先加工好的工艺凸模,在特定的温度及速度范围内对超塑性模坯进行挤压,不仅可以成形型腔,而且还可以用来制造难以机械加工的凸模。

图 4-35 所示是利用 ZnAl22 超塑成形尼龙齿轮型腔的工艺过程。

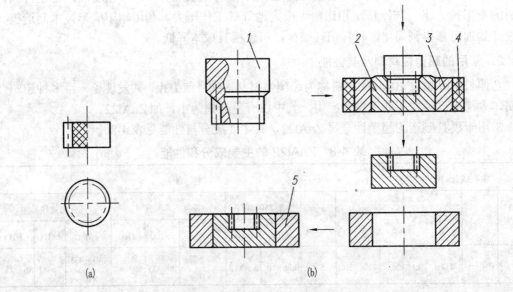

1—工艺凸模;2—模坯;3—防护套;4—电阻式加热圈;5—加固模框

图 4-35 尼龙齿轮型腔的超塑成形过程

(a) 尼龙齿轮;(b) 型腔加工过程

1) 工艺凸模

可以采用中碳钢、低碳钢、工具钢、HPb59—1 等材料制造工艺凸模,一般可不进行热处理。在确定工艺凸模的尺寸时,要考虑模具材料及塑料制件的收缩率,其计算公式如下:

$$d = D[1 - \alpha_{11} \cdot \theta_1 + \alpha_{12}(\theta_1 - \theta_2) + \alpha_{13} \cdot \theta_2]$$

式中:d——工艺凸模的尺寸,单位为 mm;

D——塑料制件尺寸,单位为 mm;

α_{11}——凸模的线(膨)胀系数，单位为℃$^{-1}$；

α_{12}——ZnAl22 的线(膨)胀系数，单位为℃$^{-1}$；

α_{13}——塑料的线(膨)胀系数，单位为℃$^{-1}$；

θ_1——挤压温度，单位为℃；

θ_2——塑料注射温度，单位为℃。

α_{12} 可在 0.004～0.006 的范围内选取，α_{11}、α_{13} 可按照工艺凸模及塑料类别从有关手册查得。

2) 模坯准备

一般情况下，ZnAl22 在出厂前就已经进行了超塑性处理。因此，在准备模坯时只需选择合适的材料规格，按体积不变原理根据型腔尺寸计算得出，注意要适当地留出切削加工余量。如果原材料的规格不能满足要求，则可将 ZnAl22 经等温锻造成所需的形状，在特殊情况下可采用铸造方式来获得合适的模坯。但经过锻造或铸造之后的 ZnAl22 不再具有超塑性，必须再次进行超塑性处理。

3) 防护套

进入超塑性状态的 ZnAl22 屈服极限低，伸长率高，挤压加工时金属材料因受力会发生自由的塑性流动而影响成形精度。因此，为了获得理想的形状，ZnAl22 的超塑成形通常是在防护套中进行的，如图 4-36 所示。在防护套的作用下，材料沿与凸模压入方向相反的方向流动，且流动时与防护套内壁紧密贴合，从而提高了型腔的尺寸精度。

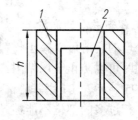
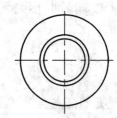

1—防护套；2—坯料

图 4-36 超塑成形防护套

防护套内壁尺寸由型腔的外形尺寸决定，可比坯料尺寸大 0.1～0.2 mm，表面粗糙度 R_a＜0.8 μm。防护套壁厚一般不得小于 25 mm，高度应略高于坯料的厚度。当防护套高度大于 10 mm 时，其内壁应加工出 20′～1.5°的拔模斜度。

防护套的材料一般采用普通结构钢，热处理硬度在 HRC42 以上。

4) 超塑成形的设备

超塑成形的设备可用普通液压机进行改造。现有液压机如 Y32、Y71 系列就基本能满足超塑成形的要求，只是工作速度太快。采用调速电动机结合改变液压泵的流量，可实现减速目的。

ZnAl22 的超塑性变形应在一定的温度下进行，因此在挤压成形时，设备需要有加热保温装置。图 4-37 采用电阻炉作为加热装置，用来维持超塑成形所需的温度。隔热板常采用酚醛布胶布或环氧布胶板等材料。成形加工时一般不设计导柱、导套，而是通过模口直接导向，其目的是为了减小因模具各部位受热不均匀给成形精度带来的影响。由于处于超塑性状态的材料变形抗力小，极易变形，因此不宜直接用顶杆顶出，应使用面积较大的顶板，必要时可降低温度后再顶出脱模。

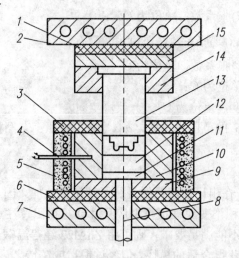

1、3、6—隔热板；2、7—水冷板；4—热电偶；5—加热炉；8—顶杆；9—下垫板；
10—防护套；11—顶板；12—模坯；13—凸模；14—固定板；15—上垫板

图 4-37　超塑成形模具及加热装置原理图

5) 超塑成形的润滑

合理的润滑可以减小材料超塑变形时与工艺凸模的摩擦阻力，降低挤压成形的工作压力。同时可以防止金属粘附，易于脱模，以获得理想的型腔尺寸和表面粗糙度。常用润滑剂有 295 硅脂、201 甲基硅油、硬脂酸锌等。使用时要均匀涂抹，用量不要太多，否则在润滑剂堆积过多的部位不能被超塑性材料充满，影响型腔精度。对于模具钢，其超塑成形温度高，上述润滑剂均不能满足要求，应采用熔融玻璃剂润滑。

4.4　铸造成形技术

铸造是将液态金属浇注到铸型内，待其冷却凝固后获得与铸型型腔形状、尺寸一致的工件。这种方法可以比较容易地制成形状复杂、特别是具有复杂内腔的零件或毛坯。铸造成形的特点是切削加工工作量少，制作周期短，投资小，成本低廉，铸造用原材料十分广泛，如钢、铸铁、有色金属等均可采用铸造成形；但铸件在成形过程中较难精确控制，其内部化学成分与结构组织经常不均匀，晶粒粗大，内部易产生气孔、缩松、砂眼等铸造缺陷，力学性能不如锻件高，劳动强度大。

4.4.1　锌合金模具的制造

锌合金是以高纯度(99.99％)锌为基体的锌、铜、铝三元合金，含有少量的镁，又称锌基合金。用锌合金材料制造的模具称为锌合金模具。由于锌合金熔点低(380℃)，铸造性能好，并具有一定的强度，因此锌合金模具常用铸造成形。目前，锌合金模具已广泛应用于生产批量较小的产品，特别是在新产品的试制、老产品的改型中优势明显。

但锌合金冷却时收缩率较大，锌合金材料的强度、硬度较低，使锌合金模具的尺寸精度和使用寿命都受到影响。

1. 模具用锌合金的性能

为了提高锌合金模具的强度、硬度和耐磨性，锌合金中各元素的含量要适当。模具用锌合金材料的主要成分参见表4-9。

表4-9　模具用锌合金各主要元素的含量

合金元素	ω_{Zn}	ω_{Cu}	ω_{Al}	ω_{Mg}
百分含量×100%	92～93	3.0～3.5	4.0～4.2	0.03～0.05

由表中可以看出，锌是锌合金的主要组成成分，其性能与低碳钢近似，但在常温状态下呈脆性；加入铜元素后会使合金的硬度、强度和耐磨性增加，但会降低锌合金的塑性与流动性；铝可以提高合金的强度、冲击韧性，抑制脆性化合物的产生，提高合金的流动性和细化晶粒，但铝的含量过高会使合金的耐磨性降低；加入少量的镁，既可有效地抑制晶间腐蚀，又可细化晶粒，提高合金的强度和硬度。

锌合金的熔点为 380℃，浇注温度为 420～450℃。其熔点比锡铋合金的熔点高，属中熔点合金，后者为低熔点合金。

2. 锌合金模具的制造工艺

锌合金模具的铸造方法，按模具的结构、用途及工厂设备条件不同，大致分为三种：砂型铸造、金属型铸造和石膏型铸造。

1) 砂型铸造

利用模型制作砂型，将熔化的锌合金浇注到砂型中以获得凸模或凹模的方法称为砂型铸造。这种方法与普通的铸造方法相似，不同之处在于多采用敞开式铸造。其主要工艺过程如下：

(1) 模型制作。砂型铸造的模型制作包括凸模模型和凹模模型的制作。凸模模型的材料一般选用木材。因考虑到锌合金冷却收缩时所产生的影响，凸模模型的各尺寸应放大，可按下面公式计算：

$$L_模 = (1 + K)L_件$$

式中：$L_模$——模型尺寸，单位为 mm；

$L_件$——零件尺寸，单位为 mm；

K——锌合金的线性收缩率，$K = 1.0\% \sim 1.3\%$。

制作凸模模型的木材要求与普通铸造的模型相同，模型制作完成后，可在表面喷漆、打蜡，以保持光洁。

凹模模型是以凸模模型为标准，用石膏与水搅拌均匀后浇注而成的。图 4-38 为凹模模型制造示意图。根据冲压工艺的要求，凸模与凹模之间应保证一定的间隙，通常是在凸模模型的表面敷贴一层与零件厚度或冲裁间隙一致的敷贴材料，以保证凸模、凹模之间的间隙大小。敷贴材料通常用铅、蜡、耐火泥、小块金属和粘土组合。敷

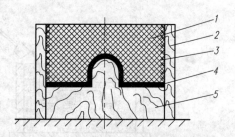

1—石膏凹模模型；2—木框架；3—脱模剂；

4—敷贴层；5—木凸模模型

图 4-38　凹模模型制造示意图

贴层的厚度要均匀一致，敷贴过程中要特别注意转角部位敷贴材料与凸模模型表面的贴紧程度。为了便于凹模模型在浇注后能顺利脱模，常在敷贴层表面喷涂一层脱模剂，如聚苯乙烯与甲苯溶溶。

(2) 砂型制作。利用制作好的凸模模型和凹模模型分别制作砂型(与普通铸造的砂型制作相类似)，如图 4-39、图 4-40 所示。常用的型砂材料有硅砂、粘土砂、红砂等。对于大型模具，可在型砂中混入质量分数 6%～7% 的水玻璃溶液，以增加砂型的强度。为使铸件的表面光滑，可用粒度细小的型砂作面砂。由于锌合金的熔点不高，因此对型砂的透气性、耐火性要求不高。但因锌合金的收缩率较大，因此通常采用敞开式浇注。

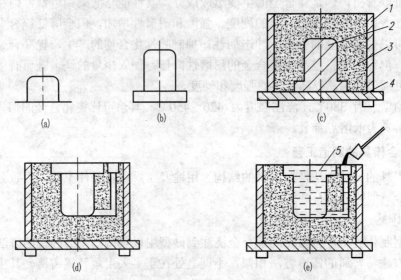

1-砂箱；2-模型；3-型砂；4-垫板；5-凸模

图 4-39　凸模砂型铸造

(a) 拉深件；(b) 模型；(c) 砂箱造型、开浇注系统；(d) 翻箱起模；(e) 浇注

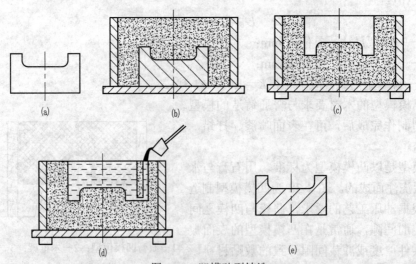

图 4-40　凹模砂型铸造

(a) 凹模模型；(b) 砂箱造型；(c) 翻箱起模；(d) 开浇注系统浇注；(e) 锌合金凹模

(3) 合金熔炼与浇注。模具用锌合金对熔炼设备要求不高，电弧炉、电阻炉、坩埚炉及煤气炉等均可。熔炼器皿通常选用石墨坩埚，熔炼前应将坩埚预热至 500~600℃(呈暗红色)，并加入木炭作覆盖剂(木炭的主要作用是防止氧化、脱氧和保温)。木炭在合金表面燃烧生成还原性气体 CO，在木炭与合金熔液表面形成保护膜。通常木炭层的厚度为 20~40 mm，太薄则降低覆盖效果，木炭块的大小为 10~40 mm。将各合金元素按照铜、铝、锌、镁的顺序和一定的比例依次放入坩埚内，直接进行熔炼。熔炼温度应控制在 500℃ 以下，否则会吸气过多或造成镁的严重烧损，这不仅对合金性能不利，而且还易产生夹渣、气孔等铸造缺陷。在合金熔炼过程中，为了减少液态合金吸气及锌氧化，坩埚应加盖。加入铜后，要用磷铜作脱氧剂。加入的镁、铝均宜在 200~400℃ 温度范围预热 2~4 h。由于镁的密度小，熔点低，必须用钟罩加入。在合金熔炼后期，应进行除气精炼处理，往合金熔液中压入炉料重量 0.1%~0.15% 的氯化锌或四氯乙烷，待沸腾停止后，清除熔渣，静置 5~10 min，即可进行浇注。熔炼时各合金元素都会有一定损耗，损耗量的大小与加入元素总量的百分比，称为熔耗量。不同的合金元素，熔耗量不一样。表 4-10 列出了各元素在熔炼时的熔耗量。

表 4-10　合金各元素的熔耗量

合金元素	熔耗量×100%	合金元素	熔耗量×100%
Zn	1~3	Al	1~1.5
Cu	0.5~1.0	Mg	10~20

锌合金熔点低、热容量大，短时间内的浇注中断不会产生冷隔现象。因此在浇注较厚的模具铸件时，为了控制收缩方向，可用低速甚至中断浇注使铸件侧面先凝固，浇口、冒口后凝固，从而使缩口产生在浇口、冒口处，以便补充收缩。

(4) 铸件冷却。冷却速度与冷却方式对模具的尺寸有很大的影响。锌合金铸造模具冷却凝固后，有可能受铸型的阻碍，产生"阻碍收缩"，或者由于冷却速度不同而造成收缩不均匀，产生内应力，以至产生变形，严重时甚至出现裂纹。这些现象在制模浇注时都需加以控制，应采取适当的措施予以消除，如在铸型中设置冷铁，在型砂中掺加石墨，设置隔热层，埋设水管等用以控制、调节锌合金铸件的冷却速度，减小因冷却收缩产生的内应力。总之，要根据铸件的形状、尺寸采用相应的冷却方式，控制铸件的冷却过程和顺序，以提高锌合金模具的尺寸精度。

2) 金属型铸造

这是一种直接利用金属样件或用加工好的凸模作为铸型铸造模具的方法。常用的金属型铸造方法有：金属凸模作铸型制模法和样件制模法。

(1) 金属凸模作铸型的制模法：凸模材料为钢，用机械加工的方法制造；凹模材料为锌合金，用加工好的凸模为铸型铸造成形。这种方法适用于生产各类中小型形状简单的冲裁模具。

图 4-41 是采用这种方法浇注锌合金落料模的示意图。在铸造之前应做好如下工作：按设计要求加工好凸模，经检验合格后将凸模固定于上模模座上；在下模座上安装好模框，正对凸模下方安放凹模漏料孔型芯；在模框外侧四周填上湿砂并压实，以防止锌合金熔液

泄漏；采用喷灯或氧炔焰将凸模预热到 150～200℃左右，为便于凸、凹模的分开，可在凸模涂上硅脂或硫酸铜等脱模剂。

由于锌合金收缩率较大，凹模上平面部位容易发生塌边，不能获得清晰的轮廓，因此合金的浇注高度应取凹模高度的 1.5 倍，待冷却成形后进行机械加工。

上述浇注方法称为模内浇注法，适用于合金用量在 20 kg 以下的模具浇注。对于合金用量较多的模具，为了消除浇注热量和凸模预热对模架变形的影响，可采用模外浇注(见图 4-42)，即在模架外的平板上单独将凹模(或凸模)浇注成形，然后安装到模架上去。模外浇注工艺简单，操作方便，目前应用广泛。

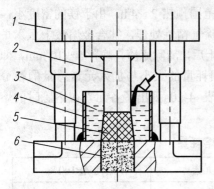

1—模架；2—凸模；3—锌合金；
4—模框；5—漏料孔砂芯；6—干砂

图 4-41 锌合金落料模的铸造

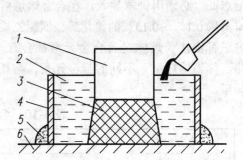

1—凸模；2—锌合金；3—漏料孔砂芯；
4—模框；5—湿砂；6—平台

图 4-42 模外浇注示意图

(2) 样件制模法：是直接用样件为铸型铸造模具的方法。这种方法简便易行，应用广泛，但型面尺寸精度低。

样件是用板料制成的与冲压件形状、尺寸一致的薄壁零件。其制作方法有手工敲制法和冲压件改制法。手工敲制法是用金属(钢、铝、铜等)板料手工敲制而成，这种样件尺寸精度较低，形状不能太复杂，对钣金工的技术水平要求较高。用冲压件进行改制，只需按照工艺要求增加一些补充部分(一般是凸缘)即可，制作简单，样件精度高。图 4-43 所示是利用冲压件改制样件的制模过程。

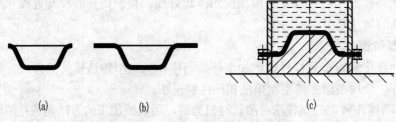

图 4-43 利用冲压件改制样件制模

(a) 冲压件；(b) 改制后的样件；(c) 利用样件浇注

利用样件制作锌合金凸模的铸型，其过程如图 4-44 所示。先做好砂箱，在砂箱内放上一层型砂，将样件放入砂箱内，四周填满型砂并夯实，刮平上表面。在样件内放入一与其周边形状相适应的模芯，四周放入型砂压紧后取出模芯，修整砂型即可进行浇注。

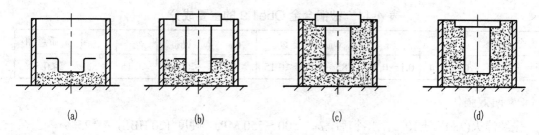

(a)　　　　　　(b)　　　　　　(c)　　　　　　(d)

图 4-44　利用样件制作凸模铸型

金属型制模法常用于冲裁模、压印模的制作。

3) 石膏型铸造

利用样件翻制石膏铸型，浇注锌合金凸模或凹模的方法称为石膏型铸造。石膏铸型制作工艺简单，并具有良好的复制性能，因此这种方法可用于制作花纹细致、轮廓清晰、形状复杂、表面精度与尺寸精度较高的模具。但由于石膏是一种导热性差，吸湿性强，强度低，脆性高的材料，一般只适用于生产小型成形模、塑料模等模具。

石膏型铸造方法的关键是制作石膏铸型，其工艺过程如下：

(1) 配制原料。石膏铸型用石膏为熟石膏粉(水解凝固块)与少量石英、水泥的混合物。加入石英和水泥的目的是为了增强铸型的耐火性与强度。

(2) 混浆。先按一定的比例在容器内加定量的水，将烘干的石膏粉均匀地撒在清水中，使之慢慢自然沉积。待气泡停止放出，用木棒均匀地搅拌成糊状石膏浆。注意石膏浆的稀稠度要适当。

(3) 喷涂脱模剂。在石膏浆浇注之前，应在模型表面及模框内壁涂上脱模剂。常用的脱模剂有甲皂溶液、硬脂酸溶液、变压器油等。

(4) 浇注、脱模、烘干。待石膏浆制成后，应立即浇注入已放置好样件的模框内成形。从混浆到浇注的速度要快，应小于 10 min。这是由于石膏凝固的速度快，浇注时间过长会造成废品。为了增强石膏铸型的强度，大型石膏铸型中可放入铁丝网制成的骨架，以免铸型在脱模或使用过程中碎裂。石膏凝固 20～40 min 后，便可取芯，并经修整自然风干，涂上一层快干清漆放入低温烘干箱内逐渐升温加热，加热温度分为 50℃、100℃、140℃、170℃四个区间，每区间保温 5～10 h，连续烘干 24 h 以上，烘干后缓慢降温冷却。

4.4.2　铍铜合金模具的制造

1. 铍铜的组成与性能

铍铜属于特殊青铜，是一种以铍为主要合金元素的铜合金，又称铍青铜。铜中加入少量的铍，合金的性能将发生很大的变化。经淬火、人工时效后，具有很高的强度(是强度最高的铜合金，可与高强度合金钢相媲美)、硬度、弹性极限及疲劳强度。此外，铍铜还具有较好的铸造性和热加工性，可通过铸造、热挤压、锻造、冲压等工艺制造模具。常用于制造吹塑和注塑模等模具。

工业上用于模具制造的铍铜合金中铍的质量分数 $\omega_{Be}=1.6\%\sim2.5\%$。表 4-11 是铍铜合金 Qbe1.9 的主要成分。

表 4-11　铍铜合金 Qbe1.9 的主要成分

合金元素	ω_{Ni}	ω_{Ti}	ω_{Be}	ω_{Al}	ω_{Fe}	ω_{Pb}	ω_{Si}	ω_{Cu}	杂质总和
质量分数/%	0.2~0.4	0.1~0.25	1.85~2.1	<0.15	<0.15	<0.005	<0.15	余量	<0.5

2. 时效强化

先经淬火(780℃±10℃，水冷)后，σ_b＝500~550 MPa，硬度 120 HBS，δ＝25%~45%；再经冷挤压成形，时效处理(400~450℃，2 h)之后，铍铜合金才具有很高的强度与硬度(σ_b＝1250~1400 MPa，硬度 HBS300~400)。

3. 合金熔炼与铸造工艺

铍是一种有毒金属。铍铜合金熔炼时吸气性很强，且铍、钛在高温下极易被氧化而形成夹杂。熔炼铜合金时，炉气中的气体有氢、氧、氮、一氧化碳、二氧化碳、水蒸气和二氧化硫等多种气体。这些气体能以各种形式与铜熔液发生作用，使合金内部产生气孔，对模具质量产生十分不利的影响。为了降低对模具质量的影响和防止铍化物对人体的危害，一般将铍铜合金置入真空感应炉中进行熔炼，铍以铜铍中间合金形式加入。另外，电渣重熔也有助于降低气孔率和夹杂物质的含量。

铍铜合金铸造成形多采用水冷模无流浇注或半连续浇注，浇注的温度范围在 1120~1160℃之间。为排除合金中的夹杂物质，可在浇注时用专用过滤网进行过滤。如采用金属型铸造，模温不宜过低，以 60~80℃为宜，最高不得超过 120℃，以免冷却过程中产生裂纹。

铍铜合金主要用来制造塑料模。铍铜合金模具具有以下特点：

(1) 导热性好；

(2) 可缩短模具的制造时间；

(3) 热处理后强度均匀；

(4) 耐腐蚀；

(5) 铸造性好，可铸成复杂形状的模具；

(6) 模型精度要求高；

(7) 材料价格高；

(8) 需要用压力铸造技术。

根据上述特点，铍铜合金适于制作制件需要量大、切削加工困难、形状复杂的精密塑料成型模。

图 4-45 是用金属模型浇铸铍铜合金的示意图。其工艺过程如下：

母模制作→压铸箱组装→浇入熔料→对熔料加压→脱模、抛磨处理→切去浇口废料→热处理→装配

铸造模具的精度取决于铸型的加工精度，所以对铸型尺寸、形状及表面粗糙度要求都比较高。模型设计时要考虑脱模斜度、收缩率、加工余量等因素。由于合金熔点较高，一般在 880℃左右，因此模型材料宜选用耐热模具钢(4Cr2W5V)，热处理硬度为 HRC42~47。

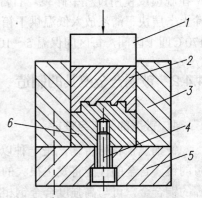

1—加压装置；2—铍铜合金凹模；

3—铸造模框；4—脱模螺钉；

5—垫板；6—母模

图 4-45　铍铜合金示意图

4.4.3 陶瓷型铸造

陶瓷型铸造是在砂型铸造的基础上发展起来的一种铸造工艺。陶瓷型是用质地较纯、热稳定性较高的耐火材料制作而成的，用这种铸型铸造出来的铸件具有较高的尺寸精度(IT8～IT10)，表面粗糙度可达 10～1.25 μm。所以，这种铸造方法亦称陶瓷型精密铸造。目前陶瓷型铸造已成为铸造大型厚壁精密铸件的重要方法，在模具制造中常用于铸造形状特别复杂、图案花纹精致的模具，如塑料模、橡胶模、玻璃模、锻模、压铸模和冲模等。用这种工艺生产的模具，其使用寿命往往接近或超过机械加工生产的模具。但是，由于陶瓷型铸造的精度和表面粗糙度还不能完全满足模具的设计要求，因此对要求较高的模具可与其它工艺结合起来应用。

1. 陶瓷层材料

制造陶瓷型所用的造型材料包括耐火材料、粘结剂、催化剂、脱模剂和透气剂等。

1) 耐火材料

陶瓷型所用耐火材料要求杂质少、熔点高、高温热膨胀系数小。可用作陶瓷型耐火材料的有刚玉粉、铝钒土、碳化硅及锆砂($ZrSiO_4$)等。

2) 粘结剂

陶瓷型常用的粘结剂是硅酸乙酯水解液。硅酸乙酯的分子式为$(C_2H_5O)_4Si$，它不能起粘结剂的作用，只有水解后成为硅酸溶胶才能用作粘结剂。所以可将溶质硅酸乙酯和水在溶剂酒精中通过盐酸的催化作用发生水解反应，得到硅酸溶液(即硅酸乙酯水解液)，以用作陶瓷型的粘结剂。为了防止陶瓷型在喷烧及焙烧阶段产生大的裂纹，水解时往往还要加入质量分数为 0.5% 左右的醋酸或甘油。

3) 催化剂

硅酸乙酯水解液的 PH 值通常在 0.2～0.26 之间，其稳定性较好，当与耐火粉料混合成浆料后，并不能在短时间内结胶，为了使陶瓷浆能在要求的时间内结胶，必须加入催化剂。所用的催化剂有氢氧化钙、氧化镁、氢氧化钠以及氧化钙等。

通常用氢氧化钙和氧化镁(化学纯)作催化剂，加入方法简单，易于控制。其中氢氧化钙的作用较强烈，氧化镁则较缓慢。加入量随铸型大小而定。对大型铸件，氢氧化钙的加入量为每 100 ml 硅酸乙酯水解液约 0.45 g，其结胶时间为 8～10 min；中小型铸件用量为 0.45 g，结胶时间为 4～5 min。

4) 脱模剂

硅酸乙酯水解液对模型的附着性能很强，因此在造型时为了防止粘模，影响型腔表面质量，需用脱模剂使模型与陶瓷型容易分离。常用的脱模剂有上光蜡、变压器油、机油、有机硅油及凡士林等。上光蜡与机油同时使用效果更佳，使用时应先将模型表面擦干净，用软布蘸上光蜡，在模型表面涂成均匀薄层，然后用干燥软布擦至均匀光亮，再用布蘸少许机油涂擦均匀，即可进行灌浆。

5) 透气剂

陶瓷型经喷烧后，表面能形成无数显微裂纹，在一定程度上增进了铸件的透气性，但与砂型比较，它的透气性还是很差，故需往陶瓷浆料中加入透气剂以改善陶瓷型的透气性能。生产中常用的透气剂是双氧水。双氧水加入后会迅速分解放出氧气，形成微细的气泡，使陶瓷型的透气性提高。双氧水的加入量为耐火粉重量的 0.2%～0.4%，其用量不可过多；否则，会使陶瓷型产生裂纹、变形及气孔等缺陷。使用双氧水时应注意安全，不可接触皮肤以防灼伤。

2. 陶瓷型铸造工艺

1) 模型的制作

用来制造陶瓷铸型的模型一般需要两个：一是用来制造砂套的粗模，如图 4-46(a)所示；一是用来成形型腔表面的精模，如图 4-46(b)所示。很明显，粗模尺寸要比精模尺寸大一层陶瓷铸型的厚度。精模用金属、石膏、木材、塑料等材料制成。由于精模的表面粗糙度对陶瓷铸型表面粗糙度起决定性的作用，因此精模加工要求较高，一般取 R_a＝3.2～0.8 μm。

2) 砂套造型

将粗模置于砂箱内的平板上，在粗模上方开设排气孔和灌浆孔的部位竖两根圆棒，如图 4-46(c)所示，然后往砂箱内填满水玻璃砂，夯实后起模。在砂套上打气眼，充入二氧化碳使其硬化。

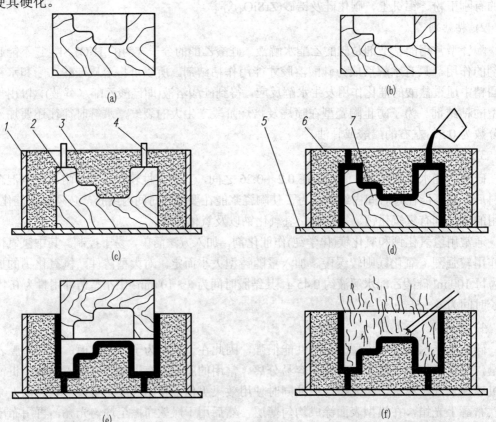

1—砂箱；2—粗模；3—水玻璃砂；4—排气孔及灌浆孔芯；5—垫板；6—陶瓷灌浆；7—精模

图 4-46　陶瓷型铸造
(a) 粗模；(b) 精模；(c) 砂套造型；(d) 灌浆；(e) 起模；(f) 喷烧

3) 陶瓷浆料的制作

陶瓷型材料由耐火材料、粘结剂、催化剂和透气剂等按一定的比例配制而成。其中耐火材料主要含 Al_2O_3 和 SiO_2，粒度粗细搭配要适当。粘结剂是硅酸乙酯$(C_2H_5O)_4Si$ 进行水解而得到的含硅酸的胶体溶液，简称水解液。硅酸乙酯水解液稳定性较好，与耐火材料制成灌浆后，结胶的时间较长，通过加入催化剂(盐酸、氢氧化钙、氧化镁、碳酸钙等)可以将时间缩短。为了改善陶瓷铸型的透气性，可往浆料中添加少量的透气剂，如松香、碳酸钡或双氧水等。

陶瓷浆料的制作过程如下：将透气剂倒入定量的水解液料桶中，耐火材料与催化剂混合后倒入料桶，搅拌均匀。当浆料粘度开始增大而出现胶凝时，即可进行灌浆浇注。

4) 灌浆与喷烧

将砂套套在精模的外部，并使两者间隙均匀，如图 4-46(d)所示，用陶瓷浆料从浇口中注入充满间隙。结胶后，一般控制在 15～20 min 内即可起模。起模之后要喷烧陶瓷型腔，并吹入压缩空气助燃。因为这时铸型内有大量的酒精，若让其缓慢挥发，会在陶瓷型腔上留下大量的裂纹。喷烧可使陶瓷型型腔受热升温，陶瓷中均匀分布的酒精燃烧，会在陶瓷层上形成一些网状显微裂纹。这些显微裂纹不而仅可以增强陶瓷层的透气性，且还可以弥补铸型的收缩。

5) 烘干

烘干的目的是将陶瓷铸型内残存的酒精、水分和少量有机物清除干净。将陶瓷铸型放入烘干炉中，以 100～300℃/h 的速度将温度慢慢升高至 450℃，保温 4～6 h，冷后出炉。

6) 合箱浇注

合箱浇注的操作与普通砂型铸造相似。陶瓷铸型可以进行冷浇，浇注后用氮气保护，以减少铸件表面氧化及脱碳层的产生，待冷却后即可开箱清理铸件。

清理后的铸件需要经正火及回火处理(加热到 680℃，保温 24 h)，然后进行必要的机械加工，完成模具的制造。

陶瓷型铸造的完整工艺过程如图 4-47 所示。

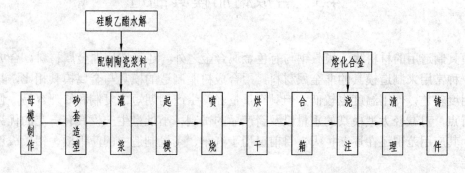

图 4-47　陶瓷型铸造的工艺过程

最后将陶瓷型按图 4-48(a)所示合箱，经浇注、冷却、清理即得到所需要的铸件，如图 4-48(b)所示。

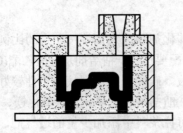

(a)   (b)

图 4-48　合箱

(a) 准备浇注的陶瓷型；(b) 铸件

3. 陶瓷型铸造模具的特点

陶瓷型铸造模具与机械加工模具相比，具有如下特点：

(1) 生产周期短，成本低。由于陶瓷型铸造工艺简单，所需的投资少，加工精度高，机械加工工作量少，因此，陶瓷型铸造可以大大缩短模具的生产周期，从而使模具的生产成本降低。

(2) 节省材料。可以直接利用报废的模具重新熔炼铸造。粗略统计，一年产 100 吨陶瓷型铸造合金钢模具的工厂，如果全部用废钢作为原材料进行熔炼，可节省几十万元成本。同时，还可节约大量的镍、铬、钼等重要合金材料。

(3) 模具性能好。陶瓷铸型采用粒度细小的耐火材料，灌浆表面光滑，铸件表面粗糙度小；陶瓷浆料的热稳定性高，高温下变形小，模具尺寸精度较高。陶瓷型铸造模具寿命比机械加工模具的使用寿命长 25%～500%。

由于陶瓷所用的耐火材料的热稳定性高，因此能铸造高熔点难于机械加工的精密零件。但硅酸乙酯、刚玉等原材料价格昂贵，灌浆后产生的局部缺陷难以修复，铸造生产环节多等特点，限制了陶瓷型铸造模具的发展。

4.5　合成树脂模具制造

模具制造用的材料除了模具钢与有色金属合金之外，还可选用非金属材料。合成树脂就是一种常用来制造模具的非金属材料。用合成树脂制造的模具与金属模具相比，其强度和耐用度较差，使用温度也较低，但具有重量轻，生产周期短，复制和修理容易，使用方便等特点，对减轻大型模具的重量以及新产品的试制、小批量生产模具有一定的优势。近年来，其应用范围还在逐渐扩大，目前已用于汽车、飞机制造中的薄钢板、铝板成形模具的制造。

4.5.1　制造模具的树脂

制造模具的合成树脂主要有聚酯树脂、酚醛树脂、环氧树脂和塑料钢。

1) 聚酯树脂

常用的聚酯树脂按工艺性可分为三种类型：浇注性、混炼性和热塑性(20 世纪 60 年代才开发)。用于模具制造的主要是浇注性的聚酯树脂，可在常温下进行硬化，其力学性能相对较高，化学性能稳定，有较强的耐油、耐老化、耐撕裂、耐磨性，成形性能好。聚酯树脂可代替钢材制作模具的工作零件，如在冲裁模和弯曲模中制作凹模，在拉深、翻边、胀形模具中制作凸模。但由于聚酯树脂硬化时收缩量较大，因此制作模具时必须考虑收缩量对模具制造精度的影响。

2) 酚醛树脂

酚醛树脂是酚类(如苯酚)与醛类(如甲醛)经过缩聚反应而得的一种高分子化合物，要在一定的温度和压力下才能硬化，硬化时会析出水、氨等副产物。硬化后的酚醛树脂表面硬度高、刚度大、尺寸稳定，耐热性好，但收缩量大，因此也只能用于精度较低的模具。

3) 环氧树脂

环氧树脂是由于分子结构中含有环氧基因而得名，比酚醛树脂和聚酯树脂的收缩性都要小，因此尺寸稳定，具有较高的机械强度，在常温下能耐酸、碱、盐和有机化学药品的侵蚀。环氧树脂的缺点是脆性较大，不耐高温。主要用于制作冷冲压模具的工作零件。

4) 塑料钢

所谓塑料钢是指铁粉与塑料的混合物，组成成分比为 4：1。加入特殊固化剂，不要加热、加压，经 2 h 左右即可固化成金属一样的制品。塑料钢可制作拉深模具，但价格较贵。

4.5.2　树脂模具的制作工艺

下面以环氧树脂为例，介绍树脂模具的制造工艺过程。

1) 液态原料配制

制作模具的环氧树脂原料除了环氧树脂外，还需添加固化剂、增塑剂和适量的填料。常用的固化剂有乙二胺、苯二甲胺等；增塑剂有磷酸三苯脂和二丁酯等。另外，还需要加入铝粉或铁粉作填料。各种原料按照配方规定的比例配制，表 4-12 是几种常用的配方。

表 4-12　几种制模用的环氧树脂重量比配方　　　　　　单位：g

方案	环氧树脂 6207	环氧树脂 634	铝粉	铁粉	均苯四甲酸酐	顺丁烯二酸酐	甘油
1	83	17	200	—	—	48	5.8
2	—	100	170	—	21	19	—
3	83	17	150	100	—	48	5.8

以表中第一种配方为例，介绍液态原料配制顺序。环氧树脂混合料可按以下顺序配制：

环氧树脂 6207 及顺丁烯二酸酐 $\xrightarrow[\text{(水溶)}]{70\sim80℃溶解}$ 加入甘油 $\xrightarrow[\text{(水溶)}]{80\sim90℃(溶入)}$

加入环氧树脂 644 → 加入铝粉搅拌均匀 $\xrightarrow[\text{(保温)}]{80\sim90℃}$ 抽真空至无气泡 → 取出浇注

2) 成形准备

与金属浇注一样，液态环氧树脂的浇注也要预先制备好浇注模型与模腔。由于浇注承受压力不大，因此模型与模腔可用铸铁、钢、铝合金、硅橡胶、玻璃、水泥或石膏等材料制作。

环氧树脂的粘结性很强，浇注前应在模型上、模腔内涂拭脱模剂。常用的脱模剂有矿物油、润滑脂或某些聚合物溶液。

3) 浇注成形

准备工作做好之后，向均匀混合物的液态原料中加入固化剂，通过浇注系统缓慢注入模腔，使液态原料在模腔内固化。如需在固化过程中采取加热和保温措施，则应注意升温速度不要过快，保温温度也不要过高，以避免引起固化剂的挥发而造成不必要的损失。如果原料内的气体逸出太快，则会引起模具起泡。待原料固化完成后，便可脱模，取下制成的模具。工艺过程如图 4-49 所示。

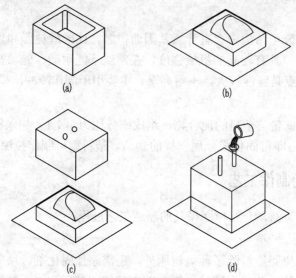

图 4-49　浇注环氧树脂模具的工艺过程

(a) 准备金属模框；(b) 准备模型；(c) 安放模框；(d) 浇注

树脂模具的制造除了上面介绍的浇注法之外，用得较多的还有层叠法。所谓层叠法，是指用涂有或浸有树脂的基体片材按一定的数量叠合在一起，通过加压固化成形的一种方法。图 4-50 为一采用层叠法制造模具的示意图。

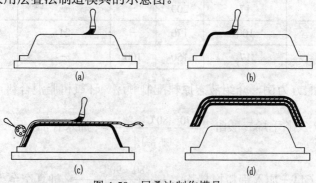

图 4-50　层叠法制作模具

(a) 涂刷脱模剂；(b) 涂刷凝胶剂；(c) 层叠玻璃布上涂刷树脂；(d) 硬化脱模

层叠法中的合成树脂作为粘结剂，玻璃纤维布起加固增强作用并具有方向性，制成的叠层较薄，抗弯性能较高。待树脂硬化到适当的程度之后，进行适当修整即可制成模具。这种方法比较费工，除特殊情况外，一般都采用浇注法。

4.6 模具典型零件加工实训

4.6.1 冷冲压模具典型零件制造工艺文件

1. 压片复合模凸凹模零件制造工艺过程典型实例

压片复合模凸凹模零件见图4-51。其加工方法以平面、孔系和线切割加工为主。

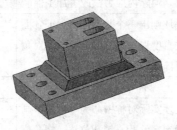

图4-51 压片复合模凸凹模

压片复合模凸凹模详图见图4-52，其制造工艺过程卡见表4-13。

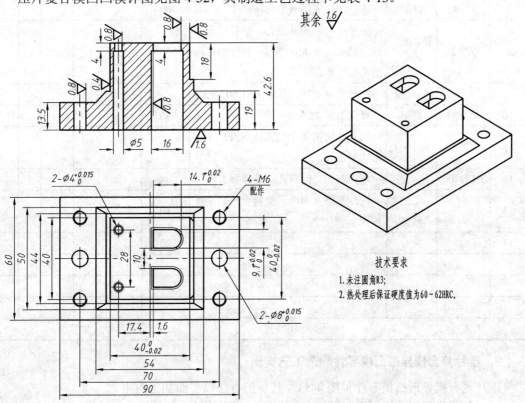

技术要求
1. 未注圆角R3;
2. 热处理后保证硬度值为60~62HRC。

图4-52 压片复合模凸凹模详图

表 4-13　压片复合模凸凹模工艺过程卡

工艺过程卡									
零件名称	衔铁片连续落料凸模		模具编号	B2008001		零件编号	B2008001		
材料名称	Crl2		毛坯尺寸	100×70×53		件数	1		
工序	机号	工种	施工简要说明		定额工时/min	实做工时	制造人	检验	等级
1		备料	Grl2 型钢棒料 ϕ80mm×95mm		30				
2		锻造	将毛坯锻成 100 mm × 70 mm × 53 mm		50				
3		热处理	退火,消除内应力,改善加工性能						
4	B663	刨削	将毛坯刨出三个基准面,保证各面之间垂直度误差为 0.02 m,六面对角尺,留淬火磨削余量 0.5 mm		60				
5	M7132	磨削	磨平上、下两端面至尺寸 43.5 mm		50				
6		钳工画线	以毛坯实际对称中心为基准对中画线,确定穿丝孔、销孔位置、螺孔位置,打样冲眼		25				
7	X8140	铣削	将毛坯铣成图纸形状和尺寸		60				
8	Z512	钻、铰、攻丝	钻穿丝孔、销孔底孔、螺钉底孔。铰削销孔,攻 M6 螺纹,保证螺钉孔的垂直度要求		30				
9		热处理	按热处理工艺,保证 HRC60～62						
10	M7132	磨削	磨两端面 42.6		30				
11	DK7725e	线切割	切割凸凹模 4 个形孔达图纸尺寸和形状要求		360				
12	HCD400	电火花	电火花加工漏料孔达设计要求		300				
13		钳工修整	用油石磨光刃壁,检验合格后妥善放置		10				
14		检验			20				
工艺员			年　月　日			零件质量等级			

2. 压片复合模异形凸模零件制造工艺实例

压片复合模异形凸模零件见图 4-53。其加工方法以平面加工为主。

压片复合模异形凸模详图见图 4-54,其制造工艺过程卡见表 4-14。

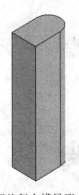

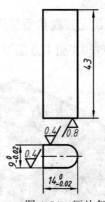

其余 $\sqrt{\dfrac{1.6}{}}$

技术要求
热处理后保证硬度为58～60HRC。

图 4-53 压片复合模异形凸模   图 4-54 压片复合模具异形凸模详图

表 4-14 压片复合模异形凸模工艺过程卡

工艺过程卡									
零件名称	压片复合模异形凸模		模具编号	B2008002		零件编号	B2008002		
材料名称	Crl2		毛坯尺寸	100×80×52		件数	2		
工序	机号	工种	施工简要说明			定额工时/min	实做工时	制造人	检验	等级
1		备料	Grl2 型钢棒料 ϕ80 mm × 90 mm			50				
2		锻造	将毛坯锻成 100 mm × 80 mm × 52 mm			50				
3		热处理	退火，消除内应力，改善加工性能							
4	B663	刨削	将毛坯刨出三个基准面。保证各面之间垂直度误差为 0.02 mm，六面对角尺，留淬火磨削余量 0.5 mm			60				
	M7132	磨削	磨平上、下两端面至尺寸 44.2 mm			50				
5		钳工画线	依毛坯尺寸确定穿丝孔位置，打样冲眼			15				
7	Z512	钻	钻穿丝孔			20				
8		热处理	按热处理工艺,保证 HR58～60							
9	M7132	磨削	磨两端面到 43.2 mm			20				
10	DK7725e	线切割	切割 2 个异形凸模外形达图纸尺寸和形状要求			100				
11		热处理	按热处理工艺对异形凸模尾部退火，保证 HR20～30			30				
12		钳工修整	用油石磨光刃壁，检验合格后妥善放置			10				
13		检验				10				
工艺员				年 月 日			零件质量等级			

3. 压片复合模凹模零件制造工艺过程典型实例

压片复合模凹模零件见图 4-55。其加工方法以平面、孔系和线切割加工为主。

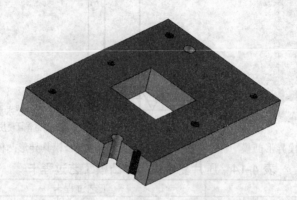

图 4-55　压片复合模凹模

压片复合模凹模详图见图 4-56，其制造工艺过程卡见表 4-15。

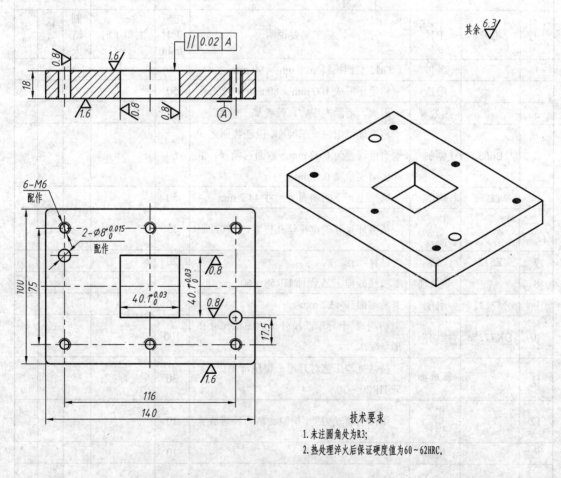

技术要求
1. 未注圆角处为R3;
2. 热处理淬火后保证硬度值为60～62HRC。

图 4-56　压片复合模凹模详图

表 4-15　压片复合模凹模工艺过程卡

工艺过程卡								
零件名称	压片复合模凹模		模具编号	B2008003	零件编号	B2008003		
材料名称	Crl2		毛坯尺寸	150×110×26	件数	1		
工序	机号	工种	施工简要说明		定额工时/min	实做工时	制造人	检验	等级
1		备料	Grl2 型钢棒料 ∅80 mm × 90 mm		50			
2		锻造	将毛坯锻成 150 mm × 110 mm × 26 mm		50			
3		热处理	退火，消除内应力，改善加工性能					
4	B663	刨削	将毛坯刨出三个基准面。保证各面之间垂直度误差为 0.02 mm，六面对角尺，留淬火磨削余量 0.5 mm		60			
	M7132	磨削	磨平上、下两端面至尺寸 20 mm		50			
5		钳工画线	以毛坯实际对称中心为基准对中画线，确定穿丝孔、销孔、螺孔位置，打样冲眼		25			
6	Z512	钻、铰、攻丝	钻穿丝孔，销孔底孔、螺钉底孔。铰削销孔，攻 M6 螺纹，保证螺钉孔的垂直度要求		30			
7		热处理	按热处理工艺，保证 HRC60～62					
8	M7132	磨削	磨两大端面达 18 mm		30			
9	DK7725e	线切割	切割凹模形孔达图纸尺寸和形状要求		400			
10		钳工修整	用油石磨光刃壁，检验合格后妥善放置		10			
11		检验			20			
工艺员			年 月 日			零件质量等级			

4. 压片复合模圆形凸模零件制造工艺实例

压片复合模圆形凸模零件见图 4-57。其加工方法以外圆加工为主。

压片复合模圆形凸模详图见图 4-58，其制造工艺过程卡见表 4-16。

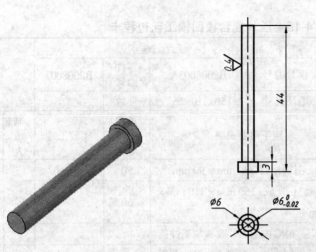

技术要求
热处理后保证硬度为56~60HRC。

图 4-57 压片复合模圆形凸模　　　　　图 4-58 压片复合模圆形凸模详图

表 4-16　压片复合模圆形凸模工艺过程卡

			工艺过程卡						
零件名称	压片复合模圆形凸模		模具编号	B2008004		零件编号	B2008004		
材料名称	T10A		毛坯尺寸	$\phi 10 \times 70$		件数	2		
工序	机号	工种	施工简要说明			定额工时/min	实做工时	制造人	检验	等级
1		备料	T10A 型钢棒料 $\phi 10$ mm × 70 mm			50				
2	CM6126A	车削	依图纸尺寸车削圆形凸模，留两端反顶尖孔尺寸，$\phi 4_{-0.02}^{0}$ mm 留淬火磨削余量 0.4			60				
3		热处理	按热处理工艺，保证 HR58~60							
4	M6026C	磨削	用顶尖顶两端磨外圆，刃口端磨光并保留工艺顶针凸台，其余磨合至符合图样要求			20				
5	M6026C	磨削	去除工艺顶针凸台并磨平，保证总长度符合图样要求			20				
6		钳工修整	用油石磨光刃壁			10				
7		检验	检验工件尺寸，对工件进行防锈处理，入库			10				
	工艺员			年　月　日			零件质量等级			

4.6.2 注塑模具典型工作零件制造工艺文件

1. 型腔零件加工的工艺过程实例

(1) 型芯的毛坯尺寸。

型芯如图 4-59 所示,毛坯直径按零件图的最大直径加上双边车削余量 2～3 mm,并取标准值,则为 22 mm;毛坯长度的左右两边保留 5 mm,则全长为 147 mm。因该毛坯直径较小,故不需锻打,直接得出毛坯的下料尺寸为 $\phi 22$ mm×147 mm。

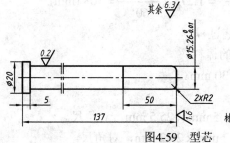

图4-59 型芯

(2) 定模镶件毛坯的锻件尺寸及棒料的下料尺寸。

① 锻件尺寸确定。

如图 4-60 所示,定模镶件的最终外形尺寸为 92 mm×85 mm×25 mm。定模镶件外形要经过刨六面、磨六面、淬火后再磨六面,将外形尺寸加上每次加工的余量就是毛坯的锻造尺寸。

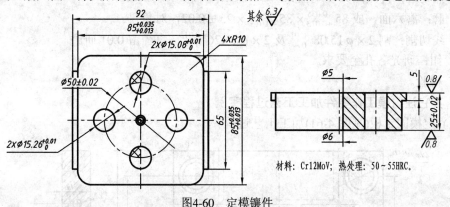

图4-60 定模镶件

厚度:淬火后磨上、下平面的余量为 0.1～0.2 mm,刨削后磨上、下平面的余量各为 0.2～0.3 mm,锻造后的上、下平面刨削余量各为 2～3 mm,则该件的锻造毛坯厚度为 25＋0.2 ×2＋0.3×2＋2×2＝30,取整数值后为 30 mm。

长度和宽度方向单面留刨削余量 3～5 mm。同理,长度和宽度的锻造尺寸为 102 mm× 95 mm。由此可得该件的锻造毛坯尺寸为 102 mm×95 mm×30 mm。

② 棒料锯料尺寸的确定。

a. 计算锻件体积。

$$V_a = 102 \times 95 \times 30 = 290700 \ (\text{mm}^3)$$

b. 计算棒料体积。因为棒料锻打后有一些损耗量,故要乘以系数 K:

$$V_p = KV_a = 1.05 \times 290700 = 305235 \ (\text{mm}^3)$$

系数 K 取 1.05～1.10。锻打 1～2 次时取 $K = 1.05$。

c. 计算棒料直径。

$$D_j = \sqrt[3]{0.637V_p} = \sqrt[3]{0.637 \times 305235} \approx 57.9 \text{ (mm)}$$

d. 确定实用棒料的直径 D。

$D \geqslant D_j$，并应取现有棒料直径规格中与 D_j 最接近的值，故取 $= \phi 60$ mm。

e. 计算锯料长度 L。

$$L = 1.273 \times \frac{V_p}{D^2} = 1.273 \times \frac{305235}{60^2} = 108 \text{ (mm)}$$

(3) 定模镶件(见图 4-60)加工工艺过程。

① 备料：下 $\phi 60$ mm × 108 mm 的棒料。

② 锻：锻成 102 mm × 95 mm × 30 mm。

③ 热处理：退火。

④ 刨：刨六面，成 92.3 mm × 85.5 mm × 25.5 mm，对角尺。

⑤ 磨：磨六面，成 92 mm × 85.2 mm × 25.2 mm，对角尺。

⑥ 铣：铣挂台，保证 5，将 92 精铣至 85.2，并铣 4×R10，点各孔中心，用成型钻头钻小端直径为 $\phi 5$ 的锥形主流道孔。

⑦ 钳：钻 $2 \times \phi 15.08^{+0.01}_{0}$ 及 $2 \times \phi 15.26^{+0.01}_{0}$ 四孔的线切割穿丝孔 $\phi 4$。

⑧ 热处理：淬火回火硬度至 50～55HRC。

⑨ 磨：磨六面，成 $85^{+0.035}_{+0.013} \times 85^{+0.035}_{+0.013} \times 25 \pm 0.02$，对角尺。

⑩ 线切割：割 $2 \times \phi 15.08^{+0.01}_{0}$ 及 $2 \times \phi 15.26^{+0.01}_{0}$，直径留 0.01 研磨。

⑪ 钳：研光各孔至要求。

⑫ 检验。

2．其它注射模工作零件加工工艺过程实例

(1) 定模固定板(见图 4-61)加工工艺过程。

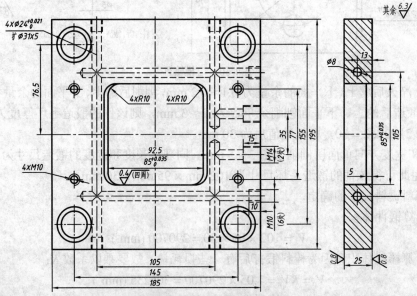

图 4-61　定模固定板(材料：45)

① 备料：下料 205 mm × 195 mm × 30 mm。

② 热处理：调质。

③ 刨：刨六面，成 198 mm × 188 mm × 26 mm，对角尺。

④ 磨：磨上、下两大面，厚度至 25 mm。

⑤ 铣：精铣一端面、一侧面，成 195 mm × 185 mm × 25 mm，对角尺。

⑥ 钳：钻 $4 \times \phi 24^{+0.021}_{0}$ 预孔留镗(导套孔)，钻排孔去中间 $85.08^{+0.035}_{0} \times 85.08^{+0.035}_{0}$ 方孔废料。

⑦ 铣：校外形基准面，精铣中间方孔 $85.08^{+0.035}_{0} \times 85.08^{+0.035}_{0}$ 达到图样要求，铣方孔挂台 92.5 达到图样要求。

⑧ 镗：校外形基准面及中间方孔，镗 $4 \times \phi 24^{+0.021}_{0}$ 达到图样要求(导套孔)。

⑨ 铣：钻 $\phi 8$ 水道孔，铣 $4 \times \phi 31$ 挂台深 5。

⑩ 钳：钻水嘴及堵塞孔螺纹底孔，并攻螺纹；钻 $4 \times M10$ 底孔 $\phi 8.5$ 并攻螺纹。

⑪ 检验。

(2) 动模镶件(见图 4-62)加工工艺过程。

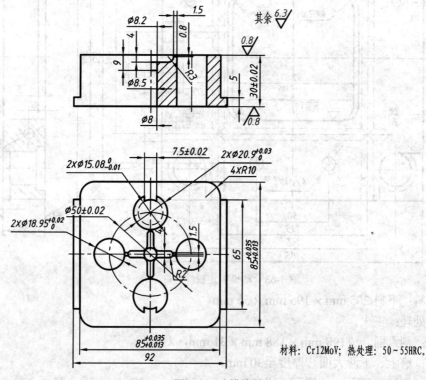

材料：Cr12MoV；热处理：50~55HRC。

图4-62 动模镶件

① 备料：下 $\phi 60$ mm × 126 mm 的棒料。

② 锻：锻成 102 mm × 95 mm × 35 mm。

③ 热处理：退火。

④ 刨：刨六面，成 92.3 mm × 85.5 mm × 30.5 mm，对角尺。

⑤ 磨：磨六面，成 92 mm × 85.2 mm × 30.2 mm，对角尺。

⑥ 铣：铣挂台，保证5，将92精铣至85.2，并铣4×R10；点各孔中心；铣分流道及浇口，留研磨量。

⑦ 钳：钻2×$\phi 18.95^{+0.02}_{0}$及2×4×$\phi 20.9^{+0.03}_{0}$四孔的线切割穿丝孔$\phi 4$。

⑧ 热处理：淬火回火硬度至50～55HRC。

⑨ 磨：磨六面，成$85^{+0.035}_{+0.013}×85^{+0.035}_{+0.013}×30±0.02$，对角尺。

⑩ 线切割：割2×$\phi 18.95^{+0.02}_{0}$及2×4×$\phi 20.9^{+0.03}_{0}$，直径留0.01 mm研磨。

⑪ 钳：研光各孔及分流道与浇口至要求，保证与推管外表面滑配。

⑫ 检验。

(3) 动模固定板(见图4-63)加工工艺过程。

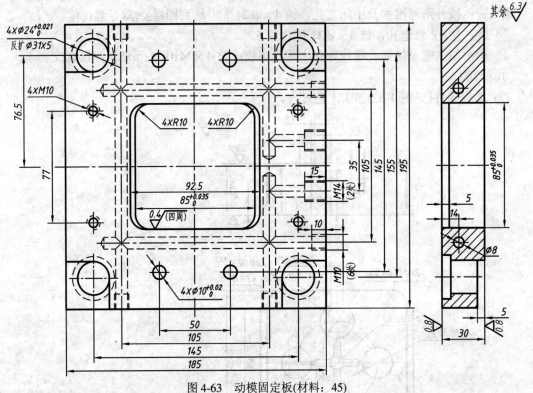

图4-63 动模固定板(材料：45)

① 备料：下料205 mm×195 mm×35 mm。

② 热处理：正火。

③ 刨：刨六面，成198 mm×188 mm×31 mm，对角尺。

④ 磨：磨上、下两大面，厚度至30 mm。

⑤ 铣：精铣一端面、一侧面，成195 mm×185 mm×30 mm，对角尺。

⑥ 钳：钻4×$\phi 24^{+0.021}_{0}$预孔留镗(导柱孔)，钻4×$\phi 10^{+0.02}_{0}$预孔留镗(复位杆孔)，钻排孔去中间$85^{+0.035}_{0}×85^{+0.035}_{0}$方孔废料。

⑦ 铣：校外形精铣中间方孔$85^{+0.035}_{0}×85^{+0.035}_{0}$达到图样要求，铣方孔挂台92.5达到图样要求。

⑧ 镗：校外形及中间方孔，镗4×$\phi 24^{+0.021}_{0}$导柱孔及4×$\phi 10^{+0.02}_{0}$复位杆孔达到图样要求。

⑨ 铣：钻 $\phi 8$ 水道孔，铣 $4 \times \phi 31$ 挂台深 5，铣导柱排屑槽。

⑩ 钳：钻水嘴及堵塞孔螺纹底孔并攻螺纹；钻 $4 \times M10$ 底孔 $\phi 8.5$ 并攻螺纹。

⑪ 检验。

3. 注塑模工作零件加工工艺文件示例

(1) 注塑模大型芯零件加工工艺文件示例。注塑模大型芯零件见图 4-64。其加工方法以平面、孔系和线切割加工为主。

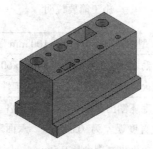

图 4-64 注塑模大型芯

注塑模大型芯零件详图见图 4-65，其制造工艺过程卡见表 4-17。

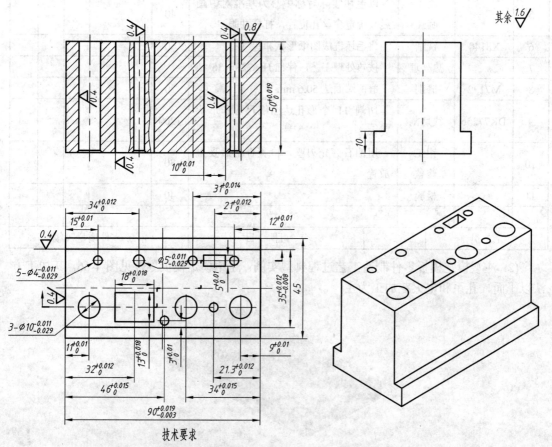

技术要求

1. 零件加工表面上，不应有划痕、擦伤等损伤零件表面的缺陷；
2. 热处理硬度 54～58HRC。

图 4-65 注塑模大型芯详图

表 4-17　注塑模大型芯工艺过程卡

工艺过程卡								
零件名称	注塑模大型芯	模具编号	B2008005	零件编号	B2008005			
材料名称	45	毛坯尺寸	100×55×60	件数	1			
工序	机号	工种	施工简要说明	定额工时/min	实做工时	制造人	检验	等级
1		备料	45 型钢棒料 $\phi 80$ mm × 100 mm	50				
2		锻造	将毛坯锻成 100 mm × 55 mm ×60 mm	50				
3		热处理	退火，消除内应力，改善加工性能					
4	B663	刨削	将毛坯刨出三个基准面。保证各面之间垂直度误差为 0.02 mm，六面对角尺，留淬火磨削余量 0.5 mm	60				
	M7132	磨削	磨平上、下两端面至尺寸 51.5 mm	50				
5		钳工画线	以毛坯实际对称中心为基准对中画线，确定穿丝孔位置，打样冲眼	40				
6	X8140	铣削	将毛坯铣成图纸形状和尺寸	60				
7		热处理	按热处理工艺，保证 HRC28～36					
8	M7132	磨削	磨两端面达 50.6 mm	20				
9	DK7725e	线切割	切割 11 个形孔达图纸尺寸和形状要求	1200				
10		钳工修整	用油石磨光刃壁，检验合格后妥善放置	30				
11		检验		40				
工艺员			年　月　日			零件质量等级		

(2) 注塑模定模板零件制造工艺过程典型实例。注塑模定模板零件见图 4-66。其加工方法以平面、孔系和电火花加工为主。

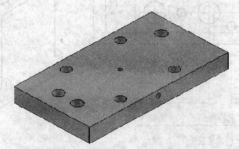

图 4-66　注塑模定模板

注塑模定模板零件详图见图 4-67，其制造工艺过程卡见表 4-18。

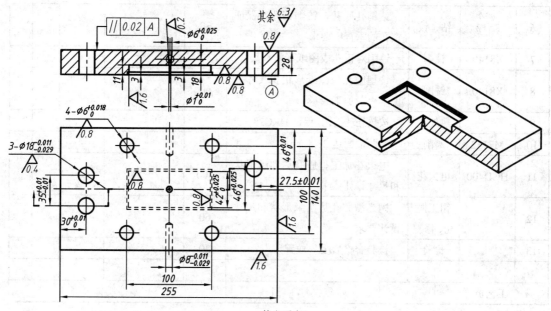

技术要求

1. 调质处理28~34HRC;
2. 零件加工表面上，不应有划痕、擦伤等损伤零件表面的缺陷。

图 4-67　注塑模定模板详图

表 4-18　注塑模定模板零件工艺过程卡

工艺过程卡										
零件名称	注塑模定模板		模具编号	B2008006	零件编号	B2008006				
材料名称	45		毛坯尺寸	265×150×34	件数	1				
工序	机号	工种	施工简要说明		定额工时/min	实做工时		制造人	检验	等级
1		备料	切割板料 265 mm × 150 mm × 34 mm		50					
3		热处理	退火，消除内应力，改善加工性能							
4	B663	刨削	将毛坯刨出三个基准面。保证各面之间垂直度误差为 0.02 mm，六面对角尺，留淬火磨削余量 0.5 mm		60					
	M7132	磨削	磨平上、下两端面至尺寸 29 mm		50					
5		钳工画线	以毛坯实际对称中心为基准对中画线，确定销孔位置，打样冲眼		25					

6	Z512	钻、铰	钻销孔底孔，铰削销孔，保证销孔的垂直度要求	30			
7	X8140	镗削	镗削对正孔成图纸形状和尺寸				
8	X8140	铣削	铣型腔孔成图纸形状和尺寸，留电火花加工余量	60			
9		热处理	按热处理工艺，保证 HRC28～36				
10	M7132	磨削	磨两端面达 28.4 mm	20			
11	HCD400	电火花	电火花加工型腔孔达图纸形状和尺寸设计要求	400			
12		钳工抛光、修整	抛光型腔孔达图纸形状和尺寸设计要求	60			
13		检验	检验合格后妥善放置	20			
工艺员			年　月　日		零件质量等级		

(3) 注塑模动模板零件制造工艺过程典型实例。注塑模动模板零件见图 4-68。其加工方法以平面、孔系和电火花加工为主。

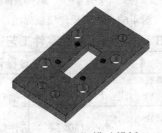

图 4-68　注塑模动模板

注塑模动模板零件详图见图 4-69，其制造工艺过程卡见表 4-19。

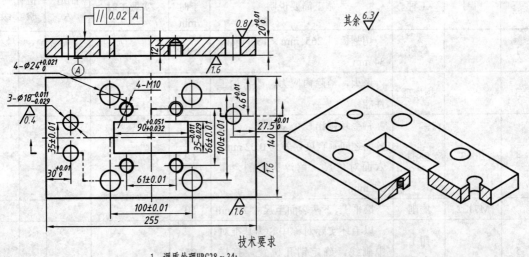

技术要求
1. 调质处理 HRC28～34；
2. 零件加工表面上，不应有划痕、擦伤等损伤零件表面的缺陷。

图 4-69　注塑模动模板零件图详图

表 4-19　注塑模动模板工艺过程卡

工艺过程卡							
零件名称	注塑模动模板		模具编号	B2008007	零件编号	B2008007	
材料名称	45		毛坯尺寸	265×140×26	件数	1	

工序	机号	工种	施工简要说明	定额工时/min	实做工时	制造人	检验	等级
1		备料	切割板料 265 mm × 150 mm × 26 mm	50				
2		热处理	调质					
3	B663	刨削	将毛坯刨出三个基准面。保证各面之间垂直度误差为 0.02 mm，六面对角尺，留淬火磨削余量 0.5 mm	50				
4	M7132	磨削	磨平上、下两端面至尺寸 20.1 mm	40				
		钳工画线	以毛坯实际对称中心为基准对中画线，确定销孔、螺孔、钻穿丝孔位置，打样冲眼	20				
5	Z512	钻、铰孔，攻丝	钻销孔底孔，铰削销孔。保证销孔的垂直度要求	50				
6	X8140	镗削	镗削对正孔成图样形状和尺寸	30				
7	DK7725e	线切割	切割方孔达图纸尺寸和形状要求	80				
8		钳工修整	用油石磨光刃壁，检验合格后妥善放置	10				
9		检验		20				
工艺员			年　月　日			零件质量等级		

(4) 注塑模小型芯零件制造工艺实例。注塑模小型芯零件见图 4-70。其加工方法以平面加工为主。

图 4-70　注塑模小型芯

注塑模小型芯零件详图见图 4-71。其制造工艺过程卡见表 4-20。

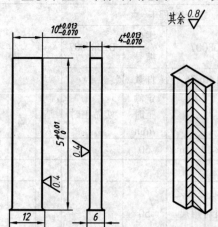

技术要求
1. 零件加工表面上，不应有划痕、擦伤等损伤零件表面的缺陷；
2. 零件热处理HRC36～42，尾部退火至HRC25～32。

图 4-71　注塑模小型芯零件图详图

表 4-20　注塑模小型芯工艺过程卡

工艺过程卡							
零件名称	注塑模小型芯	模具编号	B2008008	零件编号	B2008008		
材料名称	T10A	毛坯尺寸	$\phi16\times60$	件数	2		

工序	机号	工种	施工简要说明	定额工时/min	实做工时	制造人	检验	等级
1		备料	T10A 型钢棒料 $\phi16$ mm × 60 mm	20				
3		热处理	退火，消除内应力，改善加工性能					
4	B663	刨削	将毛坯刨出三个基准面。保证各面之间垂直度误差为 0.02 mm，六面对角尺，留淬火磨削余量 0.5 mm	40				
5		钳工画线	依图纸尺寸画线	15				
6		热处理	按热处理工艺，保证 HC36～42					
7	M7132	磨削	磨六方达图纸要求	30				
8		热处理	按热处理工艺对小型芯尾部退火保证 HRC25～32					
9		钳工修整	用油石磨光刃壁，检验合格后妥善放置	10				
10		检验		8				
工艺员			年　月　日		零件质量等级			

1. 在模具加工中化学腐蚀加工主要应用在哪些方面?
2. 电铸加工有何特点? 主要适合制造哪些模具零件?
3. 电解加工有何特点? 多用于加工什么模具?
4. 抛光有哪几种类型? 各有何特点?
5. 型腔的冷挤压成形有哪几种方式? 各有何特点?
6. 热挤压成形有哪些特点?
7. 什么是超塑成形? 金属具备超塑性应满足什么条件?
8. 常用制造模具的超塑性材料有哪些?
9. 模具用锌合金主要由哪些元素组成? 各自对锌合金性能有何影响?
10. 简述砂型铸造锌合金模具的工艺过程。

第5章　模具装配工艺

模具装配是模具制造过程中的关键工作，装配质量的好坏直接影响到制件的质量、模具本身的工作状态及使用寿命。模具装配工作主要包括两个方面：一是将加工好的模具零件按图纸要求进行组装、部装乃至总体的装配；二是在装配过程中进行一部分补充加工，如配作、配修等。

模具属于单件生产类型，所以模具装配大都采用集中装配的组织形式。所谓集中装配，是指从模具零件组装成部件或模具的全过程，由一个工人或一组工人在固定地点来完成。有时因交货期短，也可将模具装配的全部工作适当分散为各种部件的装配和总装配，由一组工人在固定地点合作完成模具的装配工作，此种装配组织形式称为分散装配。

对于需要大批量生产的模具部件(如标准模架)，则一般采用移动式装配，即每一道装配工序按一定的时间完成，装配后的组件再传送至下一个工序，由下道工序的工人继续进行装配，直至完成整个部件的装配。

5.1　模具装配方法

模具装配方法的选择需要根据模具产品的结构特点、性能要求、生产纲领、生产条件等决定。模具装配方法一般有互换装配法和非互换装配法。

5.1.1　互换装配法

根据模具装配零件能够达到的互换程度，互换装配法又可分为完全互换、部分互换法和分组互换法三种。

1. 完全互换法

装配时，各配合模具零件不经选择、修配、调整，经组装后就能达到预先规定的装配精度和技术要求，这种装配方法称为完全互换装配法。完全互换装配法与装配尺寸链密切相关。

1) 装配尺寸链

在装配关系中，由相关装配零件的尺寸，如表面或轴线之间的距离或相互间的位置关系(同轴度、平行度、垂直度等)所组成的尺寸链称为装配尺寸链。装配后必须达到的装配精度和技术要求就是装配尺寸链的封闭环。在装配关系中，与装配精度要求发生直接影响的那些零件、组件或部件的尺寸和位置关系，是装配尺寸链的组成环。组成环分为增环和减环。

2) 装配尺寸链解算

完全互换装配法建立在尺寸链解算原理的基础上。装配尺寸链的基本定义、所用基本公式、计算方法，均与零件工艺尺寸链相类似，也是采用极值解算方法。其中，装配尺寸链的封闭公差等于各组成环公差之和。即

$$T_N = \sum_1^{n-1} T_{Ai}$$

式中：T_N——某项装配精度要求的公差；

T_{Ai}——该尺寸链各有关零部件的制造公差。

若采用等公差法，则各组成环应分得的平均公差为

$$T_Z = \frac{T_N}{n-1}$$

式中：T_Z——该尺寸链各有关零部件的平均制造公差；

n——装配尺寸链的总环数。

完全互换装配法是按极值法来确定零部件的制造公差。当模具制造精度要求较高(T_N较小)，特别是尺寸链环数(即 n)又较多时，各组成环所分得的制造公差就很小，即零部件的加工精度要求较高。这给加工带来了极大困难，甚至会出现超出现有工艺水平而无法加工或在经济上非常不合算的情况。所以，完全互换装配法仅适合于一些装配精度不太高的模具标准部件的大批量生产。

完全互换装配法的优点是装配质量稳定可靠，装配工作简单，易于实现装配工作的机械化及自动化，便于组织流水线作业和零部件的协作与专业化生产。

2. 部分互换法

如将尺寸链各有关零部件的平均制造公差放大 $\sqrt{n-1}$ 倍进行制造，即：

$$T_Z = \frac{T_N \sqrt{n-1}}{n-1}$$

那么必将导致部分零件不能达到完全互换的装配要求。但根据概率统计分析，出现的不合格品率仅为 0.27%，几乎可以忽略不计。平均公差放大 $\sqrt{n-1}$ 倍后，可有效降低模具零件的制造难度，提高加工的经济性。

在大批量生产中，当装配精度要求比较高、组成环又比较多时，为了使零件加工不致过分困难，宜采用部分互换法进行装配。

3. 分组互换法

所谓分组互换装配法，是将配合零件的制造公差扩大数倍(扩大倍数以能按经济精度进行加工为度)，然后将加工出来的零件进行实测，按扩大前的公差大小、扩大倍数以及实测尺寸进行分组，并以不同的颜色相区别，进行分组装配。

表 5-1 所示为将精密导柱和导套的配合尺寸的制造公差均扩大 4 倍，并分为 4 个组进行装配，可以保证各组装配后的最大配合间隙为 0.0055 mm，最小配合间隙为 0.0005 mm。采

用分组装配法扩大了零件的制造公差，使零件的加工制造更容易，但在各组内零件的尺寸公差和配合间隙与原设计的装配精度要求相同。此法既能完成互换装配，又能达到高的装配精度，适用于装配精度高的模具部件的成批生产。

表 5-1　精密导柱和导套实测尺寸的分组

单位：mm

组别	标志颜色	导柱的配合尺寸	导套的配合尺寸	配合情况	
				最大间隙	最小间隙
1	白色	$\phi25\,^{-0.0025}_{-0.0050}$	$\phi25\,^{-0.0005}_{-0.0020}$	0.0055	0.0005
2	绿色	$\phi25\,^{-0.0050}_{-0.0075}$	$\phi25\,^{-0.0020}_{-0.0045}$	0.0055	0.0005
3	黄色	$\phi25\,^{-0.0075}_{-0.0100}$	$\phi25\,^{-0.0045}_{-0.0070}$	0.0055	0.0005
4	红色	$\phi25\,^{-0.0100}_{-0.0125}$	$\phi25\,^{-0.0070}_{-0.0095}$	0.0055	0.0005

5.1.2　非互换装配法

由于模具装配的技术要求一般都很高，其装配尺寸链又较多，因此整副模具装配通常选择非互换装配法。非互换装配法主要有修配装配法及调整装配法两种。

1．修配装配法

修配装配法是指各相关模具零件按现有工艺条件下经济可行的精度进行制造，而组装时，则根据实际需要，将指定零件的预留修配量修去，使之达到装配精度的方法。

图 5-1 所示是用于大型注射模具的浇口套组件。浇口套装入定模板后要求上面高出定模板 0.02 mm，以便定位圈将其压紧。下表面则与定模板平齐。为了保证零件加工和装配的经济可行性，上表面高出定模板平面的 0.02 mm 由加工精度保证，下表面则选择浇口套为修配零件，预留高出定模板平面的修配余量 h，将浇口套压入模板配合孔后，在平面磨床上将浇口套下表面和定模板平面一起磨平，使之达到装配要求。

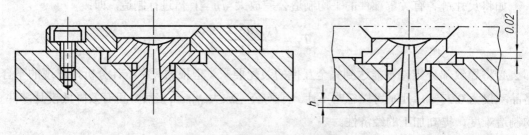

图 5-1　浇口套组件的修配装配

修配装配法的主要优点是能在较大程度上放宽零件的制造公差，使其加工容易，而最终又能达到很高的装配精度要求。这对装配精度要求很高的多环尺寸链的模具装配特别有利，但必须在装配时增加一道修配工序。

2．调整装配法

将各相关模具零件按经济加工精度制造，在装配时通过改变一个零件的位置或选定适当尺寸的调节件加入到尺寸链中进行补偿，以达到规定装配精度要求的方法称为调整装配法。调整装配法分为可动调节法与固定调节法两种。

1) 可动调节法

该方法是指用移动、旋转等运动改变所选定的调节件的位置，来达到装配精度的方法。图 5-2 所示是选用螺钉作为调节件，调整塑料注射模自动脱螺纹装置的滚动轴承的间隙。转动调整螺钉，可使轴承外环做轴向移动，使轴承外环、滚珠及内环之间保持适当的配合间隙。此法不用拆卸零件，操作方便。

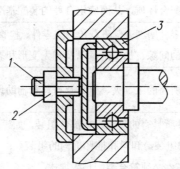

1—调整螺钉；2—锁紧螺母；3—滚动轴承

图 5-2　可动调节装配法

2) 固定调节法

固定调节法是指按一定的尺寸等级制造的一套专用零件(如垫圈、垫片或轴套等)，装配时通过选择某一尺寸等级的合适的调节件加入到装配结构中，从而达到装配精度的方法。如图 5-3 所示是塑料注射模滑块型芯水平位置的装配调整示意图。根据预装配时对间隙的测量结果，从一套不同厚度的调整垫片中，选择一个适当厚度的调整垫片进行装配，从而达到所要求的型芯位置。

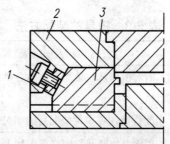

1—调整垫片；2—紧楔块；3—滑块型芯

图 5-3　固定调节装配法

调整装配法的优点是在各组成环按经济加工精度制造的条件下，来达到装配精度要求，不需要做任何修配加工，还可以补偿因磨损和热变形对装配精度的影响；缺点是需要增加尺寸链中零件的数量。

5.1.3　模具装配工艺过程及装配方法

1. 模具装配的工艺过程

模具装配的工艺过程一般由四个阶段组成，即研究图样、组件装配、总装配、检验和调试阶段。其方法见表 5-2。

表 5-2　模具装配工艺过程

工艺过程		工 艺 说 明
准备阶段	研究装配图	装配图是进行装配工作的主要依据，通过对装配图的分析研究，了解要装配模具的结构特点和主要技术要求，各零件的安装部位、功能要求和加工工艺过程，与有关零件的联接方式和配合性质，从而确定合理的装配基准、装配方法和装配顺序
	清理检查零件	根据总装配图零件明细表，清点和清洗零件，检查主要零件的尺寸和形位精度，查明各部分配合面的间隙、加工余量以及有无变形和裂纹等缺陷
	布置工作场地	准备好装配时所需的工、夹、量具及材料和辅助设备，清理好工作台
组件装配阶段		① 按照各零件所具有的功能进行部件组装，如模架的组装，凸模和凹模(或型芯和型腔)与固定板的组装，卸料和推件机构的组装等； ② 组装后的部件必须符合装配技术要求
总装配阶段		① 选择好装配的基准件，安排好上、下模(定模、动模)的装配顺序； ② 将零件及组装后的组件，按装配顺序组装结合在一起，成为一副完整的模具； ③ 模具装配完后，必须保证装配精度，满足规定的各项技术要求
检验调试阶段		① 按照模具验收技术条件，检验模具各部分功能； ② 在实际生产条件下进行试模，调整、修正模具，直到生产出合格的制件

2. 模具的装配方法

模具的装配方法见表 5-3。

表 5-3　模具的装配方法

装配方法	特 点 及 工 艺 操 作
配作法	① 零件加工时，需对配作及与装配有关的必要部位进行高精度加工，而孔位精度需由钳工配作来保证； ② 在装配时，由配作法使各零件装配后的相对位置保持正确关系
直接装配法	① 零件的型孔、型面及安装孔按图样要求加工。装配时，按图样要求把各零件连接在一起； ② 装配后发现精度较差时，通过修正零件来进行调整

5.2　冷冲模装配

冷冲模装配的主要要求是：保证冲裁间隙的均匀性，这是冷冲模装配合格的关键；保证导向零件导向良好，卸料装置和顶出装置工作灵活有效；保证排料孔畅通无阻，冲压件或废料不卡留在模内；保证其他零件的相对位置精度等。

5.2.1 冷冲模装配技术要求

1. 总体装配技术要求

(1) 模具各零件的材料、几何形状、尺寸精度、表面粗糙度和热处理等均需符合图样要求。零件的工作表面不允许有裂纹和机械伤痕等缺陷。

(2) 模具装配后,必须保证模具各零件间的相对位置精度。尤其是制件的有些尺寸与几个冲模零件有关时,须予以特别注意。

(3) 装配后的所有模具活动部位应保证位置准确、配合间隙适当,动作可靠、运动平稳。固定的零件应牢固可靠,在使用中不得出现松动和脱落。

(4) 选用或新制模架的精度等级应满足制件所需的精度要求。

(5) 上模座沿导柱上、下移动应平稳和无阻滞现象,导柱与导套的配合精度应符合标准规定,且间隙均匀。

(6) 模柄圆柱部分应与上模座上平面垂直,其垂直度误差在全长范围内不大于 0.05 mm。

(7) 所有凸模应垂直于固定板的装配基面。

(8) 凸模与凹模的间隙应符合图样要求,且沿整个轮廓上间隙要均匀一致。

(9) 被冲毛坯定位应准确、可靠、安全,排料和出件应畅通无阻。

(10) 应符合装配图上除上述以外的其他技术要求。

2. 部件装配后的技术要求

1) 模具外观

模具外观的技术要求见表 5-4。

表 5-4 模具外观的技术要求

项号	项 目	技 术 要 求
1	铸造表面	① 铸造表面应清理干净,使其光滑、美观、无杂尘; ② 铸造表面应涂上绿色、蓝色或灰色漆
2	加工表面	模具加工表面应平整,无锈斑、锤痕及碰伤、焊补等
3	加工表面倒角	① 加工表面除刃口、型孔外,锐边、尖角均应倒钝; ② 小型冲模倒角应≥2×45°;中型冲模≥3×45°;大型冲模≥5×45°
4	起重杆	模具重量大于 25 kg 时,模具本身应装有起重杆或吊环、吊钩
5	打刻编号	在模具正面(模板上)应按规定打刻编号:冲模图号、制件号、使用压力机型号、工序号、推杆尺寸及根数、制造日期

2) 工作零件

模具工作零件(凸、凹模)装配后的技术要求见表 5-5。

表5-5　模具工作零件装配后的技术要求

序号	安装部位	技 术 要 求
1	凸模、凹模、凸凹模、侧刃与固定板的安装基面装配后的不垂直度	凸模、凹模、凸凹模、侧刃与固定板的安装基面装配后的垂直度允差： 刃口间隙≤0.06 mm 时，在100 mm 长度上垂直度允差应小于0.04 mm； 刃口间隙≥0.06～0.15 mm 时，为0.08 mm； 刃口间隙≥0.15 mm 时，为0.12 mm
2	凸模(凹模)与固定板的装配	① 凸模(凹模)与固定板装配后，其安装尾部与固定板安装面必须在平面磨床上磨平至 $R_a=1.60\sim0.80\,\mu m$ 以上； ② 对于多个凸模工作部分高度(包括冲裁凸模、弯曲凸模、拉深凸模以及导正钉等)必须按图样保持相对的尺寸要求，其相对误差不大于0.1 mm； ③ 在保证使用可靠的情况下，凸、凹模在固定板上的固定允许用低熔点合金浇注
3	凸模(凹模)与固定板的装配	① 装配后的冲裁凸模或凹模，凡是由多件拼块拼合而成的，其刃口两侧的平面应完全一致、无接缝感觉以及刃口转角处非工作的接缝面不允许有接缝及缝隙存在； ② 对于由多件拼块拼合而成的弯曲、拉深、翻边、成形等的凸、凹模，其工作表面允许在接缝处稍有不平现象，但平直度不大于0.02 mm； ③ 装配后的冷挤压凸模工作表面与凹模型腔表面不允许留有任何细微的磨削痕迹及其他缺陷； ④ 凡冷挤压的预应力组合凹模或组合凸模，在其组合时的轴向压入量或径向过盈量应保证达到图样要求，同时其相配的接触面锥度应完全一致，涂色检查后应在整个接触长度和接触面上着色均匀； ⑤ 凡冷挤压的分层凹模，必须保证型腔分层接口处一致，应无缝隙及凹入型腔现象

3) 紧固件

模具装配后紧固件(螺钉、销钉)的技术要求见表5-6。

表5-6　紧固件装配后的技术要求

紧固件名称	技 术 要 求
螺钉	① 装配后的螺钉必须拧紧，不许有任何松动现象； ② 螺钉拧紧部分的长度，对于钢件及铸钢件连接长度不少于螺钉直径，对于铸铁件连接长度应不小于螺纹直径的1.5 倍
圆柱销	① 圆柱销连接两个零件时，每一个零件都应有圆柱销1.5 倍的直径长度占有量(销深入零件深度大于1.5 倍圆柱销直径)； ② 圆柱销与销孔的配合松紧应适度

4) 导向零件

导向零件装配后的技术要求见表5-7。

表 5-7　导向零件装配后的技术要求

序号	装配部位	技　术　要　求
1	导柱压入模座后的垂直度	导柱压入下模座后的垂直度在 100 mm 长度范围内允差为: 滚珠导柱类模架≤0.005 mm; 滑动导柱Ⅰ类模架≤0.01 mm; 滑动导柱Ⅱ类模架≤0.015 mm; 滑动导柱Ⅲ类模架≤0.02 mm
2	导料板的装配	① 装配后模具上的导料板的导向面应与凹模进料中心线平行。对于一般冲裁模,其允差不得大于 100:0.05 mm; ② 对于连续模,其允差不得大于 100:0.02 mm; ③ 左右导板的导向面之间的平行度允差不得大于 100:0.02 mm
3	斜楔及滑块导向装置	① 模具利用斜楔、滑块等零件作多方向运动的结构,其相对斜面必须吻合。吻合程度在吻合面纵、横方向上均不得小于 3/4 长度; ② 预定方向的偏差不得大于 100:0.03 mm; ③ 导滑部分必须活动正常,不能有阻滞现象发生

5) 凸、凹模间隙

装配后凸、凹模间隙的技术要求见表 5-8。

表 5-8　装配后凸、凹模间隙的技术要求

序号	模具类型		间　隙　技　术　要　求
1	冲裁凸、凹模		间隙必须均匀,其允差不大于规定间隙的 20%;局部尖角或转角处不大于规定间隙的 30%
2	压弯、成形类凸、凹模		装配后的凸、凹模四周间隙必须均匀,其装配后的偏差值最大不应超过"料厚+料厚的上偏差",而最小值不应超过"料厚+料厚的下偏差"
3	拉深模	几何形状规则(圆形、矩形)	各向间隙应均匀,按图样要求进行检查
		形状复杂、空间曲线	按压弯、成形类冲模处理

6) 模具的闭合高度

(1) 装配好的冷冲模,其模具闭合高度应符合图纸所规定的要求。其闭合高度的允差值见表 5-9。

表 5-9　闭合高度的允差值　　　　　　　　　　　单位:mm

模具闭合高度尺寸	允　差
≤200	+1 −3
>200～400	+2 −5
>400	+3 −7

(2) 在同一压机上，联合安装冲模的闭合高度应保持一致。冲裁类冲模与拉深类冲模联合安装时，闭合高度应以拉深模为准。冲裁模凸模进入凹模刃口的进入量应不小于 3 mm。

7) 顶出、卸料件

顶出、卸料件在装配后的技术要求见表 5-10。

表 5-10 顶出、卸料件装配后的技术要求

序号	装配部位	技 术 要 求
1	卸料板、推件板、顶板的安装	装配后的冲压模具，其卸料板、推件板、顶板、顶圈均应相应露出凹模面、凸模顶端、凸凹模顶端 0.5～1 mm，图纸另有要求时，按图样要求进行检查
2	弯曲模顶件板装配	装配后的弯曲模顶件板处于最低位置(即工作最后位置)时，应与相应弯曲拼块对齐，但允许顶件板低于相应拼块。其允差在料厚为 1 mm 以下时为 0.01～0.02 mm，料厚大于 1 mm 时为 0.02～0.04 mm
3	顶杆、推杆装配	顶杆、推杆装配时，长度应保持一致。在一副冲模内，同一长度的顶杆，其长度误差不大于 0.1 mm
4	卸料螺钉	在同一副模具内，卸料螺钉应选择一致，以保持卸料板的压料面与模具安装基面平行度允差在 100 mm 长度内不大于 0.05 mm

模具装配后，卸料机构动作要灵活，无卡涩现象。其弹簧、卸料橡皮应有足够的弹力及卸料力。

8) 模板间平行度要求

模具装配后，模板上、下平面(上模板上平面对下模板下平面)平行度允差见表 5-11。

表 5-11 平行度允差   单位：mm

模具类别	刃口间隙	凹模尺寸(长+宽或直径的 2 倍)	300 mm 长度内平行度允差
冲裁模	≤0.06	—	0.06
	>0.06	≤350	0.08
		>350	0.10
其他模具	—	≤350	0.10
		>350	0.14

注：① 刃口间隙取平均值。

② 包含有冲裁工序的其他类模具，按冲裁模检查。

9) 模柄

模柄装配技术要求见表 5-12。

表 5-12　模柄装配技术要求

序号	安装部位	技　术　要　求
1	直径与凸台高度	按图样要求加工
2	模柄对上模板垂直度	在 100 mm 长度范围内不大于 0.05 mm
3	浮动模柄装配	浮动模柄结构中，传递压力的凹凸模球面必须在摇摆及旋转的情况下吻合，其吻合接触面积不少于应接触面的 80%

10) 漏料孔

下模座漏料孔一般按凹模孔尺寸每边应放大 0.5～1 mm。漏料孔应通畅，无卡滞现象。

5.2.2　冷冲模零件的固定装配

1. 模具零件的一般固定装配

1) 螺孔配钻加工

配钻加工的钻床操作，在模具制作中是一种常用的方法。所谓配钻加工，就是在钻加工某一零件时，其孔位可不按图样中的尺寸和公差来加工，而是通过另一零件上已钻好的实际孔位来配作。如制作冲模时，可先将凹模按图样要求把螺孔、销孔或内部圆形孔加工出来，并经淬硬后做为标准样件，再通过这些孔来引钻其他固定板、卸料板、模板的螺孔或销钉孔。其常见的配钻方法见表 5-13。

表 5-13　螺孔配钻加工法

配钻方法	加工过程	注意事项
直接引钻法	将两个零件按装配时的相对位置夹紧在一起，用一个与光孔直径相配合的钻头，以光孔为引导孔，在待加工工件上欲钻孔位置的中心处，先钻出一个"锥孔"，再把两件分开，以锥孔为基准钻攻螺纹孔	① 钻头直径应相当于导向孔直径； ② 钻锥孔的锥角应为 105°～110°； ③ 钻锥孔时，刀头要缓慢。在达到锥坑深度后，钻头回升一下，再进刀 0.2～0.3 mm，可以保证同轴度要求
样冲印孔法	如果待加工的零件孔位是根据已加工好的不通螺孔来配钻时，可先将准备好的螺纹样冲(图 5-4)拧入已加工好的螺孔内，然后将两个工件按装配位置装夹在一起，并轻轻地给样冲施加压力，则在另一件上影印上冲眼，即可按其加工	① 螺纹样冲尖应淬硬且锥尖与螺纹中心线要同轴； ② 在同一组螺纹样冲装入同一组零件的多个螺孔后，必须用卡尺将它们的顶尖找平后再印，否则会由于顶尖高低不平影响压印精度
复印印孔法	在已加工好的光孔或螺孔的平面上涂上一层红丹，再将两个零件按装配要求放在一起，即可在待加工的工件上印有印迹，根据印痕位置打上样冲眼再加工	① 红丹一定要涂匀； ② 痕迹一定要清晰明显； ③ 打样冲眼时要仔细

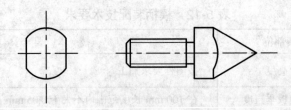

图 5-4　螺纹样冲

利用表 5-13 所示的配钻加工法尽管显得很原始,但在中小工厂缺少精密设备的情况下,还是比较适用的。特别是对于配钻孔较多的零件,此方法要比划线钻孔法精度高,且能保证良好的装配关系。

2) 圆柱销孔的加工

模具零件的圆柱销孔不仅是紧固孔,而且也是定位孔。它与圆柱销应加工成 H/m6 配合精度。在加工圆柱销孔时,应注意以下几点:

(1) 圆柱销孔的表面粗糙度应加工成 $R_a < 1.6\ \mu m$。因此,销孔不能采用钻头直接钻孔一次成形,必须在钻头钻孔后,用相应尺寸铰刀钻铰成形。圆柱销孔钻铰前,钻孔直径可按表 5-14 选取。

表 5-14　圆柱销孔铰孔前的钻孔直径　　　　　　　　单位:mm

圆柱销孔直径	6	8	10	12	16	20	25
钻孔直径	5.7	7.5	9.5	11.5	15.5	19.5	24.5

(2) 为便于装配与铰孔,销孔上、下应进行划窝和倒角,其大小与销孔直径有关,其值可参见表 5-15。

表 5-15　圆柱销孔倒角尺寸　　　　　　　　单位:mm

圆柱销孔直径	6~8	10~16	18~25
倒角尺寸	1×45°	1.5×45°	2×45°

(3) 对于同一模具不同零件的同一柱销孔,为了销孔位置准确,保证装配后的同轴度,应采用配钻铰方法加工销孔。其加工方法是:

首先选定定位销孔的基准件是淬硬件,如凹模,在热处理前应将定位销孔铰好,热处理后如变形不大,用铸铁棒加研磨剂进行研磨,或使用硬质合金刀进行精铰一次,以恢复到所要求的质量。然后,把装配调整好的需定位的各零件用螺钉紧固在一起,配钻铰加工(以淬硬后的凹模销孔做导引)。

为了保证销钉孔的加工质量及各部件的同轴度,配钻铰销孔时,应选用比已加工好的销钉孔(基准件)直径小 0.1~0.2 mm 的钻头锪锥坑找正中心,再进行钻、锪和粗、精加工,所留铰量要适当。在铰削中,要加注充分的切削液。

(4) 对于需要淬硬的冲模零件,为了防止销孔由于淬火后变形而影响其装配精度,最好在淬火后用硬质合金铰刀复铰一次(预先留有 0.05~0.10 mm 复铰余量)。在复铰时,其转速不应太快,一般为 90~120 r/min,进给量在 0.10~0.15 mm/min 左右。

(5) 对于需要淬火的 45 号钢模具零件，为了预防淬火后的销孔变形，也可以采用淬火前钻孔，淬火后铰孔的工艺方法。

如图 5-5 所示是通过凹模 1 上的过孔对凸模固定板 2 直接引钻锥孔；拆开后，再按锥孔位置加工凸模固定板上的螺孔或过孔。若凹模上过孔的孔径小于凸模固定板上的相应孔径，则可从凹模过孔直接向凸模固定板引钻预孔，分开后再对凸模固定板做扩孔加工。

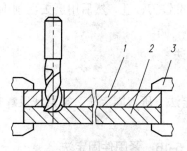

1—凹模；

2—凸模固定板；

3—平行夹头

图 5-5　引钻凸模固定板

如图 5-6 所示，待相关零件位置找正后，利用螺钉中心冲压印出下模座上过孔的中心位置，再进行后续的划线或钻孔加工。

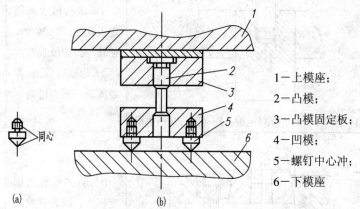

1—上模座；

2—凸模；

3—凸模固定板；

4—凹模；

5—螺钉中心冲；

6—下模座

图 5-6　用螺钉中心冲压印孔位

3) 同钻同铰

将相关零件找正后用平行夹头夹紧成一体，然后按一块板上的划线位置同时钻孔与铰孔，见图 5-7。

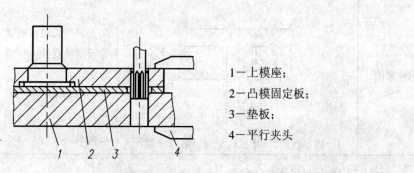

1—上模座；

2—凸模固定板；

3—垫板；

4—平行夹头

图 5-7　不同材料上同钻同铰销钉孔

在同铰时应该注意：

(1) 在不同材料上铰孔时，应从较硬材料一方铰入较软材料一方，否则，若从较软材料一方铰入，孔易扩大。

(2) 通过淬硬件上的孔来铰削时，应先对淬硬件的变形孔用研磨棒进行研磨，然后才能进行引铰。

(3) 对于盲孔的铰削，应先用标准铰刀铰孔，然后用磨去切削锥部分的旧铰刀铰削孔的底部。

2．模具成型零件的常用固定方法

1) 机械固定法

机械固定法通常包括紧固件固定法、压入固定法、挤紧法及焊接法。

(1) 紧固件固定法见表 5-16。

表 5-16　紧固件固定法

紧固方法	图　示	工艺要点	注意事项
螺钉紧固	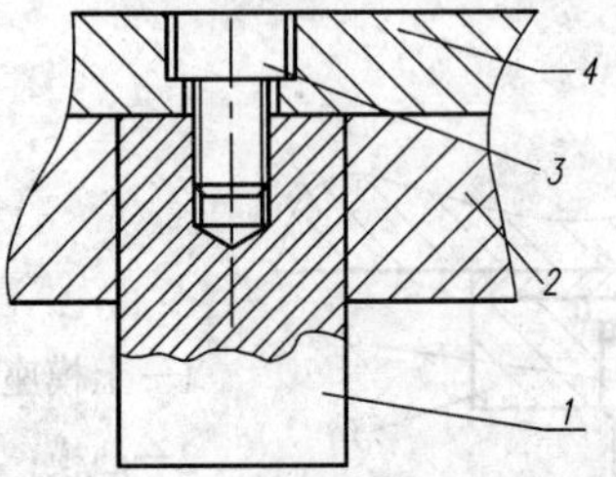 1—凸模；2—凸模固定板；3—螺钉；4—垫板	① 将凸模放入固定板孔内，调好位置，使其与固定板垂直； ② 用螺钉紧固，并要固紧，不许松动	紧固要牢，不许松动；凸模为硬质合金时，螺孔用电火花加工
斜压块及螺钉紧固	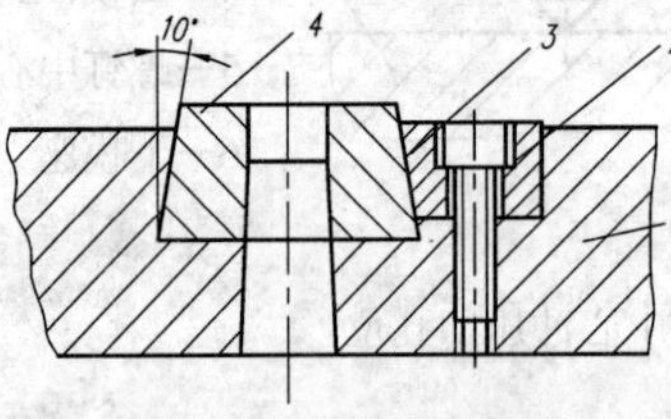 1—凹模固定板；2—螺钉；3—斜压块；4—凹模	① 将凹模放入固定板内，调好位置； ② 压入斜压块； ③ 拧紧螺钉固定	① 凹模一定要和固定板安装面垂直； ② 螺钉要拧紧，不能松动； ③ 10°锥度要求准确配合
钢丝紧固	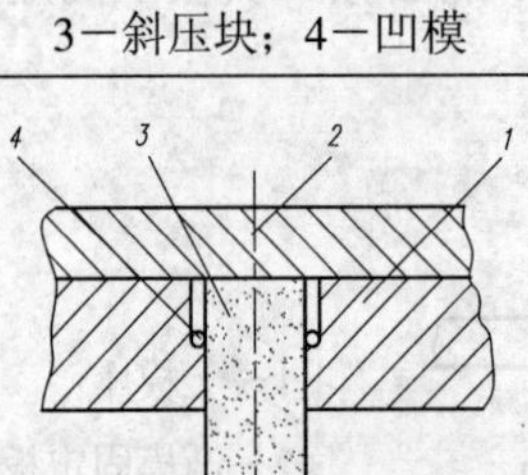 1—固定板；2—垫板；3—凸模；4—钢丝	① 在固定板上先加工钢丝长槽，槽宽等于钢丝直径，一般为 2 mm； ② 将钢丝及凸模一并从上至下装入固定板紧固	钢丝与固定板槽及凸模槽配合要严密；装配后凸模一定要垂直于固定板安装平面

(2) 压入固定法见表 5-17。

表 5-17　凸模压入固定法

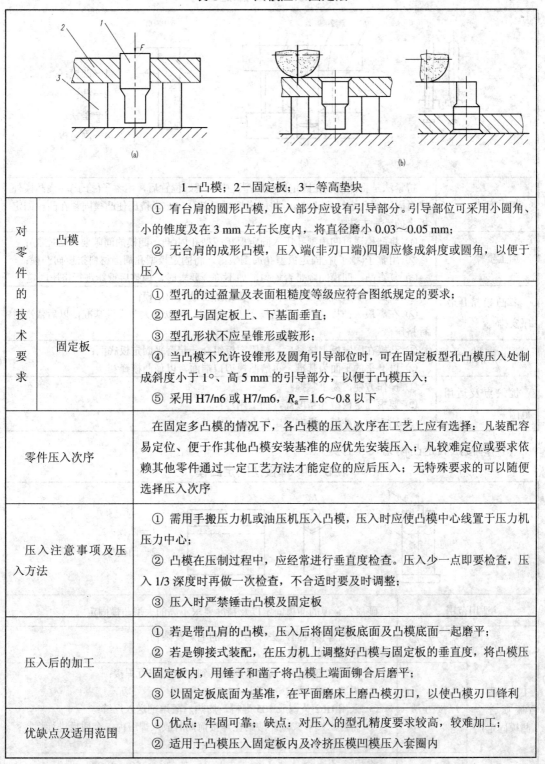

1—凸模；2—固定板；3—等高垫块

对零件的技术要求	凸模	① 有台肩的圆形凸模，压入部分应设有引导部分。引导部位可采用小圆角、小的锥度及在 3 mm 左右长度内，将直径磨小 0.03～0.05 mm； ② 无台肩的成形凸模，压入端(非刃口端)四周应修成斜度或圆角，以便于压入
	固定板	① 型孔的过盈量及表面粗糙度等级应符合图纸规定的要求； ② 型孔与固定板上、下基面垂直； ③ 型孔形状不应呈锥形或鞍形； ④ 当凸模不允许设锥形及圆角引导部位时，可在固定板型孔凸模压入处制成斜度小于 1°、高 5 mm 的引导部分，以便于凸模压入； ⑤ 采用 H7/n6 或 H7/m6，R_a＝1.6～0.8 以下
零件压入次序		在固定多凸模的情况下，各凸模的压入次序在工艺上应有选择：凡装配容易定位、便于作其他凸模安装基准的应优先安装压入；凡较难定位或要求依赖其他零件通过一定工艺方法才能定位的应后压入；无特殊要求的可以随便选择压入次序
压入注意事项及压入方法		① 需用手搬压力机或油压机压入凸模，压入时应使凸模中心线置于压力机压力中心； ② 凸模在压制过程中，应经常进行垂直度检查。压入少一点即要检查，压入 1/3 深度时再做一次检查，不合适时要及时调整； ③ 压入时严禁锤击凸模及固定板
压入后的加工		① 若是带凸肩的凸模，压入后将固定板底面及凸模底面一起磨平； ② 若是铆接式装配，在压力机上调整好凸模与固定板的垂直度，将凸模压入固定板内，用锤子和凿子将凸模上端面铆合后磨平； ③ 以固定板底面为基准，在平面磨床上磨凸模刃口，以使凸模刃口锋利
优缺点及适用范围		① 优点：牢固可靠；缺点：对压入的型孔精度要求较高，较难加工； ② 适用于凸模压入固定板内及冷挤压模凹模压入套圈内

(3) 利用挤紧法将凸模固定在固定板上，其方法见表 5-18。

表 5-18　挤紧固定法

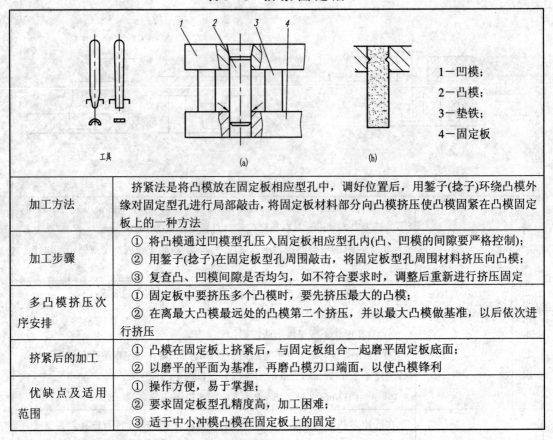

1—凹模；
2—凸模；
3—垫铁；
4—固定板

加工方法	挤紧法是将凸模放在固定板相应型孔中，调好位置后，用錾子(捻子)环绕凸模外缘对固定型孔进行局部敲击，将固定板材料部分向凸模挤压使凸模固紧在凸模固定板上的一种方法
加工步骤	① 将凸模通过凹模型孔压入固定板相应型孔内(凸、凹模的间隙要严格控制)； ② 用錾子(捻子)在固定板型孔周围敲击，将固定板型孔周围材料挤压向凸模； ③ 复查凸、凹模间隙是否均匀，如不符合要求时，调整后重新进行挤压固定
多凸模挤压次序安排	① 固定板中要挤压多个凸模时，要先挤压最大的凸模； ② 在离最大凸模最远处的凸模第二个挤压，并以最大凸模做基准，以后依次进行挤压
挤紧后的加工	① 凸模在固定板上挤紧后，与固定板组合一起磨平固定板底面； ② 以磨平的平面为基准，再磨凸模刃口端面，以使凸模锋利
优缺点及适用范围	① 操作方便，易于掌握； ② 要求固定板型孔精度高，加工困难； ③ 适于中小冲模凸模在固定板上的固定

(4) 焊接法固定凸模见表 5-19。

表 5-19　焊接法固定凸模

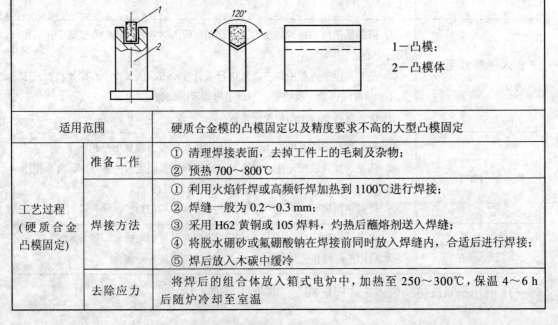

1—凸模；
2—凸模体

适用范围		硬质合金模的凸模固定以及精度要求不高的大型凸模固定
工艺过程 (硬质合金 凸模固定)	准备工作	① 清理焊接表面，去掉工件上的毛刺及杂物； ② 预热 700～800℃
	焊接方法	① 利用火焰钎焊或高频钎焊加热到 1100℃进行焊接； ② 焊缝一般为 0.2～0.3 mm； ③ 采用 H62 黄铜或 105 焊料，灼热后蘸熔剂送入焊缝； ④ 将脱水硼砂或氟硼酸钠在焊接前同时放入焊缝内，合适后进行焊接； ⑤ 焊后放入木碳中缓冷
	去除应力	将焊后的组合体放入箱式电炉中，加热至 250～300℃，保温 4～6 h 后随炉冷却至室温

2）红热固定法

在加工硬质合金模具时，常利用红热(热套)固定法将凸模或凹模模块固定在模套中，其固定方法见表5-20。

表5-20　热套固定法固定凸、凹模

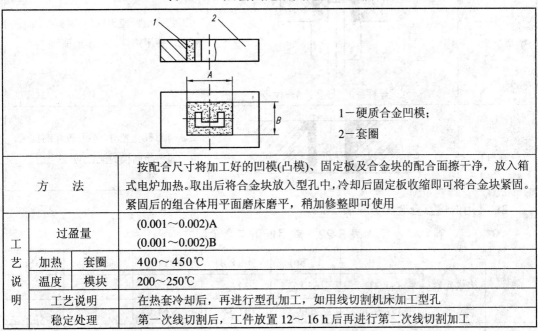

1—硬质合金凹模；
2—套圈

方　　法			按配合尺寸将加工好的凹模(凸模)、固定板及合金块的配合面擦干净，放入箱式电炉加热。取出后将合金块放入型孔中，冷却后固定板收缩即可将合金块紧固。紧固后的组合体用平面磨床磨平，稍加修整即可使用
工艺说明	过盈量		(0.001～0.002)A
			(0.001～0.002)B
	加热温度	套圈	400～450℃
		模块	200～250℃
	工艺说明		在热套冷却后，再进行型孔加工，如用线切割机床加工型孔
	稳定处理		第一次线切割后，工件放置12～16 h后再进行第二次线切割加工

3）低熔点合金固定法

采用低熔点合金固定模具零件，在中小型模具装配中已被广泛应用。它主要用于固定凸模、凹模、导柱、导套、浇注导向板及卸料板型孔等。其工艺简单，操作方便，有足够的强度，合金能重复使用；并且，被浇注的型孔及零件安装部位精度要求较低，便于调整维修。但采用低熔点合金浇注操作起来比较费时，预热时易使模具变形。

(1) 低熔点合金在模具制造中的应用见表5-21。

表5-21　低熔点合金在模具制造中的应用

应用部位	示　　图	优缺点
固定凸模		① 可解决多孔凸模固定时间隙调整的困难；
		② 工艺简单，操作方便；
		③ 有足够的强度，适于冲制 2 mm 以下板料的小型模具；
固定凹模		④ 模具生产周期短；
		⑤ 合金能重复使用，节约材料

应用部位	示　图	优缺点
固定导柱、导套	1—导柱；2—导套；3—模板	工艺简单，便于操作，易调节配合间隙，便于维修，成本低廉
浇注卸料板卸料孔		导向卸料孔光滑，不用较高的技术，易于调整与凸模的配合间隙

(2) 常用低熔点合金配方见表 5-22。

表 5-22　常用低熔点合金配方

序号	构成元素	名　称	锑(Sb)	铅(Pb)	镉(Cd)	铋(Bi)	锡(Sn)
		熔点/℃	630.5	327.4	320.9	271	232
		密度/(g/cm³)	6.69	11.34	8.64	9.8	7.28
1	成分 (重量百分比)		9	28.5	—	48	14.5
2			5	35	—	45	15
3						58	42
4			1			57	42
5			—	27	10	50	13

(3) 常用低熔点合金力学性能及应用范围见表 5-23。

表 5-23　常用低熔点合金力学性能及应用范围

合金序号	熔点/℃	硬度/HB	抗拉强度/MPa	抗压强度/MPa	冷凝膨胀值	应　用　范　围
1	120	—	900	1100	0.002	固定凸、凹模浇注卸料孔及导柱、导套孔
2	100	—	—	—	—	固定凸模、凹模、导柱及浇注卸料孔
3	135	18～20	800	870	0.005	浇注型模模腔
4	135	21	770	950		浇注型模模腔
5	70	9～11	400	740	—	固定电极及电气靠模

(4) 低熔点合金配制方法见表 5-24。

表 5-24　低熔点合金配制方法

序号	工　序	工　艺　说　明
1	准备工作	① 将合金元素的锑和铋分别打碎成边长 5～25 mm 大小的碎块; ② 分别将各金属元素称好重量(按配比),并分开存放
2	熔化,制合金锭	① 用坩埚加热,并依次按熔点高低先后加入铅、镉、铋、锡金属; ② 每加入一种金属,都要用搅拌棒搅拌均匀。待全部熔化后,再加下一个金属元素; ③ 所有金属全部熔化后,使之冷却降至 300℃后,浇入槽钢或角钢做成的模型内,急冷成条状; ④ 使用时,按需要量将其熔化浇注
3	注意事项	① 合金熔化温度不易太高,否则容易氧化; ② 在熔化过程中,用石墨粉作保护剂; ③ 熔化时,要随时将多余的浮渣清除; ④ 制锭用的合金模型必须事先烘干,并确保清洁; ⑤ 合金条要放在干燥地点单独保存

(5) 低熔点合金浇注固定凸(凹)模方法见表 5-25。

表 5-25　低熔点合金浇注固定凸(凹)模的方法

浇注部位	示　图	工　艺　说　明
固定凸模	 1—凸模固定板;2—凸模; 3—底座;4—间隙垫片; 5—凹模;6—垫铁;7—垫板	① 凸模及凸模固定孔粘接部位表面应清洗干净; ② 将凸模固定板放在平台上,再垫上等高垫铁; ③ 放进凹模,调整好凹模和凸模固定板相对位置; ④ 将凸模插入凹模相应孔内,调好间隙,使之均匀; ⑤ 调好间隙后,用等高垫铁将凸模与凹模组垫起; ⑥ 将固定板放在平台上,将凸模安装部位插入相应的固定型孔中,调好四周间隙; ⑦ 浇注熔化后的合金; ⑧ 冷却 24 h 后,用平面磨床将其磨平即可使用
固定导套	 1—调整螺钉;2—上模板; 3—导柱;4—导套;5—底板	① 下模座装上导柱,放在平台上; ② 放上等高垫铁(用以垫起上模座)及导套(或用调节螺钉支撑); ③ 放上上模座,将导套插入导柱并控制好导柱、导套间隙; ④ 浇注合金,使导套固定

浇注部位	示　图	工 艺 说 明
浇注卸料孔	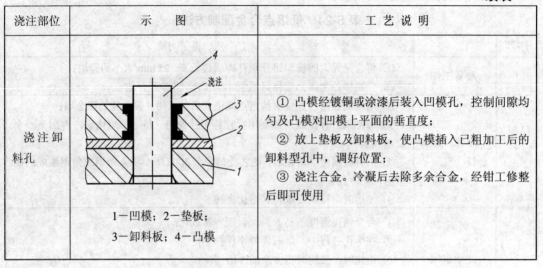 1—凹模；2—垫板； 3—卸料板；4—凸模	① 凸模经镀铜或涂漆后装入凹模孔，控制间隙均匀及凸模对凹模上平面的垂直度； ② 放上垫板及卸料板，使凸模插入已粗加工后的卸料型孔中，调好位置； ③ 浇注合金。冷凝后去除多余合金，经钳工修整后即可使用

(6) 浇注低熔点合金的注意事项见表 5-26。

表 5-26　浇注低熔点合金的注意事项

序号	项　目	注 意 事 项
1	零件要求	① 浇注零件应具有能保证合金浇注后牢固可靠的结构形式； ② 有关零件先应准确定位，如对凸、凹模必须控制好间隙，凸模要垂直固定板的装配支撑面； ③ 浇注合金的部位事先要清洗，去除油污。浇注时要预热，预热温度约 100～150℃。但对凸、凹模预热温度不要太高，以免影响刃口部位的硬度
2	合金要求	① 合金熔化温度不要太高，一般不能高于 200℃，以防氧化、变质、晶粒粗大影响质量。熔化时要随时清除渣滓及杂物； ② 熔化前合金条要烘干，熔液要随时搅拌
3	操作工艺要求	① 浇注过程中及浇注后不能磕碰有关模具零件； ② 合金浇注冷却 24 h 后才能使用

4) 环氧树脂粘接固定法

环氧树脂在硬化状态下对各种金属和非金属表面附着力非常强，而且在固化时收缩率小，粘接时不需要任何附加力。因此，在冲模制造中，环氧树脂广泛应用于凸(凹)模在固定板上的粘接与固定，浇注卸料孔，在模板上粘固导柱、导套等。其优点是简化了型孔的加工，易于保证凸、凹模间隙及导柱、导套之间的配合精度，提高了模具的制造质量。但只适于冲压力不大的中、小型冲模。

(1) 环氧树脂在冲模装配中的应用见表 5-27。

表 5-27 环氧树脂在冲模装配中的应用

应用部位	图　　示	工 艺 说 明
固定凸模	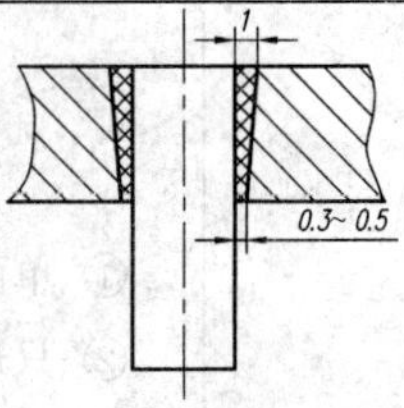 (a) 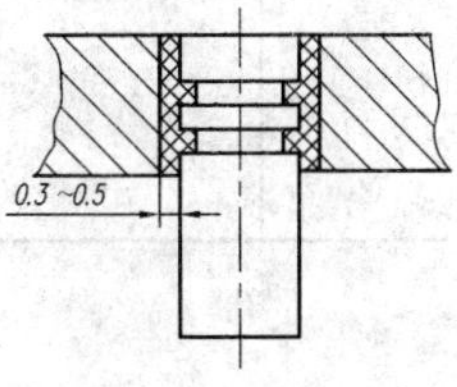 (b) 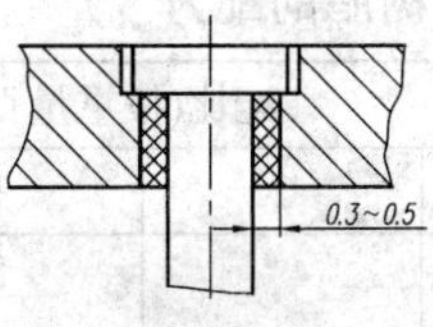 (c)	① 把凸模固定板型孔做得适当大一些，单面间隙(凸模的固定板型孔)为 1～2.5 mm，但不宜过大，否则粘接强度会降低； ② 固定板型孔壁越粗糙越好； ③ 图(a)、(b)适于冲裁料厚<0.8 mm 的冲模
浇注卸料孔	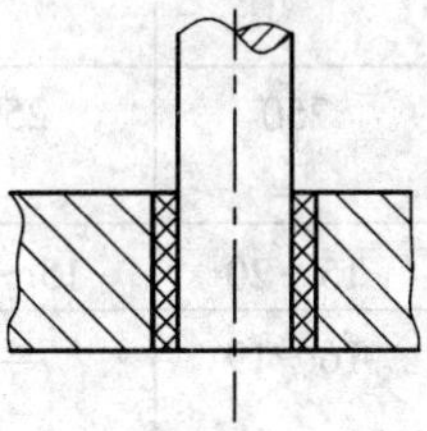 (a) 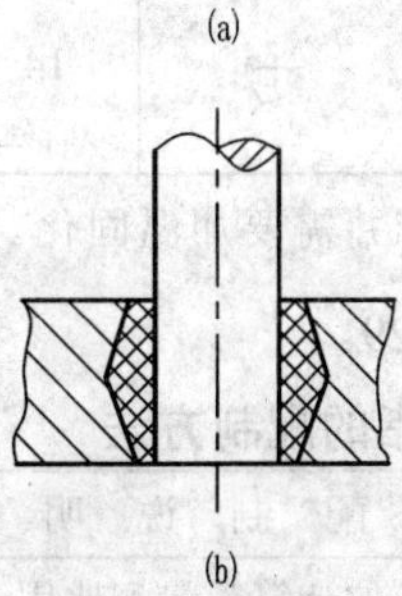 (b) 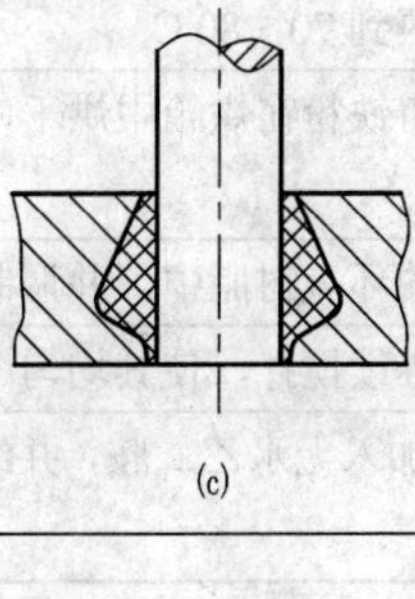 (c)	图(a)所示的卸料孔比凸模每边大 1.5～2 mm，加工比较简单； 图(b)所示的卸料孔结构复杂，但粘结后比(a)牢固； 图(c)所示的卸料孔采用卸料孔直壁部分定位，可用挤压方法调整凸模与卸料板的垂直度

应用部位	图　　示	工 艺 说 明
固定导柱、导套于模板上	 1—导套；2—导柱	① 单面间隙 0.7～1.0 mm； ② 只适用于冲裁 2 mm 以下板料的冲模

(2) 环氧树脂的配制。

① 配方。环氧树脂的配方材料见表 5-28。

表 5-28　环氧树脂的配方

组成成分	名称	配比(按重量百分比)/%				
		1	2	3	4	5
粘接剂	634 环氧树脂 610	100	100	100	100	100
填充剂	铁粉 200～300 目 石英粉 200 目	250 —	250 —	250 —	— 200	— 100
增塑剂	邻苯二甲酸二丁酯	15～20	15～20	15～20	10～12	15
固化剂	无水乙二胺	8～10	16～19	—	—	—
	二乙烯三胺	—	—	—	—	10
	间苯二胺①	—	—	14～16	—	—
	邻苯二甲酸酐	—	—	—	35～38	—

注：① 这种固化剂适于作为卸料孔的填充剂，并需要加温固化。

② 配制方法。环氧树脂的配制方法见表 5-29。

表 5-29　环氧树脂的配制方法

工序号	工序名称	配 制 说 明
1	称料	将配方中各种成分的原料，按计算数量配比用天平称好
2	加热	将环氧树脂放在烧杯内加热到 70～80℃
3	烘干铁粉	在环氧树脂加热的同时，将铁粉在烘箱中烘干，温度 200℃ 左右，去除铁粉中存在的潮气
4	加填充剂	将烘干的铁粉加入加热后的环氧树脂中，并调制均匀
5	加增塑剂	加入邻苯二甲酸二丁酯，继续搅拌，使其均匀
6	加固化剂	当温度降至 40℃ 左右时，加入无水乙二胺，并继续搅拌，待无气泡时，即可使用浇注

(3) 环氧树脂粘结固定凸(凹)模的工艺方法见表 5-30。

表 5-30　环氧树脂粘结固定凸模的方法

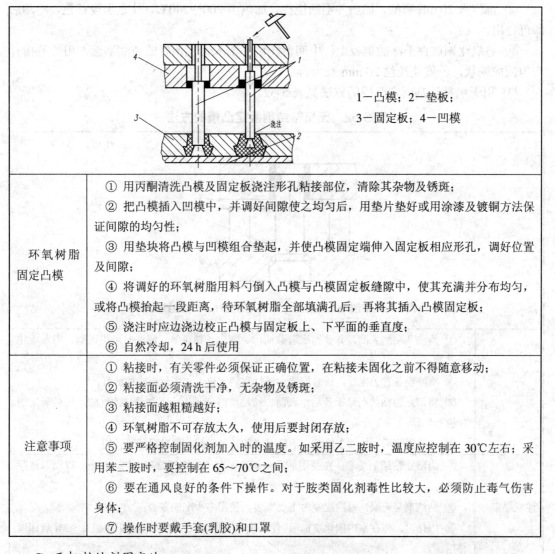

1—凸模；2—垫板；
3—固定板；4—凹模

环氧树脂固定凸模	① 用丙酮清洗凸模及固定板浇注形孔粘接部位，清除其杂物及锈斑； ② 把凸模插入凹模中，并调好间隙使之均匀后，用垫片垫好或用涂漆及镀铜方法保证间隙的均匀性； ③ 用垫块将凸模与凹模组合垫起，并使凸模固定端伸入固定板相应形孔，调好位置及间隙； ④ 将调好的环氧树脂用料勺倒入凸模与凸模固定板缝隙中，使其充满并分布均匀，或将凸模抬起一段距离，待环氧树脂全部填满孔后，再将其插入凸模固定板； ⑤ 浇注时应边浇边校正凸模与固定板上、下平面的垂直度； ⑥ 自然冷却，24 h 后使用
注意事项	① 粘接时，有关零件必须保证正确位置，在粘接未固化之前不得随意移动； ② 粘接面必须清洗干净，无杂物及锈斑； ③ 粘接面越粗糙越好； ④ 环氧树脂不可存放太久，使用后要封闭存放； ⑤ 要严格控制固化剂加入时的温度。如采用乙二胺时，温度应控制在 30℃ 左右；采用苯二胺时，要控制在 65～70℃ 之间； ⑥ 要在通风良好的条件下操作。对于胺类固化剂毒性比较大，必须防止毒气伤害身体； ⑦ 操作时要戴手套(乳胶)和口罩

5) 无机粘结剂固定法

无机粘结剂固定凸模具有工艺简单，粘结强度高，不变形，耐高温及不导电等优点，故在冲模装配中得到了应用。但其本身有脆性，不宜受较大的冲击负荷，只适于冲薄板料的冲模粘结固定凸模用。

(1) 无机粘结剂的配方见表 5-31。

表 5-31　无机粘结剂的配方

原料名称	配　比	说　明
氧化铜	4～5(g)	黑色粉末状，320 目；二、三级试剂，含量不小于98%
磷　酸	1(mL)	密度要求在 1.7～1.9 g/cm³ 范围内；二、三级试剂，含量不少于85%
氢氧化铝	0.04～0.08(g)	白色粉末状，二、三级试剂

(2) 无机粘结剂的配制方法如下所述：

① 将 100 mL 磷酸所需的氢氧化铝先与 10 mL 磷酸置于烧杯中，搅拌均匀呈乳白状态。

② 再倒入 20 mL 磷酸，加热并不断搅拌，加热至 200～240℃，使之呈淡茶色，冷却后即可使用。

③ 将氧化铜放在干净的铜板上，中间留一坑并倒入上述调好的磷酸溶液，用竹签搅拌均匀调成糊状，一般能拉丝 20 mm 长为合适。

(3) 用无机粘结剂固定凸模的方法见表 5-32。

表 5-32 无机粘结剂固定凸模的方法

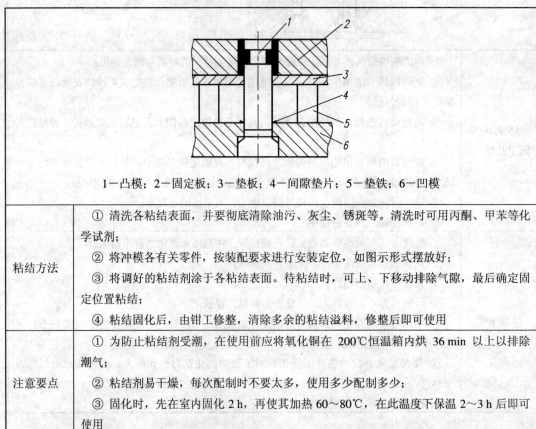

1—凸模；2—固定板；3—垫板；4—间隙垫片；5—垫铁；6—凹模

粘结方法	① 清洗各粘结表面，并要彻底清除油污、灰尘、锈斑等。清洗时可用丙酮、甲苯等化学试剂； ② 将冲模各有关零件，按装配要求进行安装定位，如图示形式摆放好； ③ 将调好的粘结剂涂于各粘结表面。待粘结时，可上、下移动排除气隙，最后确定固定位置粘结； ④ 粘结固化后，由钳工修整，清除多余的粘结溢料，修整后即可使用
注意要点	① 为防止粘结剂受潮，在使用前应将氧化铜在 200℃恒温箱内烘 36 min 以上以排除潮气； ② 粘结剂易干燥，每次配制时不要太多，使用多少配制多少； ③ 固化时，先在室内固化 2 h，再使其加热 60～80℃，在此温度下保温 2～3 h 后即可使用

3. 凸、凹模间隙的控制

冷冲模凸、凹模之间的间隙均匀程度及其大小，是直接影响所冲制件质量和冲模使用寿命的重要因素之一。因此，在制造冲模时，必须要保证凸、凹模间隙的大小及均匀一致性。冲模装配的主要工作，也就是要确定已加工好的凸、凹模的正确位置，以确保它们之间的间隙均匀。为了保证凸模和凹模的正确位置和间隙均匀，在装配冲模时一般是依据图样要求先确定其中一件(凸模或凹模)的位置，然后以该件为基准，用找正间隙的方法，确定另一件的准确位置。在实际生产中，控制凸模与凹模间隙的方法很多，需根据冲模的结构特点、间隙值的大小和装配条件来确定。目前，最常用的凸、凹模间隙控制方法见表 5-33。

表 5-33 凸、凹模间隙控制

控制方法	图 示	说 明	优缺点
透光调整法	 1—凸模；2—光源；3—垫铁； 4—固定板；5—凹模	① 分别安装上模与下模，螺钉不要固紧，销钉暂不装配； ② 将垫块放在固定板及凹模之间垫起，并用夹钳夹紧； ③ 翻转冲模，将模柄夹紧在平口钳上； ④ 用手灯或电筒照射，并在下模漏料孔中观察。根据透光情况来确定间隙大小和均匀分布状况。当发现凸模与凹模之间所透光线在某一方向偏多，则表明间隙在此地点间隙偏大，可用手锤敲击相应的侧面，使其凸模向偏大方向移动，再反复透光，调整到合适为止； ⑤ 调整后，将螺钉及销钉固紧； ⑥ 试冲：用一张相当于所冲板料厚度的纸片，放在已调好的凸、凹模之间，用手锤轻轻敲击一下上模板，则凸、凹模闭合后冲出制品； ⑦ 检查样件：试冲出的样件若四周毛刺较小或毛刺分布均匀，则表面间隙调整合适。若在某一段发现毛刺较大，则说明在此段方向上间隙不均匀，要继续调整，直到试冲合适为止	方法简单，易于操作，但较费工时，适于小型冲模装配
测量法		① 将凸模与凹模分别固定在上模与下模之后，使凸模合于凹模孔内； ② 用厚薄规(塞尺)将凸、凹模边缘进行测量，来确定间隙的均匀程度； ③ 根据测量结果进行调整； ④ 调整合适后，紧固螺钉及圆柱销钉，并经过试冲检验其装配是否正确	方法简单，操作方便，适于大间隙冲模
垫铜片、纸片、块规调整法	 1—凹模；2—凸模；3—垫片	① 将凸模固定板组合及凹模之间用等高垫铁垫起，使凸模插入凹模相应孔内； ② 按间隙大小用厚度为 0.03～0.04 mm 的紫铜皮叠成多层(等于间隙值)垫在凸、凹模刃口之间(也可以用纸板及适当厚度的块规)，其深度为 10～12 mm，并使四周方向松紧程度一致； ③ 将凹模与下模板、凸模固定板与上模板分别用夹钳夹紧固定，将下模部用螺钉紧固并穿入圆柱销。上模部分的螺钉拧得不要太紧，圆柱销暂不装配； ④ 将上模板的导套小心套进下模板的导柱内，并慢慢放下。凸、凹模之间仍用原来的垫片垫入凸、凹模之间。假如某方向松紧程度相差较大，说明间隙不均匀，这时，可用手锤轻轻敲击固定板使之调整到各方向松紧程度一致为止； ⑤ 调整合适后，再固紧上模螺钉及圆柱销； ⑥ 切纸试冲，合适为止	工艺较复杂，但效果理想，调整后的间隙均匀

控制方法	图 示	说 明	优缺点
镀铜调整法		① 将凸模上镀铜(工艺见表 5-34)，镀层厚度恰好为凸、凹模间隙值； ② 将镀过铜的凸模浸入 10%硫酸亚铁溶液中，并与氰化钠中和进行消毒； ③ 用清水洗，擦干，上油； ④ 按装配工艺装配后，试冲验证间隙均匀程度	间隙均匀但工艺复杂
涂层法	 1—凸模；2—漆；3—垫板	在凸模上涂一层薄膜材料，涂层厚度等于凸、凹模单边间隙值，涂料为： ① 涂淡金水，可反复涂几次，或涂一次干燥后，再涂上机油和研磨砂调和的薄涂料； ② 涂拉夫桑薄膜； ③ 涂漆，用 1260 氨基醇酸绝缘清漆。其方法是：将凸模浸入盛漆的容器中约 15 mm 左右深，刃口朝下。浸后取出凸模，端面用吸水纸擦一下，然后使刃口朝上，让漆膜慢慢向下倒流，形成一定锥度。在炉内烘干(炉温从 10℃升到 120℃，保温 0.5～1 h)，随炉冷却后即可装配。装配后的冲模经试冲检查间隙均匀程度，若不合适重新涂漆调整，直到合格为止	方法简单，适于小间隙的冲模
利用工艺定位器调整法	 1—凸模；2—凹模；3—定位器； 4—凸凹模	用工艺定位器保证上、下模同心，控制装配过程中凸、凹模间隙的均匀。 定位器：d_1 与凸模滑配合；d_2 与凹模滑配合；d_3 与凸凹模孔滑配合；而且 d_1、d_2、d_3 要一次装夹车削而成，以保证三个直径圆柱的同心度	适于复合模的装配
标准样件调整法		对于弯曲、拉深及成形模，在调整及安装时，可按产品零件图先做一个样件。在调整时，将样件放在凸、凹模之间进行调整间隙	方法简单，调整后间隙均匀

控制方法	图 示	说 明	优缺点
加长凸模工艺尺寸定位法		对于圆形凸模和凹模,在制造凸模时,将凸模工作部分加长 1～2 mm,并将加长部分的工艺尺寸加大到正好与凹模孔滑配合。这样,在装配凸模与凹模时容易对中(同心),以保证其间隙值。待装配后,再将加长部分的工艺尺寸磨掉	方法简单,适用于圆形结构凸、凹模
酸腐蚀法		在加工凸、凹模时,可将凸模尺寸与模孔尺寸加工成相同,装配后再将凸模用酸腐蚀,以达到配合间隙大小与均匀要求。腐蚀后用清水洗去酸液。酸液配方: ① 硝酸 20%＋醋酸 30%＋水 50%; ② 蒸馏水 55%＋双氧水 25%＋草酸 20%＋硫酸(1～2)%。 腐蚀时,要控制好时间,不要太长	适于间隙小的冲模

凸模的镀铜工艺见表 5-34。

表 5-34　凸模镀铜工艺

序号	工 序	电解液配方/(克/升水)	阳极	阴极	电流密度/(A/cm²)	温度/℃	时 间
1	物化处理(镀中间层)	HCl(盐酸):75 NiCl(氯化镍):25	镍块	凸模	5	室温	10～15 s(取出后用水清洗)
2	镀铜(碱性)	Na(CN)₂(氰化钠):35～45 Cu(CN)₂(氰化铜):25～30 NaOH:5 Na₂CO₃:35 酒石碳酸钠:40	电解铜板	凸模	1～2	55	镀铜:0.04～0.06 mm 厚,约 1.5～2 h,需加厚时可先镀 10～15 min
3	镀铜加厚(酸性)	CuSO₄(硫酸铜):250 H₂SO₄(硫酸):75	电解铜板	凸模	2～4	室温	5～10 min

4. 冷冲模装配顺序选择

冲模的主要零件组装成部件后,可进行总装配。为了使凸、凹模易于对中和间隙均匀,装配时应首先考虑上、下模的装配顺序。冲模的装配顺序选择与冲模结构有关,其选择方法见表 5-35。

表 5-35　冷冲模装配顺序选择

模具结构	装配顺序	工　艺　说　明
无导柱、导套装置的冲模	装配无严格的次序要求	间隙的调整在压力机上进行。上、下模分别按图纸装配后，在压力机上边试冲边调整凸、凹模间隙，直到合格工件被冲出，将下模用螺钉、压板固紧在压力机的工作台上即可
凹模安装在下模板上的导柱模	先安装下模，然后依据下模配装上模	① 将凹模放在下模板上，找正位置后，将下模板按凹孔划出漏料孔的位置及大小，并加工漏料孔； ② 将凹模固紧在下模板上； ③ 将凸模与凸模固定板组合用等高垫铁垫起，使上模导套和凸模刃口部位分别伸进相应的导柱及凹模孔内； ④ 调整凸、凹模间隙，使其均匀； ⑤ 把上模板、垫板与凸模固定板组合用夹钳夹紧。取下后按凸模固定板配钻螺孔，并用螺钉紧固，但不要拧紧； ⑥ 将上模导套与下模导柱轻轻配合，视凸模是否能进入凹模孔中，用透光法观察间隙，并调整均匀； ⑦ 凸模与凹模间隙、导柱与导套配合合适后，再将螺钉固紧、打入销钉； ⑧ 安装其他辅助零件
有导柱的复合冲模	谁复杂、难装先装谁，如下模复杂难装，则先安装下模，再配装上模	① 按图样要求，先安装好下模部分； ② 借助下模的凸凹模位置确定上模凹模及凸模位置； ③ 调整间隙后，固定上模部分，最后装配下模及其他辅助零件

5. 冷冲模装配要点

冷冲模装配要点见表 5-36。

表 5-36　冷冲模装配要点

项号	项目	装　配　要　点
1	基准件选择	装配时，先要选择基准件，原则上按照模具主要零件加工时的依赖关系来确定。作为装配时的基准件有凸模、凹模、凸凹模、导向板及固定板等
2	装配	① 以导向板作基准进行装配时，通过导向板将凸模装入固定板，再装上模座，然后，通过上模配装下模； ② 固定板具有止口的模具，以止口将有关零件定位进行装配(止口尺寸可按模块配制，一经加工好就作为基准)； ③ 对于连续模，为便于调整准确步距，在装配时将拼块凹模先装入下模板后，再以凹模定位装凸模及固定板； ④ 当模具零件装入上、下模座时，先装作为基准的零件，检查无误后再拧紧螺钉、打入销钉；以后各部件在试冲无误后再拧紧螺钉、固紧销钉
3	调整凸、凹模间隙	在装配模具时，必须严格控制及调整凸、凹模间隙的均匀性。间隙调整后，才能固紧螺钉及销钉
4	试冲	试冲时可用切纸(纸厚等于料厚)试冲及上机试冲两种方法。试冲出的制品零件要仔细检查，如试冲时发现间隙不均匀，毛刺过大，应进行重新装配调整后，再钻铰销钉孔固紧

6. 各类冲模装配的特点

各类冲模装配的特点见表 5-37。

表 5-37　各类冲模装配的特点

冲模类型	加工、装配特点	说　明
连续模	① 先加工凸模，并经淬火淬硬； ② 对卸料板进行划线，并加工成形； ③ 将卸料板、凸模固定板、凹模毛坯四周对齐，用夹钳夹紧，同钻销孔及螺纹底孔； ④ 用已加工好的凸模在卸料板粗加工的孔中，采用压印锉修法将其加工成形； ⑤ 把加工好的卸料板与凹模用销钉固定，用加工好的卸料孔对凹模进行划线凹模形孔，卸下后粗加工凹模孔，然后用凸模压印锉修，保证间隙均匀； ⑥ 用同样的方法加工固定板孔； ⑦ 进行装配，先装下模，下模装好后配装上模； ⑧ 试冲与调整	假如有电加工设备，应先加工凹模，再以凹模为基准配作卸料板及凸模固定板
复合模	① 首先加工冲孔凸模，淬火淬硬； ② 对凸凹模进行粗加工，按图纸划线。加工后用冲孔凸模压印锉修成形凸凹模内孔； ③ 制做一个与工件完全相同的样件，把凸凹模与样件粘合，或按图样划线； ④ 按样件(或划线)加工凸凹模外形尺寸； ⑤ 把加工好的凸凹模切下一段，做为卸料器； ⑥ 淬硬凸凹模，用此压印锉修凹模孔； ⑦ 用冲孔凸模通过卸料器压印加工凸模固定板； ⑧ 先装上模，再以上模配装下模； ⑨ 试模与调整	若有电火花加工设备时，应先加工凸模，将凸模做长一些，以此做电极加工凹模。 有线切割设备时，可对冲模零件分别加工成形后装配
弯曲模	① 弯曲模工作部分形状比较复杂，几何形状及尺寸精度要求较高，在制造时，凸、凹模工作表面的曲线和折线需用事先做好的样板及样件来控制。样板与样件的加工精度为 ±0.05 mm； ② 工作部分表面应进行抛光，应达到 $R_a = 0.40\ \mu m$ 以下； ③ 凸、凹模尺寸及形状应在修理试模合适后进行淬硬。圆角半径要一致，凸模工作部分要加工成圆角； ④ 在装配时，按冲裁模装配方法装配，借助样板或样件调整间隙	选用卸料弹簧及橡皮时，一定要保证弹力，一般在试模时确定
拉深模	① 拉深模工作部分边缘要求修磨出光滑的圆角； ② 拉深模应边试模边对工作部分锉修，直至修锉到冲出合格件后再淬硬； ③ 借助样件调整间隙； ④ 大中型拉深模的凸模应留有通气孔，以便于工件的卸出	试冲后确定前道工序坯料尺寸，装配时应注意凸、凹模相对位置

5.2.3 冷冲模装配示例

1. 单工序冲裁模的装配

单工序冲裁模分无导向装置的冲裁模和有导向装置的冲裁模两种类型。对于无导向装置的冲裁模，在装配时，可以按图样要求将上、下模分别进行装配，其凸、凹模间隙是在冲裁模被安装在压力机上时进行调整的。而对于有导向装置的冲裁模，装配时首先要选择基准件，然后以基准件为基准，再配装其他零件并调好间隙值。其装配方法见表5-38。

表 5-38 冲裁模的装配

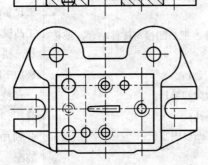

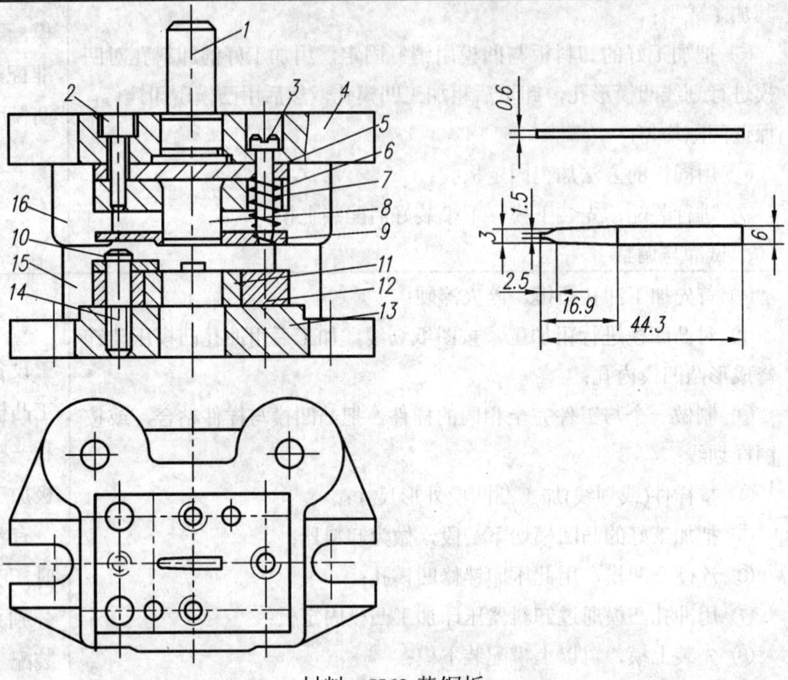

材料：H62 黄铜板

1—模柄；2—内六角螺钉；3—卸料螺钉；4—上模板；5—垫板；6—凸模固定板；

7—弹簧；8—凸模；9—卸料板；10—定位板；11—凹模；12—凹模套；

13—下模座；14—螺钉；15—导柱；16—导套

序号	工序	图　　示	工 艺 说 明
1	装配前的准备		① 通读总装配图，了解所冲零件的形状，精度要求及模具结构特点，动作原理和技术要求； ② 选择装配顺序及装配方法； ③ 检查零件尺寸、精度是否合格，并且备好螺钉、弹簧、销钉等标准件及装配用的辅助工具

序号	工序	图　示	工　艺　说　明
2	装配模柄	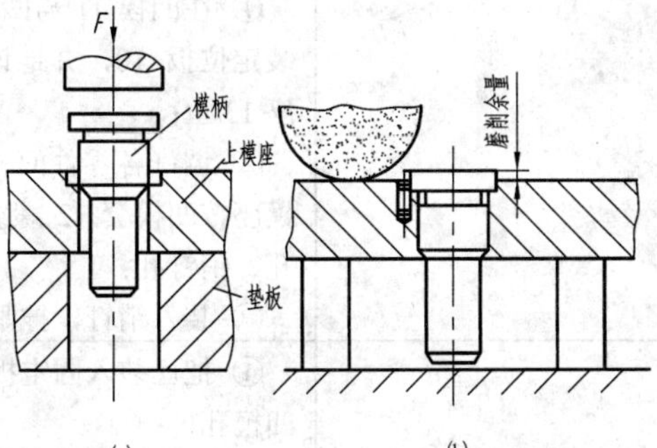 (a)　　　　(b)	① 在手搬压力机上，将模柄 1 压入上模板 4 中，压实后，再把模柄 1 端面与上模板 4 的底面在平面磨床上磨平； ② 用角尺检查模柄与上模板 4 的垂直度，并调整到合适为止
3	导柱、导套的装配	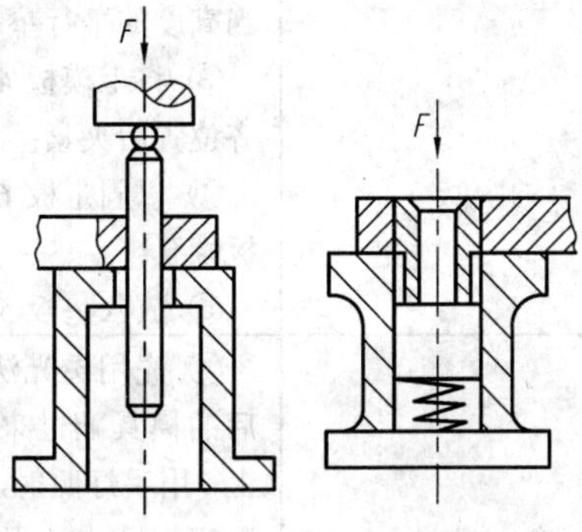 (a)　　　　(b)	① 在压力机上分别将导柱 15、导套 16 压入下模座 13 和上模板 4 内； ② 用角尺检查其垂直度，如超过垂直度误差标准，应重新安装
4	凸模的装配	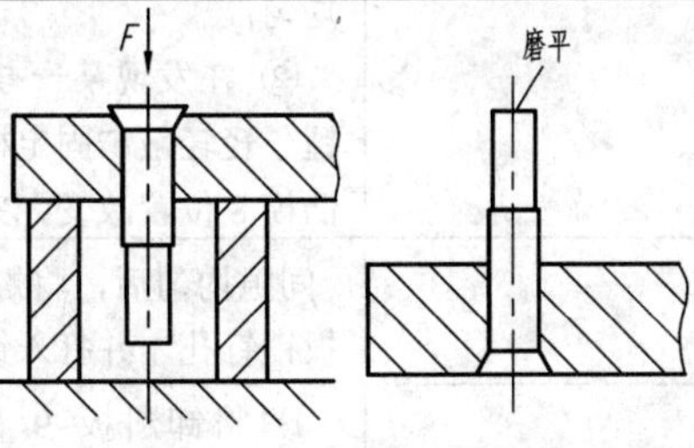 (a)　　　　(b)	① 在压力机上将凸模 8 压入固定板 6 内，并检查凸模 8 与固定板 6 的垂直度； ② 装配后将固定板 6 的上平面与凸模 8 尾部一起磨平； ③ 将凸模 8 的工作部位端面磨平，以保持刃口锋利
5	弹压卸料板的装配		① 将弹压卸料板 9 套在已装入固定板内的凸模上； ② 在固定板 6 与卸料板 9 之间垫上平行垫块，并用平行夹板将其夹紧； ③ 按卸料板 9 上的螺孔在固定板 6 上划窝； ④ 拆下后，钻削固定板上的螺孔
6	装凹模		① 把凹模 11 装入凹模套 12 内； ② 压入固紧后，将上、下平面在平面磨床上磨平

序号	工序	图 示	工 艺 说 明
7	安装下模		① 在凹模 11 与凹模套 12 组合上安装定位板 10,并把该组合安装在下模座 13 上; ② 调好各零件间相对位置后,在下模座按凹模套 12 螺纹孔配钻、加工螺孔、销钉孔; ③ 装入销钉,拧紧螺钉
8	配装上模		① 把已装入固定板 6 的凸模 8 插入凹模孔内; ② 将固定板 6 与凹模套 12 间垫上适当高度的平行垫铁; ③ 将上模板 4 放在固定板 6 上,对齐位置后夹紧; ④ 以固定板 6 螺孔为准,配钻上模板螺孔; ⑤ 放入垫板 5,拧上紧固螺钉
9	调整凸凹模间隙		① 先用透光法调整间隙,即将装配后的模具翻过来,把模柄夹在台虎钳上,用手灯照射,从下模座的漏料孔中观察间隙大小及均匀性,并调整使之均匀; ② 在发现某一方向不均匀时,可用锤子轻轻敲击固定板 6 侧面,使上模的凸模 8 位置改变,以得到均匀间隙为准
10	固紧上模		间隙均匀后,将螺钉紧固,配钻上模板销钉孔,并打入销钉
11	装入卸料板		① 将卸料板 9 固紧在已装好的上模上; ② 检查卸料板是否在凸模内,上、下移动是否灵活,凸模端面是否缩入卸料孔内约 0.5 mm 左右; ③ 检查合适后,最后装入弹簧 7
12	试切与调整		① 用与制件同样厚度的纸板作为工件材料,将其放在凸、凹模之间; ② 用手锤轻轻敲击模柄进行试切; ③ 检查试件毛刺大小及均匀性。若毛刺小或均匀,表明装配正确,否则应重新装配调整
13	打刻编号		试切合格后,根据厂家要求打刻、编号

2. 连续模的装配

连续模又称级进模，是多工序冲模。其特点是在送料方向上具有两个或两个以上的工位，可以在不同工位上进行连续冲压并同时完成几道冲压工序。它不仅能完成多道冲裁工序，往往还有弯曲、拉深、成形等多种工序同时进行。这类模具加工、装配要求较高，难度也较大。模具的步距与定位稍有误差，就很难保证制品内、外形尺寸精度。所以在加工、装配这类模具时，应该特别认真、仔细。

1) 加工与装配要求

连续模加工时除了必须保证工作零件及辅助相关零件的加工精度外，还应保证下述要求：

(1) 凹模各型孔的相对位置及步距，一定要按图样要求加工、装配准确。

(2) 凸模的各固定型孔、凹模型孔、卸料板导向孔三者的位置必须一致，即在加工装配后，各对应型孔的中心线应保持同轴度的要求。

(3) 各组凸、凹模在装配后，间隙应保证均匀一致。

2) 零件的加工特点

连续模零部件加工时，可根据加工设备来确定加工顺序。在没有电火花及线切割机床的情况下，可采用如下加工工艺：

(1) 先加工凸模并经淬火淬硬。

(2) 将卸料板(又称刮料板)按图样划线，并利用机械及手工将其加工成形。其中，卸料孔应留有一定的精加工余量，作为用凸模压印的余量。

(3) 将已加工的卸料板与凹模四周对齐，用夹钳夹紧，同钻螺孔及销孔。

(4) 用已加工及淬硬后的凸模，在卸料板粗加工后的型孔中，采用压印整修法将其加工成形，并达到一定的配合要求。

(5) 把已加工好的卸料板与凸模用销钉固定，用加工好的卸料板孔对凹模进行划线凹模形孔，卸下后粗加工凹模孔，再用凸模压印、锉修并保证间隙大小及均匀性。

(6) 利用同样的方法加工固定板型孔及下模板漏料孔。

在工厂有电火花、线切割设备的情况下，连续模的加工应先加工凹模，再以凹模为基准，按上述方法配作卸料板、固定板型孔及利用凹模压印加工凸模。

3) 连续模的装配要点

(1) 装配顺序的选择。

前述已知：连续模的凹模是装配基准件，故应先装配下模，再以下模为基准装配上模。

连续模的凹模结构多数采用镶拼形式，由若干块拼块或镶块组成，为了便于调整准确步距和保证间隙均匀，装配时对拼块凹模先把步距调整准确，并进行各组凸、凹模的预配，检查间隙均匀程度，修正合格后再把凹模压入固定板。然后把固定板装入下模板，再以凹模定位装配凸模，把凸模装入上模，待用切纸法试冲达到要求后，用销钉定位固定，再装入其他辅助零件。

(2) 装配方法。

假如连续模的凹模是整体凹模，则凹模型孔步距是靠加工凹模时保证的。若凹模是拼块凹模结构形式，则各组凸、凹模在装配时，采取预配合装配法。这是连续模装配的最关键工序，也是细致的装配过程，决不能忽视。因为各拼块虽在精加工时保证了尺寸要求和位置精度，但拼合后因累积误差也会影响步距精度。所以在装配时，必须由钳工研磨修正和调整。

凸、凹模预配的方法是：

按图示拼合拼块，按基准面排齐、磨平。将凸模逐个插入相对应的凹模型孔内，检查凸模与凹模的配合情况，目测凸模与凹模的间隙均匀后再压入凹模固定板内。把凹模拼块装入凹模固定板后，最好用三坐标测量机、坐标磨床或坐标镗床对其位置精度和步距精度做最后检查，并用凸模复查以修正间隙后，磨上、下面。

当各凹模镶件对精度有不同要求时，应先压入精度要求高的镶拼件，再压入容易保证精度的镶件。例如在冲孔、切槽、弯曲、切断的连续模中，应先压入冲孔、切槽、切断的拼块，后压入弯曲凹模。这是因为前者型孔与定位面有尺寸及位置精度要求，而后者只要求位置精度。

(3) 装配示例。

现以电度表磁极冲片为例，说明连续模的装配方法，见表5-39。

表 5-39　连续模装配工艺方法

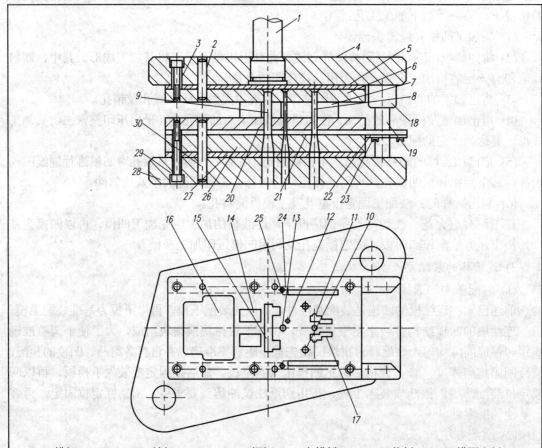

1—模柄；2、25、30—销钉；3、23、29—螺钉；4—上模板；5、27—垫板；6—凸模固定板；

7—侧刃凸模；8～15、17—冲孔凸模；16—落料凸模；18—导套；19—导柱；20—卸料板；

21—导料板；22—托料板；24—挡块；26—凹模；28—下模板

序号	工 序	工 艺 说 明
1	凸、凹模预配	① 装配前仔细检查各凸模形状和尺寸以及凹模形孔是否符合图样要求尺寸精度、形状； ② 将各凸模分别与相应的凹模孔相配，检查其间隙是否加工均匀。不合适者应重新修磨或更换
2	凸模装入固定板	以凹模孔定位，将各凸模分别压入凸模固定板型孔中，并挤紧牢固
3	装配下模	① 在下模板28上划中心线，按中心预装凹模26、垫板27、导料板21、卸料板20； ② 在下模板28、垫板27、导料板21、卸料板20上，用已加工好的凹模分别复印螺孔位置，并分别钻孔，攻螺纹； ③ 将下模板、垫板、导料板、卸料板、凹模用螺钉紧固，打入销钉
4	装配上模	① 在已装好的下模上放等高垫铁，将凸模与固定板组合通过卸料孔导向，装入凹模； ② 预装上模板4，划出与凸模固定板相应螺孔位置并钻螺孔、过孔； ③ 用螺钉将固定板组合、垫板、上模板连接在一起，但不要拧紧； ④ 复查凸、凹模间隙并调整合适后，紧固螺钉； ⑤ 切纸检查，合适后打入销钉
5	装辅助零件	装配辅助零件后，试冲

3. 复合模的装配

复合模是指在压力机一次行程中，可以在冲裁模的同一个位置上完成冲孔和落料等多个工序。其结构特点主要表现在它必须具有一个外缘可作落料凸模、内孔可作冲孔凹模用的复合式凸凹模，它既是落料凸模又是冲孔凹模。

在制造复合模时，与普通冲模不同的是上下模的配合稍不准，就会导致整副模具的损坏，所以在加工和装配时不得有丝毫差错。

1) 制造与装配要求

复合模制造与装配要求如下所述：

(1) 所加工的工作零件(如凸模、凹模及凸凹模和相关零件)必须保证加工精度。

(2) 装配时，冲孔和落料的冲裁间隙应均匀一致。

(3) 装配后的上模中推件装置的推力的合力中心应与模柄中心重合。如果二者不重合，推件时会使推件块歪斜而与凸模卡紧，出现推件不正常或推不下来，有时甚至导致细小凸模的折断。

2) 零件加工特点

在加工制造复合模零件时，若采用一般机械加工方法，可按下列顺序进行加工：

(1) 首先加工冲孔凸模，并经热处理淬硬后，经修整后达到图样形状及尺寸精度要求。

(2) 对凸凹模进行粗加工后，按图样划线、加工型孔。型孔加工后，用加工好的冲孔凸模压印锉修成形。

(3) 淬硬凸凹模，用此外形压印锉修凹模孔。

(4) 加工卸件器。卸件器可按划线加工，也可以与凸凹模一体加工，加工后切下一段即可作为卸件器。

(5) 用冲孔凸模通过卸件器压印，加工凸模固定板型孔。

3) 装配顺序的确定

对于导柱式复合模，一般先安装下模，找正下模中凸凹模的位置，按照冲孔凹模型孔加工出漏料孔。然后固定下模，装配上模上的凹模及凸模，调整间隙。最后再安装其他零件。

4) 装配步骤

复合模的装配有配作装配法和直接装配法两种。在装配时，主要采取以下步序：

第一步：组件装配。组件装配包括模架的组装、模柄的装入、凸模及凸凹模在固定板上的装入等。

第二步：总装配。总装配主要以先装下模为主，然后以下模为准再装配上模。

第三步：调整凸、凹模间隙。

第四步：安装其他辅助零件。

第五步：检查、试冲。

5) 装配示例

复合模的装配工艺见表 5-40。

表 5-40　复合模的装配工艺

1—顶杆；2—模柄；3—上模板；4、13—螺钉；5、16—垫板；6—凸模；7、17—固定板；
8—卸件器；9—凹模；10—卸料板；11—弹簧；12、22、23、25—销钉；14—下模板；
15—卸料螺钉；18—凸凹模；19—导柱；20—导套；21—顶出杆；24—顶板

序号	工　序	工　艺　说　明
1	检查零件及组件	检查冲模各零件及组合是否符合图样要求，并检查凸、凹模间隙均匀程度，各种辅助零件是否配齐
2	装配下模	① 由划线在下模板上放上垫板 16 和固定板 17，装入凸凹模 18； ② 依凸凹模正确位置加工出漏料孔、螺钉孔及销钉孔； ③ 紧固螺钉，打入销钉
3	装配上模	① 把垫板 5、固定板 7 放到上模板上，再放入顶出杆 21、卸件器 8 和凹模 9； ② 用凸凹模 18 对冲孔凸模 6 和凹模 9 找正其位置。夹紧上模所有部件； ③ 按凹模 9 上的螺纹孔，配做上模各零件的螺孔过孔(配钻)； ④ 拆开后分别进行扩孔、锪孔，然后再用螺钉连接起来； ⑤ 试冲合格后，依凹模 9 上的销孔配钻销孔，最后打入销钉 22、25； ⑥ 安装其他零件
4	试冲与调整	① 切纸试冲； ② 装机试冲

5.2.4　其它冷冲模的装配特点、试模常见问题及调整

1. 其它冷冲模的装配特点、试模常见问题及调整方法

弯曲模与拉深模都是通过坯料的塑性变形使冲压件获得所需形状。但在金属的塑性变形过程中，必然伴随弹性变形，而弹性变形的结果必然影响冲压件的尺寸及形状的精度等级。所以，即使模具零件制造得很精确，所成型的冲压件也未必合格。为确保冲出合格的冲压件，弯曲模和拉深模装配时必须注意以下特点：

(1) 需选择合适的修配环进行修配装配。对于多动作弯曲模或拉深模，为了保证各个模具动作间运动次序正确、各个运动件到达位置正确、多个运动件间的运动轨迹互不干涉，必须选择合适的修配零件，在修配件上预先设置合理的修配余量，装配时通过逐步修配，达到装配精度及运动精度。

(2) 需安排试装试冲工序。弯曲模和拉深模精确的毛坯尺寸一般无法通过设计计算确定，所以装配时必须安排试装。试装前选择与冲压件相同厚度及相同材质的板材，采用线切割加工方法，按毛坯设计计算的参考尺寸割制成若干个样件，然后再安排试冲，根据试冲结果，逐渐修正毛坯尺寸。通常必须根据试冲得到的毛坯尺寸图来制造毛坯落料模。

(3) 需安排试冲后的调整装配工序。试冲的目的是找出模具的缺陷，这些缺陷必须在试冲后的调整工序中予以解决。表 5-41 列出了弯曲模试冲时常出现的缺陷、产生原因及调整方法。表 5-42 列出了拉深模试冲时常见的缺陷、产生原因及调整方法，供调整时参考。

表 5-41　弯曲模试冲时常见缺陷及其调整

缺　陷	产　生　原　因	调　整　方　法
弯曲件底面不平	① 卸料杆分布不均匀，卸料时顶弯； ② 压料力不够	① 均匀分布卸料杆或增加卸料杆数量； ② 增加压料力
弯曲件尺寸和形状不合格	冲压时产生回弹造成弯曲件不合格	① 修改凸模的角度和形状； ② 增加凹模的深度； ③ 减少凸、凹模之间的间隙； ④ 弯曲前坯料退火，增加校正压力
弯曲件产生裂纹	① 弯曲区内应力超过材料强度极限； ② 弯曲区外侧有毛刺，造成应力集中； ③ 弯曲变形过大； ④ 弯曲线与板料的纤维方向平行； ⑤ 凸模圆角小	① 更换塑性好的材料或材料退火后弯曲； ② 减少弯曲变形量或将有毛刺一边放在弯曲内侧； ③ 分次弯曲，首次弯曲用较大弯曲半径； ④ 改变落料排样，使弯曲线与板料纤维方向成一定的角度； ⑤ 加大凸模圆角
弯曲件表面擦伤或壁厚减薄	① 凹模圆角太小或表面粗糙； ② 板料粘附在凹模内； ③ 间隙小，挤压变薄； ④ 压料装置压料力太大	① 加大凹模圆角，降低表面粗糙度值； ② 凹模表面镀铬或化学处理； ③ 增加间隙； ④ 减小压料力
弯曲件出现挠度或扭转	中性层内外收缩，弯曲量不一样	① 对弯曲件进行再校正； ② 材料弯曲前退火处理； ③ 改变设计，将弹性变形设计在与挠度相反的方向上

表 5-42　拉深模试冲时常见缺陷及其调整

缺　　陷	产　生　原　因	调　整　方　法
局部被拉裂	① 径向拉应力太大，凸、凹模圆角太小； ② 润滑不良或毛坯材料塑性差	① 减小压边力，增大凸、凹模圆角； ② 更换润滑剂或用塑性好的毛坯材料
凸缘起皱且冲压件侧壁拉裂	压边力太小，凸缘部分起皱，无法进入凹模里而拉裂	加大压边力
拉深件底部被拉脱	凹模圆角半径太小	加大凹模圆角半径
盒形件角部破裂	① 凹模角部圆角半径太小； ② 凸、凹模间隙太小或变形程度太大	① 加大凹模角部圆角半径； ② 加大凸凹模间隙或增加拉深次数
拉深件底部不平	① 坯料不平或弹顶器弹顶力不足； ② 顶杆与坯料接触面太小	① 平整坯料或增加弹顶器的弹顶力； ② 改善顶杆结构
拉深件壁部拉毛	① 模具工作部分有毛刺； ② 毛坯表面有杂质	① 修光模具工作平面和圆角； ② 清洁毛坯或更换新鲜润滑剂
拉深高度不够	① 毛坯尺寸太小或凸模圆角半径太小； ② 拉深间隙太大；	① 放大毛坯尺寸或加大凸模圆角半径； ② 调小拉深间隙
拉深高度太大	① 毛坯尺寸太大或凸模圆角半径太大； ② 拉深间隙太小	① 减小毛坯尺寸或减小凸模圆角半径； ② 加大拉深间隙
拉深件凸缘起皱	凹模圆角半径太大或压边圈失效	减小凹模圆角半径或调整压边圈
拉深件边缘呈锯齿形	毛坯边缘有毛刺	修整前道工序落料凹模刃口，使之间隙均匀以减小毛刺
拉深件断面变薄	① 凹模圆角半径太小或模具间隙太小； ② 压边力太大或润滑剂不合适	① 增大凹模圆角半径或加大模具间隙； ② 减小压边力或更换合适润滑剂
阶梯形冲压件局部破裂	凹模及凸模圆角太小，加大了拉深力	加大凸模与凹模的圆角半径，减小拉深力

（4）需调定上下模的合模高度。多数弯曲模和拉深模采用敞开式非标准设计，所以合模时的高度对冲压件形状和尺寸精度会产生直接影响。调整到冲压件形状符合图纸要求后，需通过安装限位柱的方法，将合模时上模与下模的位置固定下来，以确保冲压件的尺寸精度和形状精度。

（5）需合理安排淬火工序。模具经过试冲、调整工序，能冲出合格的冲压件后，才进行热处理淬硬处理。

2．冲裁模试模常见问题及调整方法

模具装配完成后均需按正常工作条件进行试模，通过试模找出模具制造中的缺陷并加以调整解决。冲裁模试模常见问题及调整方法见表 5-43。

表 5-43　冲裁模试模常见问题及调整方法

存在问题	产生原因	调整方法
冲压件形状或尺寸不正确	凸模与凹模的形状或尺寸不正确	微量时可修整凸模与凹模，重调间隙。严重时须更换凸模与凹模
毛刺大且光亮带大	冲裁间隙过小	修整落料模的凸模或冲孔模的凹模以放大间隙
毛刺大且光亮带很小，圆角大	冲裁间隙过大	更换凸模或凹模以减少模具间隙
毛刺部分偏大	冲裁间隙不均匀或局部间隙不合理	调整间隙。若是局部间隙偏小，则可修大；若是局部间隙偏大，有时也可加镶块予以补救
卸料不正常	① 装配时卸料元件配合太紧或卸料元件安装倾斜； ② 弹性元件弹力不足； ③ 凹模和下模座之间的排料孔不同心； ④ 卸料板行程不足； ⑤ 弹顶器顶出距离过短	① 修整或重新安装卸料元件，使其能够灵活运动； ② 更换或加厚弹性元件； ③ 修整下模座排料孔； ④ 修整卸料螺钉头部沉孔深度或修整卸料螺钉长度； ⑤ 加长顶出部分长度
啃口	① 导柱与导套间间隙过大； ② 凸模或导柱等安装不垂直； ③ 上、下模座不平行； ④ 卸料板偏移或倾斜； ⑤ 压力机台面与导轨不垂直	① 更换导柱与导套或模架； ② 重新安装凸模或导柱等零件，校验垂直度； ③ 以下模座为基准，修磨上模座； ④ 修磨或更换卸料板； ⑤ 检修压力机
冲压件不平整	① 凹模倒锥； ② 导正销与导正孔配合较紧； ③ 导正销与挡料销间距过小	① 修磨凹模除去倒锥； ② 修整导正销； ③ 修整挡料销
内孔与外形相对位置不正确	① 挡料钉位置偏移； ② 导正销与导正孔间隙过大； ③ 导料板的导料面与凹模中心线不平行； ④ 侧刃定距尺寸不正确	① 修整挡料钉位置； ② 更换导正销； ③ 调整导料板的安装位置，使导料面与凹模中心线相互平行； ④ 修磨或更换侧刃
送料不畅或条料被卡住	① 导料板间距过小或导料板安装倾斜； ② 凸模与卸料板间的间隙过大导致搭边翻边； ③ 导料板工作面与侧刃不平行； ④ 侧刃与侧刃挡块间不贴合导致条料上产生毛刺	① 修整导料板； ② 更换卸料板以减小凸模与卸料板间的间隙； ③ 修整侧刃或导料板； ④ 消除两者之间的间隙

5.3 型腔模装配

5.3.1 型腔模装配技术要求

型腔模包括压缩模、注射模、锻模及合金压铸模。其装配的技术要求见表 5-44。

表 5-44 型腔模装配技术要求

序号	项 目	技 术 要 求
1	模具外观	① 装配后的模具闭合高度、安装于注射机上的各配合部位尺寸、顶出板顶出形式、开模距等均应符合图样要求及所使用设备条件; ② 模具外露非工作部位棱边均应倒角; ③ 大、中型模具均应有起重吊孔、吊环供搬运用; ④ 模具闭合后,各承压面(或分型面)之间要闭合严密,不得有较大缝隙; ⑤ 零件之间各支承面要互相平行,平行度允差在 200 mm 范围内不应超过 0.05 mm; ⑥ 装配后的模具应打印标记、编号及合模标记
2	成形零件及浇注系统	① 成形零件、浇注系统表面应光洁、无塌坑、伤痕等弊病; ② 对成形时有腐蚀性的塑料零件,其型腔表面应镀铬、打光; ③ 成形零件尺寸精度应符合图样规定的要求; ④ 互相接触的承压零件(如互相接触的型芯,凸模与挤压环,柱塞与加料室)之间,应有适当间隙或合理的承压面积及承压形式,以防零件间直接挤压; ⑤ 型腔在分型面、浇口及进料口处应保持锐边,一般不得修成圆角; ⑥ 各飞边方向应保证不影响工件正常脱模
3	斜楔及活动零件	① 各滑动零件配合间隙要适当,起止位置定位要正确。镶嵌紧固零件要紧固安全可靠; ② 活动型芯、顶出及导向部位运动时,滑动要平稳,动作可靠灵活,互相协调,间隙要适当,不得有卡紧及感觉发涩等现象
4	锁紧及紧固零件	① 锁紧作用要可靠; ② 各紧固螺钉要拧紧,不得松动,圆柱销要销紧
5	顶出系统零件	① 开模时顶出部分应保证顺利脱模,以方便取出工件及浇注系统废料; ② 各顶出零件要动作平稳,不得有卡住现象; ③ 模具稳定性要好,应有足够的强度,工作时受力要均匀
6	加热及冷却系统	① 冷却水路要通畅,不漏水,阀门控制要正常; ② 电加热系统要无漏电现象,并安全可靠,能达到模温要求; ③ 各气动、液压、控制机构动作要正常,阀门、开关要可靠
7	导向机构	① 导柱、导套要垂直于模座; ② 导向精度要达到图样要求的配合精度,能对定模、动模起良好的导向、定位作用

5.3.2　型腔模部件的装配方法

1. 型芯与固定板的装配

型芯与固定板的装配工艺见表5-45。

表 5-45　型芯与固定板装配工艺

序号	结构形式	示　图	装配方法	注意事项
1	型芯与通孔式固定板的装配	 10'~20° 1—型芯；2—固定板	主要采用直接压入法，将型芯直接压入固定板型孔中。压入时，最好采用液压机或专用压机压入。 ① 压入前在型芯表面及固定板型孔压入贴合面涂以适当润滑油，以便于压入； ② 固定板用等高垫铁垫起，其安装表面要和工作台台面平行； ③ 将型芯导入部位放入固定板型孔内，并要校正垂直度； ④ 慢慢将型芯压入； ⑤ 压入一半后，再校正一次垂直度，调整合适后再继续加压； ⑥ 全部压入后，再测量垂直度	① 装配前应将固定板型孔的清角稍加修整成圆角，以便于型芯压入； ② 压入前应检查固定板型孔与型芯配合程度，不要太紧，否则压入时会弯曲； ③ 压入时要始终保持平稳的压力
2	埋入式型芯装配	 1—型芯；2—固定板； 3—螺钉	① 修整固定板沉孔与型芯尾部的形状及尺寸差异，使其达到配合要求(一般修整型芯较为方便)； ② 型芯埋入固定板较深时，可将型芯尾部四周略修斜度。埋入5 mm以下时，则不应修斜度，否则会影响固定后的强度； ③ 型芯埋入固定板后，应用螺钉紧固	在修正配合部位时，应特别注意动、定模的相对位置，否则将使装配后的型芯不能与动模配合
3	螺钉固定式型芯与固定板的装配	 1—定位块；2—型芯； 3—销钉套；4—固定板； 5—平行夹头	面积大而高度低的型芯，常用螺钉、销钉直接与固定板连接： ① 在淬硬的型芯2上，压入销钉套； ② 根据型芯在固定板上要求的位置，将定位块1用平行夹头5固定于固定板4上； ③ 将型芯的螺孔位置复印到固定板4上，并钻、锪孔； ④ 初步用螺钉将型芯紧固，如固定板上已经装好导柱导套，则需调整型芯，以确保定、动模正确位置 ⑤ 在固定板反面划出销钉孔位置并与型芯一起钻铰销钉孔后打入销钉	装配时为便于打入销钉，可将销钉端部稍微修出锥度。销钉与销钉套的配合长度直线部位需3~5 mm，以便于型芯的拆卸

序号	结构形式	示　图	装　配　方　法	注意事项
4	螺纹型芯与固定板的装配	 1—型芯；2—固定板	热固性塑料压塑模常采用螺纹连接式装配，将型芯直接拧入固定板中，并用定位螺钉紧固。定位螺钉孔是在型芯位置调整合适后进行攻制，然后取下型芯进行热处理后装配	装配时，一定要保持型芯与固定板之间的相对位置精度和型芯与固定板平面的垂直度

2．型腔凹模与动、定模板的装配

型腔凹模与动、定模板的装配见表5-46。

表5-46　型腔凹模与动、定模板的装配

型腔凹模结构形式	图　示	装配工艺要点	注意事项
单件整体圆形型腔凹模	 1—定位销；2—凹模	① 在模板的上、下平面上划出对准线，在型腔凹模的上端面划出相应对准线，并将对准线引向侧面； ② 将型腔凹模放在固定板上，以线为基准，定其位置； ③ 将型腔压入模板； ④ 压入极小一部分时，进行位置调整，也可用百分表调整其直线部分。若发生偏差，可用管子钳将其旋转至正确位置； ⑤ 将型腔全部压入模板并调整其位置； ⑥ 位置合适后，用型腔销钉孔(在热处理前钻铰完成)复钻与固定板的销钉孔，打入销钉定位，防止转动	① 型腔凹模和动模板镶合后，型面上要求紧密无缝。因此，压入端不准修出斜度，应将导入斜度修在模板上； ② 型腔凹模与模板相对位置一定要符合图样要求
多件整体型腔凹模的镶入模板法	 1—固定板；2—推块；3—凹模型腔；4—型芯；5—定模镶块；6—定模套；7—动模套	① 将推块2和定模镶块5用工艺销钉穿入两者孔中作为定位； ② 将型腔凹模套在推块上，用量具测得型腔凹模外形的位置尺寸，即动模板固定孔实际尺寸； ③ 将型腔凹模压入动模板； ④ 放入堆块，从堆块的孔中复钻小型芯在固定板1上的孔； ⑤ 将小型芯4装入定模镶块5孔中，并保证位置精度	① 注意选择装配基准(基准为定模镶块上的孔)； ② 装配时注意动、定模的相对位置精度

型腔凹模结构形式	图　　示	装配工艺要点	注意事项
拼块型腔(单型腔)的镶入模板	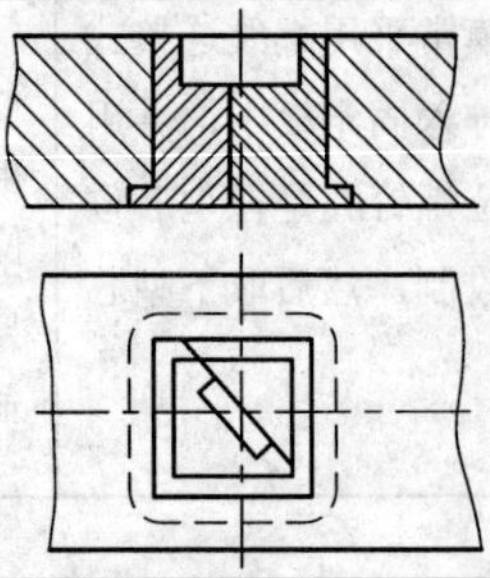	采用压入法，将型腔凹模压入模板中。在压入前，一般要经粗加工，待压入后再将预先经热处理粗加工的型腔用电火花机床精加工成形，或用刀具加工到要求的尺寸，并保证尺寸精度及表面粗糙度	① 压入模板的型腔拼块要配合严密不可松动； ② 压入应始终保持平稳
拼块模框的镶入法	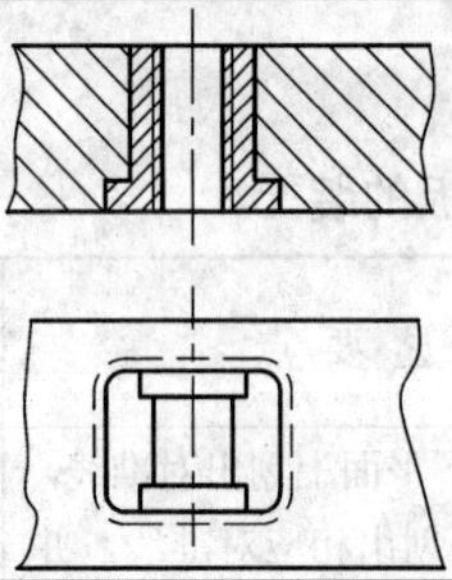	拼块的加工尺寸，在用磨削方法加工时，应正确控制，然后压入拼合成形。模板的固定孔可以采用压印修磨法进行加工	① 拼合后不应存在缝隙； ② 加工模板固定孔时，应注意孔壁与安装基面的垂直度
沉坑内拼块型腔的镶入法	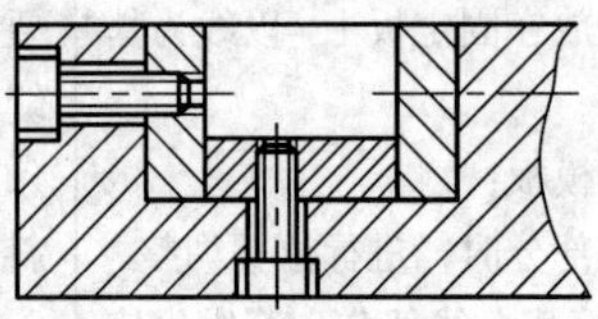	① 用铣床加工模板沉孔； ② 将拼块镶入； ③ 根据拼块螺孔位置，用划线法在模板上划出过孔位置，并钻、锪孔； ④ 将螺钉拧入紧固	① 拼块之间应配合严密，不准有缝隙存在； ② 应按图样要求保证拼块正确位置

3. 过盈配合件的装配

在型腔模装配中，还有不少以过盈配合装配的零件，如销钉套及导钉的压入等。这些零件装配后不用螺钉紧固，但不许松动及工作时脱出。其装配方法见表 5-47。

表 5-47　过盈配合零件装配方法

结构形式	图　　示	装配方法	注意事项
销钉套的压入	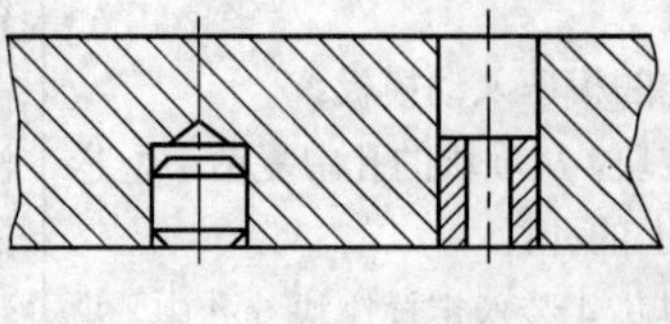	① 利用液压机(小件可用台虎钳)将销钉套压入淬硬的零件内； ② 压入后与另一件一起钻铰销孔； ③ 当淬硬件为不穿透孔时，则应采用实心的销钉套，此时的销孔钻铰是从另一件向实心的销钉套钻铰	淬硬件应在热处理前将孔口部位倒角并修整出导入斜度，也可将斜度设在销钉套上

结构形式	图　示	装配方法	注意事项
导钉的压入		① 将拼块合拢,用研磨棒研正导钉孔; ② 将研磨合适的拼块淬火; ③ 压入导钉。拼块厚度不大时,导钉可在斜度的导向端压入;拼块较厚时,导钉在压入端压入,则将压入端修出导入锥度	将导钉装入时,应防止两块拼块偏移
镶套的压入		① 模板孔在压入口倒成导入斜度或倒角; ② 压入件压入端要倒成圆角; ③ 压入镶套压入时可以利用导向芯棒:先将导向芯棒以滑配合固定在模板上,将压入件套在芯棒上后进行加压; ④ 压配后应进行修磨	① 压入时应严格控制过盈量,以防止内孔缩小。压入后应用铸铁研磨棒研磨; ② 压入件需有较高的导入部位,以保证压入后的垂直度
多拼块压入法		在一块模板上同时压入几件拼块时,可采用平行夹板将拼块夹紧,以防产生缝隙。压入时,可以用液压机进行,在压入端应垫平垫块,使各模块进入模板高度一致	拼合后不应产生缝隙,应拼合严密
锥面配合压入法		压入件与模孔应与锥面配合,二者锥面需一致。先用红粉检查贴合情况。在压入时,应用百分表测量型腔各点,以保证型腔形状与模板的相对位置	压入端均留余量,待压入后将其与模板一起磨平

装配技术要求:

① 装配后,压入件不许松动或脱出。

② 要保证过盈配合的过盈量,并需保证配合部分的表面粗糙度。

③ 压入端导入斜度应均匀,并在加工时最好同时做出,以保证同轴度。

5.3.3　型腔模在装配中的修磨

型腔模由许多零件组合而成。尽管各零件在加工与制造过程中公差要求很严,但在装配中仍很难保证装配后的技术要求。因此,在装配过程中,需将零件做局部修磨,以达到装配要求。其修磨方法见表5-48。

表 5-48 型腔模在装配中的修磨方法

序号	简 图	修 磨 要 求	修 磨 方 法
1	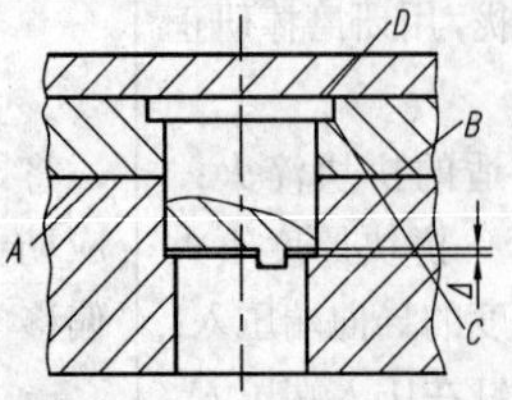	型芯端面与加料室平面间有间隙 △，需消除	① 单型腔时，修磨固定板平面 A(修磨时需拆下型芯)或修磨型腔上平面 B； ② 多型腔时，修磨型芯台肩 C，装入模板后再修磨 D 面
2	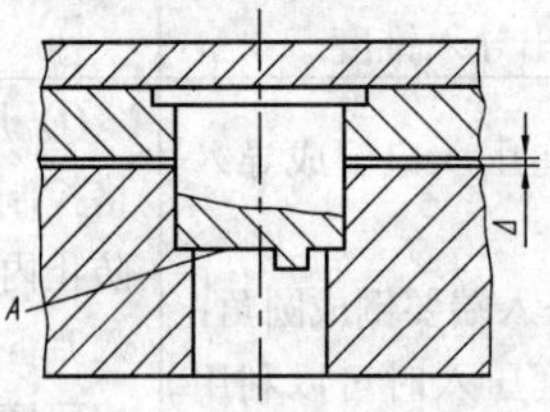 (a) 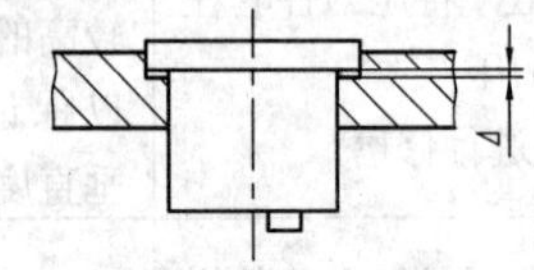 (b) 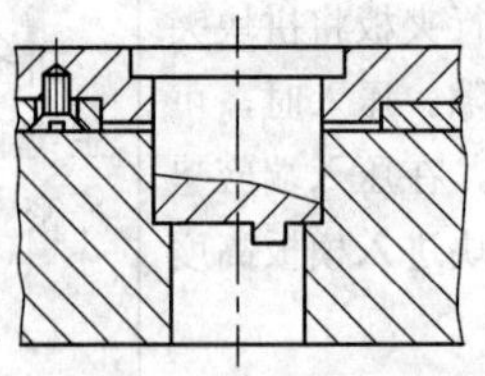 (c)	型芯与型芯固定板有间隙 △	① 修磨型芯工作面 A(如图(a))； ② 在型芯与固定板台肩内加入垫片(如图(b))，适于小模具； ③ 在固定板上设垫块(厚度大于 2 mm)，在型芯固定板上铣凹坑(如图(c))，适于大中型模具
3	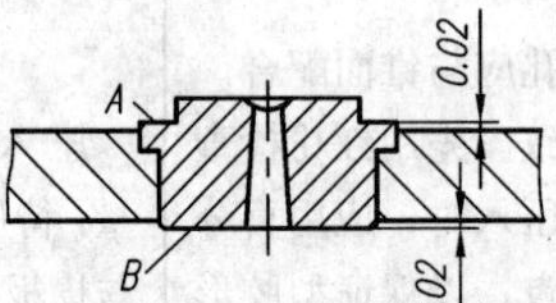	修磨后需使浇口略高于固定板 0.02 mm	A 面高出固定平面 0.02 mm，由加工精度保证； B 面可将浇口套压入固定板后磨平，然后拆去浇口套，再将固定板磨去 0.02 mm
4	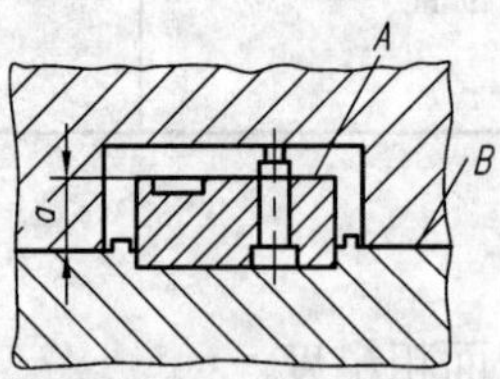	埋入式型芯高度尺寸	① 当 A、B 面无凹、凸形状时，可修磨 A、B 面到要求尺寸； ② 当 A、B 面有凹、凸形状时：修磨型芯底面，可使 a 减小；在型芯底部垫薄片可使 a 尺寸加大
5	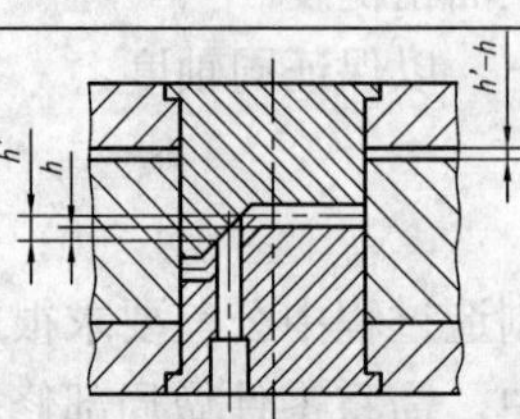	修磨型芯斜面后使之与型芯贴合	小型芯斜面必须先磨成形，总高度可略加大。待装入后模，使小型芯与上型芯接触，测出修磨量 h'−h，然后将小型芯斜面修磨

注：在装配复杂模具时，应注意各面尺寸相互关联，防止修一面而影响其他面尺寸。

5.3.4 型腔模整体装配方法

1. 推杆的装配

推杆的装配要点见表5-49。

表 5-49 推杆的装配要点

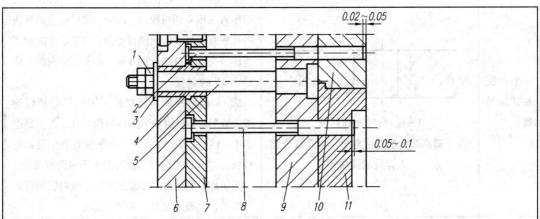

1－螺母；2－复位杆；3－垫圈；4－导套；5－导柱；6－推板；

7－推杆固定板；8－推杆；9－支撑板；10－固定板；11－型腔镶件

工序号	工序名称	装配要点及工艺说明
1	零件检查与修整	① 将推杆孔入口处倒小圆角、斜度(推杆顶端可倒角。在加工时，可将推杆做长一些，装配后将多余部分磨去)； ② 推杆数量较多时，可与推杆孔做选择配合； ③ 检查推杆尾部台肩厚度及推杆孔台肩深度，使装配后留有 0.05 mm 间隙。推杆尾部台肩太厚时应修磨底部
2	装 配	将装有导套 4 的推杆固定板 7 套在导柱 5 上，将推杆 8、复位杆 2 穿入推杆固定板和支撑板 9 及型腔镶件 11，然后盖上推板 6，将螺钉拧紧
3	修 整	① 修磨导柱或模脚的台肩尺寸。使推板复位至与垫圈 3 或模脚台肩接触时，假如推杆低于型面，则应修磨导柱台阶或模脚的上平面，如推杆高于型面，则可修磨推板 6 的底面； ② 修磨推杆及复位杆的端面。应使复位杆在复位后，复位杆端面低于分型面 0.02～0.05 mm。在推板复位至终点位置后，测量其中一根高出分型面的尺寸，确定修磨量。其他几根应修磨成统一尺寸，推杆端面应高出型面 0.05～0.10 mm； ③ 推杆及复位杆的修磨可在平面磨床上用卡盘夹紧进行修磨

技术要求：

① 推板在装配后，应动作灵活，尽量避免磨损。

② 推杆在固定板孔内，每边应留有 0.5 mm 间隙量。

③ 推杆固定板与推板需有导向装置和复位支承。

2．卸料板的装配

卸料板的装配方法见表 5-50。

表 5-50　卸料板的装配方法

结构形式	简　图	装　配　要　点
型孔镶块式卸料板	1—镶块；2—卸料板 (为了提高卸料板使用寿命，型孔部分镶入淬硬的镶块)	① 圆形镶块采用过盈配合方式，即将镶块采用压入法压入卸料板内。此时，卸料板内的镶块内孔应有较高表面粗糙度等级，与型芯滑配合工作部分高度保持 5～10 mm，其余部分应加工成 1°～3° 的斜度； ② 非圆形镶块与卸料板采用铆钉及螺钉连接。装配时，将镶块装入卸料板型孔，再套到型芯上。然后，从镶块上已钻出的铆钉孔中复钻卸料板。铆合后，铆钉头在形面上不应留有痕迹。 采用螺钉紧固时，可将镶块装入卸料板后再套入型芯，调整合适时，再紧固螺钉
埋入式卸料板	0.03～0.06 (埋入式卸料板是将卸料板埋入固定板沉孔内，与固定板呈斜面接触。上平面高出固定板 0.03～0.06 mm)	卸料板为圆形结构时，卸料板与固定板在车床上配合加工后，压入或紧固。 卸料板为非圆形结构时，可采用铣削加工，并留有一定的余量，在装配后修磨。 小型模具可采用划线加工；大、中型模具将卸料板与固定板同时加工。首先将修配好的卸料板用螺钉紧固于固定板上，然后以固定板外形为基准，直接镗出各孔。 孔为非圆形时，应先镗出基准孔，然后在铣床上加工成形

3．滑块抽芯机构的装配

在型腔模结构中，滑块抽芯机构的装配要点见表 5-51。

表 5-51　滑块抽芯机构的装配要点

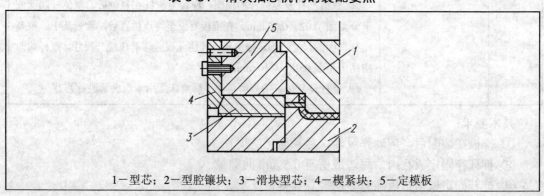

1—型芯；2—型腔镶块；3—滑块型芯；4—楔紧块；5—定模板

序号	装配步骤	工 艺 说 明
1	将型腔镶块压入模板,并磨两平面至要求尺寸	修磨时,以型腔为基准,并保证型腔尺寸
2	将型腔镶块压入动模板,精加工二滑块槽	根据滑块实际尺寸配磨或精铣滑块槽
3	铣 T 型槽	① 按滑块台阶的实际尺寸精铣动模板上的 T 型槽,基本上铣到尺寸; ② 钳工修整。如果在型腔镶块上也带有 T 形槽,可将其镶入后与动模板同铣
4	测定型孔位置及配制型芯固定孔	首先测出型腔型孔的位置,并在滑块的相应位置,按测量的实际尺寸镗型芯安装孔
5	装滑块型芯	将滑块型芯顶端面磨成和定模型芯相应部位形状,再将未装型芯的滑块推入滑块槽,使滑块前端面与型腔块相接触,接着装入型芯并推入滑块槽。修磨合适后,由销钉定位
6	装配楔块	① 用螺钉固紧楔块; ② 修磨楔块及滑块斜面,使之配合合适; ③ 通过楔块对定模板复钻铰销钉孔,装入销钉固紧; ④ 将楔块后端面与定模一起磨平,使其与滑块斜面均匀接触
7	镗斜销孔	假如有斜销时,应在滑块、动模板、定模板组合后进行。镗孔在立式铣床上进行
8	调整与试模	观察启模后滑块能否复位,合适后用定位板定位

4. 各类型腔模装配特点

模具的质量取决于零件加工质量与装配质量,而装配质量又与零件精度有关,也与装配工艺有关。各类型腔模的装配工艺,视模具结构以及零件加工工艺的不同而有所不同。各类型腔模装配要点见表 5-52。

表 5-52 各类型腔模装配要点

模具类型	装配步骤	装配工艺要点
热固式塑料移动压缩模	(1) 修刮凹模。	① 用全部加工完并经淬硬的压印冲头压印,锉修型腔凹模; ② 精修型腔凹模配合面及各型腔表面到要求尺寸,并保证尺寸精度及表面质量要求; ③ 精修加料腔的配合面及斜度; ④ 按划线钻铰导钉孔; ⑤ 外形锐边倒圆角,并使凹模符合图纸尺寸及技术要求标准; ⑥ 热处理淬硬、抛光研磨或电镀铬型腔工作表面

模具类型	装配步骤	装配工艺要点
热固式塑料移动压缩模	(2) 固定板形。	① 上固定板型孔用上型芯压印锉修；下固定板型孔用压印冲头压印锉修成形，或按图样加工到尺寸； ② 修磨型孔斜度及压入凸模的导向圆角
	(3) 将型芯压入固定板。	① 将上型芯压入上固定板，下型芯压入下固定板； ② 保证型芯对固定板平面的垂直度
	(4) 修磨。	按型芯与固定板装配后的实际高度修磨凹模上、下平面，使上、下型芯相接触，并使上型芯与加料腔相接触
	(5) 复钻并铰导钉孔。	在固定板上复钻导钉孔，用铰刀铰孔到尺寸
	(6) 压入导钉。	将导钉压入固定板
	(7) 磨平固定板底平面。	将装配后的固定板底面用平面磨床磨平
	(8) 镀铬、抛光。	拆下预装后的凹模、拼块、型芯镀铬抛光，使其达到 $R_a = 0.20~\mu m$ 以上
	(9) 总装配。	按图样要求，将各部件及凹模型芯重新装入，并装配各附件，使之装配完整
	(10) 试压。	用压机试压。边压制边修整，直到试压出合格塑件为止
热固性塑料注射模	(1) 同镗定模底板、动模板导柱、导套孔。	① 将预先按划线加工好的定模底板及定模板配制好，钻导柱、导套型孔； ② 采用辅助定位块，使动模与定模板合拢，在铣床上同镗导柱、导套孔，并锪台阶及沉坑
	(2) 装配导柱及浇口套。	清除导柱孔的毛刺，钳工修整各台肩尺寸，压入浇口套及导柱(导柱、导套压入时最好二者配合进行，以保证导向精度)
	(3) 装配型芯及导套。	① 清除动模板导套孔毛刺，将导套压入动模板； ② 在动模上划线，确定型芯安装位置，并钻各螺孔、销孔； ③ 装入型芯及销钉
	(4) 装滑块。	将滑块装入动模，并使其修配后滑动灵活、动作可靠、定位准确
	(5) 修配定模板斜面。	修配定模板的斜面与滑块，使其密切配合
	(6) 装楔块。	装配后的楔块与滑块密合
	(7) 镗制限位导柱孔及斜销孔。	在定模座上用钻床镗到尺寸要求
	(8) 安装斜销及定位导柱。	将定模拼块套于限位导柱上进行装配
	(9) 安装定位板及复位杆。	推板复位杆孔及各螺孔一般通过复钻加工
	(10) 总装配。	按图纸要求，将各部件装配成整体结构
	(11) 试模，修正推杆及复位杆。	将装配好的模具在相应机床上试压，并检查制品质量和尺寸精度。边试边修整，并根据制品出模情况修正推杆及复位杆的长短

模具类型	装配步骤	装配工艺要点
热塑性塑料注射模	(1) 修整定模。	以定模为加工基准，将定模型腔按图样加工成形
	(2) 修整卸料板的分型面。	使卸料板与定模相配，并使其密合。分型面按定模配磨
	(3) 同镗导柱、导套孔。	将定模、卸料板和动模固定板叠合在一起，使分型面紧密配合接触，然后夹紧，同镗导柱、导套孔
	(4) 加工定模与卸料板外形。	将定模与卸料板叠合在一起，压入工艺定位销，用插床精加工其外形尺寸
	(5) 加工卸料板型孔。	用机械或电加工法，按图样加工卸料板型孔
	(6) 压入导柱、导套。	在定模板、卸料板及动模板上，分别压入导柱、导套，并保证其配合精度
	(7) 装配动模型芯。	① 修配卸料板型孔，并与动模固定板合拢，将型芯的螺孔涂抹红粉放入卸料板孔内，在动模固定板上复印出螺孔位置； ② 取出型芯，在动模固定板上钻螺钉孔； ③ 将拉料杆装入型芯，并将卸料板、型芯、动模固定板装合在一起，调整位置后用螺钉紧固； ④ 划线同钻销钉孔，压入销钉
	(8) 加工推杆孔及复位杆孔。	采用各种配合，进行复钻加工
	(9) 装配模脚及动模固定板。	先按划线加工模脚螺孔、销钉孔，然后通过复钻加工动模固定板各相应孔
	(10) 装配定模型芯。	将定模型芯装入定模板中，并一起用平面磨床磨平
	(11) 钻螺钉通孔及压入浇口套。	① 在定模上钻螺钉孔； ② 将浇口套压入定模板
	(12) 装配定模部分。	将定模与定模座板夹紧，通过定模座板复钻定模销孔。位置合适后，打入销钉及螺钉，固紧
	(13) 装配动模并修磨推杆、复位杆。	将动模部分按已装配好的定模相配进行装配，并修整推杆、复位杆
	(14) 试模。	通过试模来验证模具的质量，并进行必要的修整

模具类型	装配步骤	装配工艺要点
压铸模	(1) 镗导柱、导套孔。	将定模座板、定模套板和动模套板叠合在一起，按划线同镗导柱、导套孔
	(2) 加工模板外形尺寸。	在导柱、导套孔上，压入工艺定位销，并将定模板、动模板、定模套一起用插床精插外形到尺寸
	(3) 加工定模固定板。	在定模套板上，按划线加工定模固定孔或滑块槽
	(4) 将定模装入定模套板上。	将定模按图样要求装配在定模套板中，并磨平两平面，保证定模深度。复钻螺孔及销钉孔，拧入螺钉及打入销钉固紧
	(5) 安装动模。	① 先将型芯压入动模套中； ② 配合装配后的定模，装配动模
	(6) 压入导柱、导套。	在定模板、动模座及定模座板上，分别压入导柱、导套，并保证配合精度及对装配支承面的垂直度
	(7) 安装配件。	按图样要求安装滑块、压紧块及其他备件
	(8) 试模。	通过试模修正浇口、型腔的尺寸，验证模具质量

5.3.5 型腔模装配示例

1. 压缩模装配

热固性塑料压缩模装配方法见表 5-53。

表 5-53 压缩模装配方法

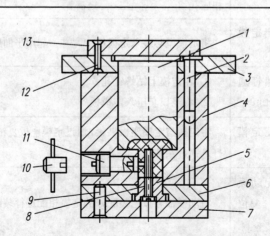

1—上型芯；2—导柱；3—上固定板；4—凹模；5—下型芯；6—下固定板；7—模板；8—型芯；
9—圆柱销；10—工具；11—型芯；12—圆柱销；13—上模板

序号	工 序	工 艺 说 明
1	修制凹模	① 凹模坯料加工:外形经锻、刨、磨到尺寸;上、下表面经磨后应留有修磨余量;加料腔留精修余量;斜度由车床车出; ② 钳工精修加料腔的配合面和斜度; ③ 按划线钻、铰导柱孔和侧型芯孔; ④ 热处理; ⑤ 研光型腔
2	精修型芯	① 用车床精车型芯 1、5、11 到尺寸; ② 精修型芯 1,使之修整到要求尺寸精度及表面质量,并与凹模配合修制外形尺寸,保证间隙; ③ 用同样的方法精修型芯 5、11; ④ 热处理; ⑤ 抛光研磨
3	修正固定板固定孔	① 上固定板 3 的型孔用上型芯 1 配合修正或压印锉修;下固定板型孔由下型芯 5 压印锉修; ② 修制斜度及压入口圆角
4	将型芯压入固定板	① 将上型芯压入上固定板 3; ② 将型芯 8 先压入型芯 5 后,再压入下固定板 6; ③ 按型芯装配固定板实际高度修磨凹模,并使上型芯底面与凹模型腔接触
5	在上、下固定板上复钻、铰导柱孔	在固定板上复钻上、下导柱孔。将凹模与上型芯配合,复钻上导柱孔;下型芯与凹模配合,再复钻下固定板导销孔,钻后精铰及锪孔
6	压入导柱、导钉	将导柱及导钉分别压入上、下固定板
7	平磨	将固定板底面磨平 $R_a=0.80\ \mu m$ 以下
8	型芯与凹模镀铬抛光	① 将凹模及型芯拆下,镀铬、抛光; ② $R_a=0.20\sim0.10\ \mu m$ 以下; ③ 按上述工序重新安排
9	铆合模板	① 将上型芯 1 装入上固定板 3,盖上上模板 13,复钻铰孔后,铆合销钉; ② 用同样方法铆合下模板
10	试模调整	将装配后的模具在压机上试压,并根据试模情况及制品质量进行修整

2. 塑料注射模

(1) 塑料注射模装配工艺见表 5-54。

表 5-54 塑料注射模装配示例一

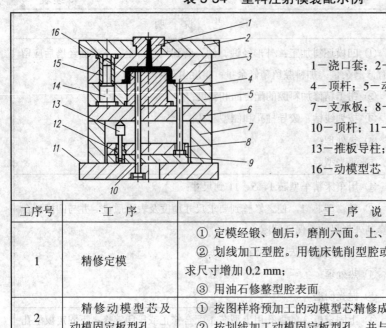

1—浇口套；2—定模座板；3—定模；
4—顶杆；5—动模固定板；6—垫板；
7—支承板；8—推杆固定板；9—推板；
10—顶杆；11—动模座板；12—推板导套；
13—推板导柱；14—导柱；15—导套；
16—动模型芯

工序号	工 序	工 序 说 明
1	精修定模	① 定模经锻、刨后，磨削六面。上、下平面留修磨余量； ② 划线加工型腔。用铣床铣削型腔或用电火花加工型腔。深度按要求尺寸增加 0.2 mm； ③ 用油石修整型腔表面
2	精修动模型芯及动模固定板型孔	① 按图样将预加工的动模型芯精修成形，钻铰顶件孔； ② 按划线加工动模固定板型孔，并与型芯配合加工
3	同镗导柱、导套孔	① 将定模、动模固定板叠合在一起，使分型面紧密接触，然后夹紧，镗导柱、导套孔； ② 锪导柱、导套孔台肩孔
4	复钻螺孔销及推件孔	① 将定模 3 与定模座板 2 叠合在一起，夹紧后复钻螺孔、销孔； ② 将动模座板 11、动模固定板 5、垫板 6、支承板 7 叠合夹紧，复钻螺孔、销孔
5	动模型芯压入动模固定板	① 将动模型芯压入固定板并配合紧密； ② 装配后，型芯外露部分要符合图样要求
6	压入导柱、导套	① 将导套压入定模； ② 将导柱压入动模固定板； ③ 检查导柱、导套配合松紧程度
7	磨安装基面	① 将定模 3 上基面磨平； ② 将动模固定板 5 下基面磨平
8	复钻推板上的推杆孔	通过动模固定板 5 及动模型芯 16，复钻推板上的推杆及顶杆孔，卸下后再复钻垫板各孔
9	将浇口套压入定模座板	用压力机将浇口套压入定模座板
10	装配定模部分	在定模座板 2、定模 3 上复钻螺钉孔、销孔后，拧入螺钉或敲入紧固
11	装配动模	将动模固定板、垫板、支承板、动模座板复钻后，拧入螺钉、打入销钉固紧
12	修正推杆及复位杆、顶杆长度	① 将动模部分全部装配后，使支承板底面和推杆固定板紧贴于动模座板。自型芯表面测出推杆、复位杆及顶件杆长度； ② 修磨长度后，进行装配，并检查各推杆、顶杆的灵活性
13	试模与调整	各部位装配完后，进行试模，并检查制品，验证模具质量状况

(2) 塑料注射模装配工艺二见表 5-55。

表 5-55　塑料注射模装配示例二

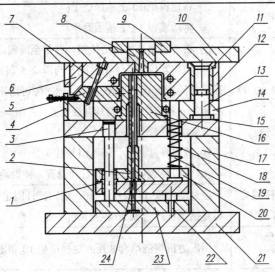

1—小导套；2—推管；3—小导柱；4—限位板；5—滑块；6—楔紧块；7—斜导柱；

8—浇口套；9—定位圈；10—定模座板；11—导套；12—定模板；13—导柱；14—动模板；

15—支承板；16—型芯；17—垫块；18—弹簧；19—复位杆；20—推杆固定板；

21—动模座板；22—限位钉；23—小型芯固定板；24—小型芯

工序号	工　序	工　序　说　明
1	复检所有模具零件、精修定模	① 定模前工序的完成情况：外形粗加工，每边留余量 1 mm，两面平磨保证平行度，并留有修磨余量； ② 型腔用铣床加工或用电火花加工，深度按要求留加工余量抛光； ③ 用油石修光型腔表面； ④ 控制型腔深度，磨分型面
2	精修动模板型孔及型芯	① 按划线方法加工动模板 14 型孔； ② 按图样将预加工的型芯 16 精修成形，钻铰推件孔
3	配镗导柱、导套孔(采用标准模架的已完成)	① 用工艺孔或定模、动模定位，将定模板 12、动模 14 叠合在一起，使分型面紧密贴合，然后夹紧，镗削导柱 13、导套 11 孔； ② 镗导套 11、导柱 13 孔的台肩
4	复钻各螺孔、销孔及推件孔	① 定模板 12 与定模座板 10 叠合在一起夹紧，复钻螺孔、销孔； ② 动模座板 21、垫块 17、支承板 15、动模板 14 叠合夹紧，复钻螺孔、销孔
5	型芯压入动模板	① 将型芯 16 压入动模板 14 并配合紧密； ② 装配后，测量型芯外露部分高度是否符合图样要求并调整
6	压入导柱、导套(采用标准模架的已完成)	① 将导套 11 压入定模板 12； ② 将导柱 13 压入动模板 14； ③ 检查导柱、导套配合的松紧程度

工序号	工 序	工 序 说 明
7	磨安装基面	① 将定模板 12 上基面磨平； ② 将动模板 14 下基面磨平
8	装滑块抽芯机构	① 将滑块型芯装入滑块槽，并推至前端面与动模定位面接触； ② 装楔紧块 6，使楔紧块 6 与滑块 5 斜面均匀接触，同时要保证分模面之间留有 0.2 mm 的间隙，此间隙可用塞尺检查。保证模具闭合后，楔紧块 6 和滑块 5 之间具有锁紧力；否则，应在楔紧块 6 后端面垫上适当厚度的金属薄片； ③ 镗斜导柱 7 孔，压入斜导柱 7； ④ 装限位板 4、复位螺钉和弹簧，使滑块 5 能复位定位
9	复钻推杆固定板上的推杆孔	通过动模板 14 及型芯 16，引钻推杆固定板 20 上的推杆孔，卸下后再复钻推杆固定板 20 各孔及沉头孔
10	将浇口套压入定模板	用压力机将浇口套 8 压入定模座板 10 和定模板 12 中
11	装好定模部分	定模板、定模座板复钻螺孔、销孔后，拧入螺钉和敲入销钉紧固
12	装好动模部分	将动模座板 21、垫块 17、支承板 15、动模板 14 复钻后，拧入螺钉，打入销钉紧固
13	修正推杆及复位杆	① 将动模部分全部装配后，使推板紧贴于小型芯固定板 23 上的限位钉。自型芯表面测出推杆、复位杆 19 及推管 2 长度； ② 修磨长度后，进行装配，并检查它们的灵活性
14	试模与调整	各部分装配完后，进行试模，检查制品，验证模具质量状况，发现问题予以调整

5.3.6 型腔模试模常见问题及调整

试模时若发现塑件不合格或模具工作不正常，应立即找出原因，调整或修理模具，直至模具工作正常，试件合格为止。型腔模试模中常见问题及解决方法见表 5-56，供参考。

表 5-56 型腔模试模中常见问题及解决方法

试模中常见问题	解决问题的方法与顺序
主浇道粘模	(1) 抛光主浇道→(2) 喷嘴与模具中心重合→(3) 降低模具温度→(4) 缩短注射时间→(5) 增加冷却时间→(6) 检查喷嘴加热圈→(7) 抛光模具表面→(8) 检查材料是否污染
塑件脱模困难	(1) 降低注射压力→(2) 缩短注射时间→(3) 增加冷却时间→(4) 降低模具温度→(5) 抛光模具表面→(6) 增大脱模斜度→(7) 减小镶块处间隙
尺寸稳定性差	(1) 改变料筒温度→(2) 增加注射时间→(3) 增大注射压力→(4) 改变螺杆背压→(5) 升高模具温度→(6) 降低模具温度→(7) 调节供料量→(8) 减小回料比例

试模中常见问题	解决问题的方法与顺序
表面波纹	(1) 调节供料量→(2) 升高模具温度→(3) 增加注射时间→(4) 增大注射压力→(5) 提高物料温度→(6) 增大注射速度→(7) 增加浇道与浇口的尺寸
塑件翘曲和变形	(1) 降低模具温度→(2) 降低物料温度→(3) 增加冷却时间→(4) 降低注射速度→(5) 降低注射压力→(6) 增加螺杆背压→(7) 缩短注射时间
塑件脱皮分层	(1) 检查塑料种类和级别→(2) 检查材料是否污染→(3) 升高模具温度→(4) 物料干燥处理→(5) 提高物料温度→(6) 降低注射速度→(7) 缩短浇口长度→(8) 减小注射压力→(9) 改变浇口位置→(10) 采用大孔喷嘴
银丝斑纹	(1) 降低物料温度→(2) 物料干燥处理→(3) 增大注射压力→(4) 增大浇口尺寸→(5) 检查塑料的种类和级别→(6) 检查塑料是否污染
表面光泽差	(1) 物料干燥处理→(2) 检查材料是否污染→(3) 提高物料温度→(4) 增大注射压力→(5) 升高模具温度→(6) 抛光模具表面→(7) 增大浇道与浇口的尺寸
凹痕	(1) 调节供料量→(2) 增大注射压力→(3) 增加注射时间→(4) 降低物料速度→(5) 降低模具温度→(6) 增加排气孔→(7) 增大浇道与浇口尺寸→(8) 缩短浇道长度→(9) 改变浇口位置→ (10) 降低注射压力→(11) 增大螺杆背压
气泡	(1) 物料干燥处理→(2) 降低物料温度→(3) 增大注射压力→(4) 增加注射时间→(5) 升高模具温度→(6) 降低注射速度→(7) 增大螺杆背压
塑料冲填不足	(1) 调节供料量→(2) 增大注射压力→(3) 增加冷却时间→(4) 升高模具温度→(5) 增加注射速度→(6) 增加排气孔→(7) 增大浇道与浇口尺寸→(8) 增加冷却时间→(9) 缩短浇道长度→(10) 增加注射时间→(11) 检查喷嘴是否堵塞
塑件溢料	(1) 降低注射压力→(2) 增大锁模力→(3) 降低注射速度→(4) 降低物料温度→(5) 降低模具温度→(6) 重新校正分型面→(7) 降低螺杆背压→(8) 检查塑件投影面积→(9) 检查模板平直度→(10) 检查模具分型面是否锁紧
熔接痕	(1) 升高模具温度→(2) 提高物料温度→(3) 增加注射速度→(4) 增大注射压力→(5) 增加排气孔→(6) 增大浇道与浇口尺寸→(7) 减少脱模剂用量→(8) 减少浇口个数
塑件强度下降	(1) 物料干燥处理→(2) 降低物料温度→(3) 检查材料是否污染→(4) 升高模具温度→(5) 降低螺杆转速→(6) 降低螺杆背压→(7) 增加排气孔→(8) 改变浇口位置→(9) 降低注射速度
裂纹	(1) 升高模具温度→(2) 缩短冷却时间→(3) 提高物料温度→(4) 增加注射时间→(5) 增大注射压力→(6) 降低螺杆背压→(7) 嵌件预热→(8) 缩短注射时间
黑点及条纹	(1) 降低物料温度→(2) 喷嘴重新对正→(3) 降低螺杆转速→(4) 降低螺杆背压→(5) 采用大孔喷嘴→(6) 增加排气孔→(7) 增大浇道与浇口尺寸→(8) 降低注射压力→(9) 改变浇口位置

—— 思 考 题 ——

1. 大型冲压模具各模板上的孔及孔系采用何种方法能保证装配的位置精度？为什么要用该方法？

2. 配作加工及同钻同铰加工有哪些要求？它们各适用于什么场合？

3. 成型零件的固定装配方法有哪些？各适用于什么场合？

4. 冷冲模的模架装配时，主要有哪些技术要求？模架上导柱、导套的装配应按照怎样的步骤进行？

5. 冲裁模装配时，凸模与凹模间隙控制方法有哪些？

6. 如何选择冷冲模的装配基准？装配基准与装配顺序间存在怎样的关系？

7. 小型冷冲模模板上的紧固螺钉和定位销钉的装配应遵循怎样的工艺路线？

8. 冲裁模试模时，发现毛刺较大、内孔与外形的相对位置不正确，是哪些原因所造成的？如何调整？

9. 弯曲模与拉深模有哪些装配特点？

10. 型芯凸模有哪些装配要求？各种结构形式的型芯凸模的装配方案怎样？

11. 型腔凹模装配时，可采用哪些工艺方法确保装配的位置精度要求？

12. 滑块抽芯机构装配主要包括哪些步骤及内容？

13. 推出机构装配过程中，有哪些部位需要进行补充加工及修磨？如何进行？

14. 塑料模试模时发现塑件溢边，是由哪些原因造成的？如何调整？

第6章 模具零件的加工质量

🔲+🔲

模具的质量主要体现在模具零件的加工质量和模具的装配质量上。模具零件的加工质量是保证模具所加工产品的质量和使用寿命的基础。模具零件的加工质量包括零件的加工精度和表面质量两大方面。

6.1 模具零件的加工精度

6.1.1 模具零件加工精度的概念

1．零件加工精度

零件(工件)加工后，实际几何参数与理想几何参数的符合程度，称为加工精度。

2．零件的加工误差

零件(工件)加工后，实际几何参数对理想几何参数的偏离程度，称为加工误差。

3．误差产生的原因

在模具零件机械加工过程中，由于受各种因素的影响，致使刀具和工件间正确的相对位置产生偏移，因而使加工出的工件不能与理想的要求完全符合，形成误差。在生产中，主要是通过控制加工误差来保证加工精度的。

4．加工精度的内容

零件加工精度的主要内容见表 6-1。

表 6-1 零件加工精度的主要内容与控制方式

加工精度内容	控 制 方 式
尺寸精度	控制加工表面与其基准间的尺寸误差不超过规定范围
几何形状精度	控制加工表面宏观几何形状如圆度、圆柱度、平面度、直线度等的误差不超过所规定的范围
相互位置精度	控制加工表面与其基准间的相互位置如平行度、垂直度、同轴度、位置度等的误差不超过规定的范围

模具零件的加工精度包括尺寸精度、形状精度和位置精度三个方面的内容，这三者之间，通常是形位公差应限制在位置公差之内，而位置公差一般也应限制在尺寸公差之内。

当尺寸精度要求较高时，相应的位置精度、形状精度也提高要求，但当形状精度要求高时，相应的位置精度和尺寸精度有时不一定要求高，这要根据零件的功能要求来决定。

6.1.2 影响模具零件加工精度的因素

在模具零件加工时，机床、夹具、刀具和工件构成了一个完整的系统，称之为工艺系统。加工误差的产生是由于工艺系统在加工前和加工过程中的很多误差因素造成的。工艺系统误差因素主要包括：机床、夹具、刀具的制造及安装误差；工件的误差；工艺系统的受力变形；工艺系统的受热变形等。这些误差统称为工艺系统误差。工艺系统误差在不同的具体条件下，以不同的程度和方式反映为加工误差。所以，工艺系统误差亦称为原始误差。

1. 工艺系统的几何误差对加工精度的影响

1) 机床的几何误差

引起机床误差的原因是机床的制造误差、安装误差和磨损。机床误差的项目很多，但对工件加工精度影响较大的主要有：

(1) 机床导轨导向误差。导轨导向精度是指机床导轨副的运动件实际运动方向与理想运动方向的符合程度，这两者之间的偏差值称为导向误差。导轨是机床中确定主要部件相对位置的基准，也是运动的基准，它的误差直接影响被加工工件的精度。

(2) 机床主轴的回转误差。机床主轴是用来装夹工件或刀具并传递主要切削运动的重要零件。它的回转精度是机床精度的一项很重要的指标，如主轴前端的径向圆跳动和轴向窜动，不同类型和精度的机床对跳动量有不同的要求。回转误差主要影响零件加工表面的几何形状精度、位置精度和表面粗糙度。

(3) 机床主轴回转轴线的位置误差。主轴回转轴线的位置误差，对于不同类型的机床、不同的情况，其造成的误差影响也不同。如：车床主轴或工件的回转轴线与床身导轨之间的位置误差，会影响到加工工件表面的形状误差；立式坐标镗床镗孔时，如果镗床主轴对工作台面存在垂直度误差，则将导致被加工工件的孔也产生垂直度误差，在这种情况下加工出的上、下模座的导柱孔和导套孔，有可能使模架在装配后运动不灵活，发生滞阻现象，加速导向元件的磨损，严重时将使上、下模座无法组合在一起，如图 6-1 所示。

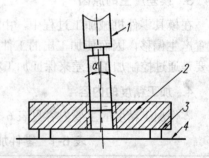

1—主轴；2—工件；3—垫块；4—工作台

图 6-1 镗床主轴对工作台面不垂直

(4) 传动误差。在机械加工中，被加工表面的形状主要依靠刀具和工件间的成形运动来获得。成形运动是通过机床的传动机构实现的，由于传动机构中各传动零件的制造误差、安装误差和工作中的磨损，使成形运动产生误差，这种误差称为传动误差。例如：传动丝杠的精度影响车床车螺纹螺距的精度；传动丝杠与螺母的配合精度会造成给定进给量与实际进给量产生误差，这将影响加工工件表面形状和尺寸精度。

2) 加工原理误差

加工原理误差是指采用了近似的成形运动或近似的刀刃轮廓进行加工而产生的误差。滚齿用的齿轮滚刀有两种误差：一是为了制造方便，采用阿基米德蜗杆或法向直廓蜗杆代替渐开线基本蜗杆而产生的刀刃齿廓形状误差；二是由于滚刀刀齿数量有限，实际上加工出的齿形是一条由微小折线段组成的曲线，和理论上的光滑渐开线有差异，从而产生加工误差。在三坐标数控铣床(或加工中心)上铣削复杂型面零件时，通常要用球头铣刀并采用行切法加工，如图 6-2 所示。所谓行切法，就是球头铣刀切削零件时，轮廓切点轨迹是一行一行的，而行间的距离 s 是按零件的加工要求确定的。这种方法实质上是将空间立体型面视为众多的平面截线的集合，每次进给加工出其中的一条截线。每两次进给之间的行间距 s 可以按下式确定：

$$s = \sqrt{8Rh}$$

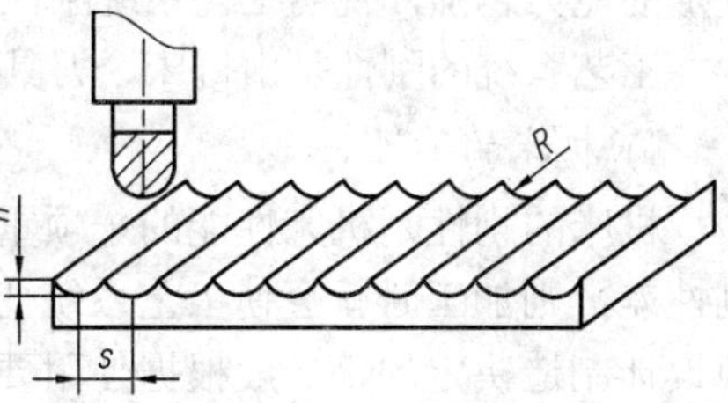

图 6-2 球头铣刀行切时轮廓切点轨迹

式中：R——球头铣刀半径(mm)；

h——允许的表面不平度(mm)。

采用近似的成形运动或近似的刀刃轮廓虽然会带来加工原理误差，但这样可以简化机床结构或刀具形状，提高生产效率，且能得到满足要求的加工精度。因此，只要这种方法产生的误差不超过规定的精度要求，在生产中是允许的。

3) 调整误差

在机械加工的每一道工序或在数控加工的每次换刀间，总要对工艺系统进行各种调整工作，由于调整不可能绝对地准确，因而会产生调整误差。

工艺系统的调整有试切法和调整法两种基本方式，不同的调整方式有不同的误差来源。

4) 夹具的制造误差与磨损

模具加工属于单件或小批量加工，一般情况下采取单件找正加工，所以加工精度不会受夹具精度的影响(采用分度机构分度加工除外)。但当采用标准夹具进行多工序模具加工和采用夹具大批量生产模具标准件时，夹具的误差将直接影响工件加工表面的位置精度或尺寸精度。

5) 刀具的制造误差与磨损

刀具的制造误差对加工精度的影响，因刀具的种类、材料等的不同而异。

(1) 采用定尺寸刀具(如钻头、铰刀、键槽铣刀、镗刀块及圆拉刀等)加工时，刀具的尺寸精度直接影响工件的尺寸精度。

(2) 采用成形刀具(如成形车刀、成形铣刀、成形砂轮等)加工时，刀具的形状精度将直接影响工件的形状精度。

(3) 展成刀具(如齿轮滚刀、花键滚刀、插齿刀等)的刀刃形状，必须是加工表面的共轭曲线，因此刀刃的形状误差会影响加工表面的形状精度。

任何刀具在切削过程中都不可避免地要产生磨损，特别是刀具切削刃在加工表面的法线方向(误差敏感方向)上的磨损，它直接反映出刀具磨损对加工精度的影响。

2. 工艺系统受力变形引起的加工误差

切削加工时，在切削力、夹紧力以及重力等的作用下，由机床、刀具和工件组成的工艺系统将产生相应的变形，使刀具和工件在静态下调整好的相互位置以及切削成形运动所需要的几何关系发生变化，从而造成加工误差。

工艺系统受力变形是加工中一项很重要的原始误差来源，它不仅严重地影响到工件的加工精度，而且还影响了加工表面质量，限制了加工生产率的提高。

工艺系统的受力变形通常是弹性变形，亦即刚性问题。一般说来，工艺系统抵抗弹性变形的能力越强，说明工艺系统刚性越强，则加工精度越高。

工艺系统的刚性是由机床、刀具及工件的刚性决定的。

1) 机床的刚性

机床的刚性是机床性能的一项重要指标，是影响机械加工精度的重要因素。如果机床刚性差，则加工时就会使工艺系统变形增大，造成较大的加工误差。机床的刚性是由制造商设计制造决定的，一般根据使用要求来购买机床。在加工过程中只要不超过机床的额定承载能力，则机床的刚性对加工精度影响不大。

2) 刀具的刚性

刀具的刚性根据刀具的结构和工作条件不同，所表现的误差也不同。如车床镗削细长孔时，若刀具刚性不够，则往往会造成实际进给量小于给定的进给量；当所加工的孔存在着余量不均或硬度不均时，由于误差复映，会造成加工孔的形状、位置和尺寸误差，如图6-3所示。铣削加工模具，当用细长立铣刀加工模具侧壁时，铣出来的侧面往往是锥面而不是垂直面，如图6-4所示。

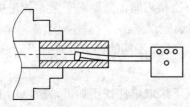 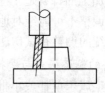

图6-3　车削镗孔时镗杆过长引起的误差　　　　图6-4　铣刀刚性不足造成的加工误差

3) 工件的刚性

在机械加工中，由于被加工工件刚性不足而造成的工件加工误差有时是非常大的。

(1) 车削或磨削细长轴件如图 6-5(a)、6-6(a)所示。由于切削力的作用使工件产生弯曲而造成的加工误差如图 6-5(b)、6-6(b)所示。

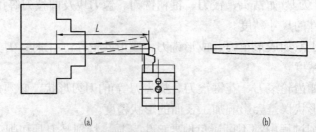

图6-5　一端固定的悬臂细长轴加工造成的加工误差

(a) 悬臂装夹工件；(b) 工件的形状误差

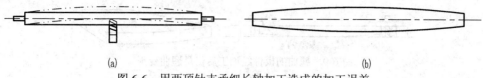

图 6-6 用两顶针支承细长轴加工造成的加工误差

(a) 用两顶针支承工件；(b) 工件形状误差

(2) 薄壁圆环加工如图 6-7 所示。将薄壁圆环夹持在三爪自定心卡盘内进行镗孔加工，在夹紧力作用下，产生弹性变形的状态如图 6-7(a)所示；加工出的孔如图 6-7(b)所示；当松开三爪卡盘后圆环由于弹性恢复，使已加工好的孔产生了形状误差，如图 6-7(c)所示；应在薄壁圆环外套一个开口的过渡环，如图 6-7(d)所示，可使夹紧力在薄壁圆环的外圆面上均匀分布，从而减小工件的变形和加工误差。所以，装夹工件时合理选择夹紧力的大小及夹紧力的着力点和分布状态对减少加工误差具有十分重要的影响。

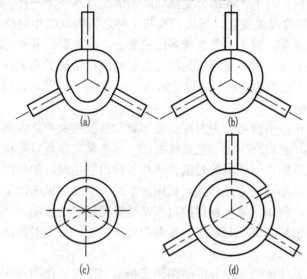

图 6-7 夹紧力引起的加工误差

(3) 薄板件的加工。"薄板件"的"薄"在这里是相对而言的，当工件的长或宽度尺寸与厚度尺寸之比值超过一定范围时，而且在加工过程中施加的夹紧力或切削力使其变形量超过要求的范围时，这样的板件都可以称之为"薄板件"。模具的模板加工常常碰到薄板件，在加工过程中，经常由于装夹不当而引起加工误差。如图 6-8(a)所示，如果在"A"点施力装夹，则工件夹紧变形如图中双点划线所示，加工后的工件如图 6-8(b)所示。另外一种情况是已有翘曲变形的板件，如果装夹过程不采取适当措施，则加工后的工件仍然是翘曲变形的，如图 6-9 所示。

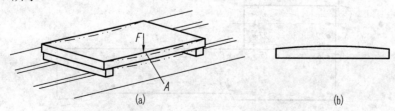

图 6-8 薄板件装夹不当引起的加工误差

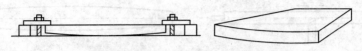

图 6-9　翘曲的板件经加工后仍是翘曲变形

4) 惯性力

在模具加工中，经常要车削或磨削一些不对称件上的孔或轴，由于工件关于回转中心不对称，因此工件在高速旋转时产生不平衡质量的离心力。由于不平衡质量的离心力的存在，会引起机床几何轴线作摆角运动，造成工件的圆度误差和位置误差，严重时常引起工艺系统的强迫振动，影响加工进行。

3. 工艺系统的热变形对加工精度的影响

在机械加工过程中，由于系统各组成部分的比热容、线膨胀系数、受热及散热条件不完全相同，在各种热的影响下，各部分受热膨胀的情况也不完全一样，结果使工艺系统的静态(常温状态)几何精度发生变化，导致刀具与工件之间的原始相对位置或运动状态的改变，造成工件的加工误差。对于工艺系统各组成部分，这种受到各种热的影响而产生的温度变形，一般称为热变形。由热变形引起的加工误差，对精加工和大件加工的影响尤为突出，热变形造成的加工误差约占总加工误差的 40%～70%。因此，在精加工中决不能忽略工艺系统热变形的影响。

引起工艺系统变形的热源可分为内部热源和外部热源两大类。内部热源主要是指切削热、摩擦热和动力热，它们产生于工艺系统内部，其热量主要是以热传导的形式传递。外部热源主要是指工艺系统外部环境的对流传热和各种辐射热源，如周围流动的空气和各种光照射等。这些热源以不同的方式传递到机床的不同部位，使机床产生不均匀变形，破坏机床原有的几何精度。例如，靠近窗口的机床常受日光照射的影响，当床身的顶部和侧部受日光照射后，就会出现顶部凸起和床身扭曲的现象，上、下照射情况不同，机床的变形也不一样。

由于作用于工艺系统各组成部分的热源，其热量、位置和作用时间各不相同，各部分的热容量、散热条件也不一样，因此，工艺系统各部分的升温也不同，即使是同一物体，处于不同空间位置上的各点，在不同时间，其温度也是不等的。如图 6-10 所示是将车床开动后对各部分温度进行测定所获得温度的分布情况。图中"·"旁的数字为实际测量的机床在该点温升(单位为℃)。物体中各点温度的分布称为温度场。当物体未达到热平衡时，各点温度不仅是该点位置的函数，也是时间的函数，这种温度场称为不稳态温度场。物体达到热平衡后，各点温度将不再随时间变化，而只是该点位置坐标的函数，这种温度场称为稳态温度场。下面分别对机床、工件、刀具的热变形对加工精度的影响进行讨论。

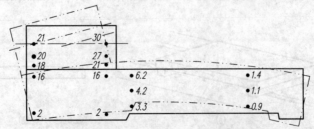

图 6-10　车床各点温度的分布及热变形

1) **机床热变形对加工精度的影响**

机床在工作过程中受到内外热源的影响，各部分的温度将逐渐升高。由于各部件的热量分布不均匀，以及机床结构的复杂性，导致各部件的温升不同，而且同一部件不同位置的温升也不尽相同，进而形成不均匀的温度场，使机床各部件之间的相互位置发生变化(机床热变形趋势如图 6-10 中双点划线所示)，破坏了机床原有的几何精度，从而造成加工误差。

机床空运转时，各运动部件产生的摩擦热基本不变。运转一段时间后，各部件传入的热量和散失的热量基本相等。机床达到热平衡状态时的几何精度称为热态几何精度。在机床达到热平衡状态之前，机床的几何精度变化不定。它对加工精度的影响也是变化不定的，要控制这种变化着的误差困难极大。因此，精密加工常常进行机床空运行预热，达到热平衡之后再进行加工。

2) **刀具热变形对加工精度的影响**

刀具的热变形主要是由切削热引起的。通常传入刀具的热量并不太多，但由于刀体小，热容量少，并且热量集中在切削部分，故刀具仍会有很高的温升，如车削时高速钢车刀的工作表面温度可达 700～800℃；硬质合金切削刃的温度可高于 1000℃。连续切削时，刀具的热变形在切削初始阶段增加很快，随后变得较缓慢，经过不长的一段时间后便趋于热平衡状态，此后热变形的变化量非常小。刀具总的热变形量可达 0.03～0.05 mm(与伸出部分长度成正比)。

间断切削时，由于刀具有短暂的冷却时间，故其热变形有热胀冷缩的双重特性，且总的变形量比连续切削时要小一些。变形量最后也会稳定在一定范围内。

加工大型零件时，刀具的热变形往往造成几何形状误差。如车长轴时，可能由于刀具的热伸长而产生锥度。

3) **工件热变形对加工精度的影响**

在切削加工中，工件的热变形主要是由于切削热的作用。据试验结果表明，对于不同的加工方法，传入工件的热量也不同，车削加工时约有 50%～80% 的切削热由切屑带走，10%～40% 传入刀具，3%～9% 传入工件；钻削加工时，切屑带走的热量约 28%，14.5% 传入刀具，52.5% 传入工件；而磨削加工时，大量的热量被传入工件。即使传入工件的热量相同，对于形状和尺寸不同的工件，温升和热变形也不一样。形状和尺寸相同的工件，由于热导率不同，即使传入相同的热量，其热变形也不一样。

在平面磨床进行磨削加工时，如果磨削较薄的平板状工件，如图 6-11(a)所示，则工件因单面受热，上、下面之间产生温差，导致工件翘曲，图如 6-11(b)所示；工件在翘曲状态下磨平，冷却后则出现上凹形状误差，如图 6-11(c)所示。

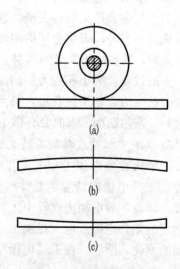

图 6-11　磨削热对薄板工件
加工的影响

4．其他误差对加工精度的影响

1) 模具工件内应力和加工工艺对加工精度的影响

工件的内应力是指无外载荷作用的情况下，工件内部存在的应力。具有内应力的工件处在一种不稳定的状态中，即使在常温状态下内应力也在不断地变化，直至内应力全部消失为止。在内应力变化过程中，工件可能产生变形，使原有的精度逐渐丧失(严重时会导致裂纹)。在模具加工中，造成工件存在内应力的原因主要是工件(或模坯)在热处理后残留的内应力和切削加工引起的内应力。

(1) 工件热处理残留的内应力。工件热处理残留的内应力对模具加工精度的影响是相当大的，常常会在模具加工过程中造成工件变形，甚至开裂。如用线切割加工淬硬钢薄片模芯时，由于热处理残留的内应力影响，通常线切割加工得到的薄片件是弯曲的，如图6-12(a)所示。线切割的开口凸模工件，在切割后如图6-12(b)所示。如果按如图6-12(c)所示的加工路线切割淬硬钢凸模时，随着切割的进行，坯料左右两侧连接的材料被逐渐割断，模坯的内应力平衡状态逐渐丧失，使坯料的右侧部分不断偏斜，当电极丝切割到右下角时，形成的变形状态如图示。

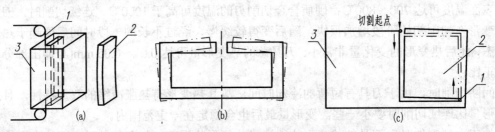

1—电极丝；2—工件；3—模坯

图6-12　内应力引起线切割加工变形

(2) 切削加工引起的内应力。切削加工时，由于刀具的挤压和摩擦作用，使工件已加工表面的表层金属产生塑性变形，使内层金属产生弹性变形。塑性变形层会阻碍内层金属的弹性恢复。另外，表层金属的塑性变形是在一定的切削温度下发生的，当塑性变形层的温度下降时，其热收缩又受到内层金属的阻碍，所以被切削加工后的工件表面将产生内应力。内应力的性质、大小和应力层的深度，因加工方法和切削条件不同而异。在某些情况下表面层中的应力会使工件变形，甚至产生裂纹，如磨削加工淬硬的模具钢和导热性较差的脆性材料，常常在加工表面会有微小裂纹产生和如图6-11所示的加工变形。

2) 工具电极精度对加工精度的影响

在电火花成形加工和电火花线切割加工中，工具电极的精度直接影响到加工模具的精度。工具电极的精度主要体现为成形加工的电极制造精度和线切割加工的电极丝直径精度，以及在放电加工过程中工具电极的损耗程度。要想获得高精度的模具，就必须要有高精度的工具电极。电火花加工过程中，工具电极的损耗也直接造成加工形状误差和尺寸精度的变化。所以，在工具电极精度得到保证的情况下，工具电极损耗愈小，加工精度就愈高。

3) 控制系统对加工精度的影响

现代模具加工已进入数控加工时代，而数控机床的数控系统对加工精度的影响主要体现在两个方面。

(1) 控制精度。不同的数控机床其控制系统精度不同，只有使用高精度控制系统的机床，才能加工出高精度工件，即使用高精度控制系统其原理误差才能小。如高精密数控连续轨迹坐标磨床，其使用的控制系统显示精度小于 0.0001 mm，加工出来曲面的轮廓误差(原理误差)可以达到小于 0.001 mm。

(2) 控制参数的稳定性。控制系统参数的稳定性，影响到放电加工过程放电间隙的稳定性。电加工的精度主要由工具电极精度和放电间隙精度组成，所以控制参数的稳定性直接影响到电加工的精度，特别是加工精密模具，控制系统必须具有高稳定性控制参数和高精度放电间隙，才能加工出高精度的、表面粗糙度低的模具零件。

4) 测量误差对加工精度的影响

机械加工时，需要以测量结果作为依据来控制加工过程或对工艺系统进行调整。由于测量工具自身不可避免地存在误差，此外，测量过程中由于测量方法、环境条件、测量操作人员的经验等原因也会使测量结果产生误差，因此，测量误差是测量工具自身误差和测量过程中产生的误差之和。由于测量误差的存在，必然会使工件的加工精度降低。

6.1.3　提高模具零件加工精度的途径

模具加工误差是由工艺系统中的原始误差引起的，要想提高模具加工精度，必须消除或减小原始误差。在生产实际中有许多消除或减少误差的方法和措施。

1. 减少机床误差

(1) 选用刚性好、精度较高的加工机床，有条件的选用带主轴冷却、丝杠冷却和带热平衡调节的精密机床。闭环的数控系统可以削除机床的传动误差。

(2) 减少机床的热源的影响。通常精密加工机床要放置在恒温的环境中，使机床稳定地工作在热平衡状态下。

2. 减少加工原理误差

在机械加工中，旋转加工精度通常高于插补加工精度，所以模具中的圆孔和圆轴应采用镗削、车削或行星磨削加工，可以有效消除原理误差。

3. 减少测量误差

为了提高调整精度，在加工中常常采用对刀显微镜、光测、电测等仪器来调整刀具和工件的相对位置。在选择量具时，应从工件的精度要求出发，使所选量具的极限测量误差在工件公差的 1/10～1/3 的范围内。在测量过程中，应尽量减小量具和被测量工件的温度差。对于测量精密零件，应在相应等级的恒温条件下进行。

4. 减少夹具误差

机械加工使用的通用夹具有不同的精度等级，应根据工件的精度要求使用较高精度的夹具。对使用的夹具应定期检测，及时更换不合格的夹具或部件。对于单件或小批量加工的模具，应采用逐件校正加工，可以有效消除夹具误差对加工的影响，从而提高模具制造精度。

5. 减小刀具误差

减小刀具误差的措施如下：

(1) 提高刀具的制造精度。

(2) 提高刀具的刚性。尽可能选用长径比小的刀具，或在装夹刀具时尽量减小伸出长度。

(3) 减小刀具的热变形和刀具的磨损。在切削加工过程中，应合理选择切削用量、刀具的几何参数和相适应的切削液，并用切削液给予刀具充分的冷却和润滑，以降低切削温度和刀具的磨损速度。

(4) 进行刀具误差补偿。在现代加工技术中，特别是一些精密数控加工机床，都具有刀具直径和长度动态检测功能，在加工前将刀具动态测量的实际误差自动进行刀补；或在加工过程中，根据编程设定进行定期监测刀具磨损量，并自动进行补偿。

6. 消除工件自身的变形误差

(1) 在切削刚性较差的工件时，要采取有效的工艺措施。

① 装夹工件时增加施力点的接触面积。车削如图 6-7(d)所示的圆环件时，可在工件外套一个开口的具有一定刚性的外套。装夹的施力点应施压在支承点上，如图 6-13 所示，而不应使用如图 6-8 所示的夹紧方法。

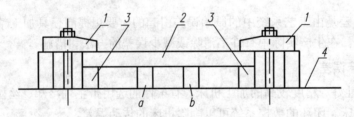

1—压板；2—工件；3—等高垫块；4—工作台

图 6-13　增加辅助支承点的加工

② 对于长杆件或薄板件的加工，应增加辅助支承点，则相对地增加了工件的刚性，如长杆件车削加工采用的一夹一顶装夹和使用跟刀架。还可在如图 6-8 所示的施力处增加辅助支承点，或在长距离悬空处增加辅助支承点，都可以减少切削力造成的工件变形，如图 6-13 所示 a、b 处。

③ 对于如图 6-9 所示翘曲的变形件或装夹基准不平工件的加工，应选择适当的施力点装夹，或在翘曲处增加支承，可有效减小复映误差。

(2) 在切削加工工件过程中，应施充足的冷却液给予刀具和工件，使之充分的冷却和润滑，或应用现代高速切削加工技术进行加工，减小工件的温升，以减小工件的热变形。

(3) 消除工件内应力，特别是加工精密零件时尤为重要，在精加工之前必须进行一次充分消除工件内应力的处理。

7. 选用高精度工具电极

尽量选用紫铜电极，以提高电加工精度。

6.2 模具零件的表面质量

6.2.1 模具零件的表面质量

1. 加工表面质量的含义

机械加工的表面质量是指工件经过切削加工后，已加工表面的几何特征和在一定深度内(即表面层)出现的物理力学性能的变化状况。

(1) 加工表面的几何特征。如图 6-14 所示，加工表面的几何特征主要由以下几部分组成：

① 表面粗糙度：是指表面的微观几何形状误差，即加工表面上具有的由较小间距和峰谷所组成的微观几何形状特征。它主要是由切削刀具运动轨迹的残留面积高度、积屑瘤、鳞刺以及切削过程中工艺系统的振动等因素造成的。

② 表面波度：是指介于表面宏观几何形状误差(如平面度、圆度等)和微观几何形状误差之间的一种几何形状误差。它主要是由切削刀具的偏移和加工过程中系统的强迫振动引起的。

③ 表面加工纹理：即表面微观结构的主要方向。它取决于形成表面所采用的机械加工方法，即主运动和进给运动的关系。

④ 伤痕：是指在加工表面上随机分布的一些个别位置上出现的缺陷，如裂痕、划痕等。

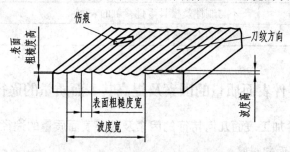

图 6-14 加工表面的几何特征

(2) 表面层的物理力学性能的变化。表面层物理力学性能的变化主要包括如下三个方面：表面层的冷作硬化的程度和深度；表面层的残余应力的性质、大小和分布情况等；表面层的金相组织的变化。

2. 表面粗糙度对模具的影响

在零件加工中，表面粗糙度值的高低对模具质量和使用寿命有很大影响，其主要表现在：

(1) 影响模具零件间的配合精度。

(2) 影响模具零件的耐磨性。

(3) 影响模具的耐疲劳强度。

(4) 影响模具工作零件的耐腐蚀性。

由此看来，零件的表面粗糙度对模具装配后的精度、耐用度、使用寿命影响很大。因此，在加工及制作零件时，操作者一定要按图样要求，设法满足其表面粗糙度的要求。

3. 模具零件的表面粗糙度及使用范围

模具零件的表面粗糙度及使用范围见表 6-2。

表 6-2　模具零件的表面粗糙度及使用范围

表面粗糙度 R_a / μm	使 用 范 围
0.1	抛光的旋转体表面
0.2	抛光的成形面及平面
0.4	① 弯曲、拉深、成形的凸模和凹模工作表面； ② 圆柱表面和平面的刃口； ③ 滑动和精确导向的表面
0.8	① 成形的凸模和凹模刃口； ② 凸模、凹模镶块的接合面； ③ 过盈配合和过渡配合的表面； ④ 支承定位和紧固表面； ⑤ 磨削加工的基准平面； ⑥ 要求准确的工艺基准表面
1.6	① 内孔表面，在非热处理零件上配合用； ② 底板平面
6.3	不与制件及模具零件接触的表面
12.5	粗糙的不重要的表面

6.2.2　影响模具零件表面质量的因素及提高其表面质量的途径

1. 影响模具零件加工表面几何特征的因素及改善表面质量的途径

1) 切削加工的表面粗糙度

国家标准规定，表面粗糙度等级用轮廓算术平均偏差 R_a、微观不平度十点高度 R_Z 或轮廓最大高度 R_y 的数值大小表示，并要求优先采用 R_a。

切削加工后的表面粗糙度主要取决于切削残留面积的高度。影响切削残留面积高度的因素主要包括刀尖圆弧半径 r_ε、主偏角 κ_r、副偏角 κ_r' 及进给量 f 等。

在切削加工过程中，表面粗糙度还要受到切削加工材料的性质、积屑瘤、鳞刺、振动以及后刀面的粗糙度、切削刃的磨损情况等因素的影响。

在切削过程中，切屑和前刀面之间存在着很大的挤压和摩擦。当切屑自身的内摩擦力小于切屑底层与前刀面的外摩擦力时，底层金属脱离的切屑就会粘附在前刀面上，形成积屑瘤，如果积屑瘤顶部超过切削刃，它将代替切削刃进行切削，在加工面上形成形状不规则的沟痕，影响表面粗糙度。同时由于积屑瘤时生时灭，使切削力时大时小，易激发振动，也使加工表面变得粗糙。

加工脆性材料时，会产生崩碎切屑，使加工表面凹凸不平，而且由于切削过程的振动，常使加工表面变得粗糙。

加工塑性材料时，会有带状切屑、挤裂切屑、单元切屑等几种可能的情况。一般情况下对于一般切削条件，带状切屑的切削力波动最小，切削过程平稳，易获得表面粗糙度小的加工表面；单元切屑的切削力波动最大，切削过程易产生振动，使加工表面变得粗糙。

对于同样的材料，金相组织越是粗大，切削加工后的表面粗糙度也越大，为减小切削加工后的表面粗糙度，常在精加工前进行晶粒细化热处理。

应用现代高速机床，采取高速切削加工技术，可以减小切削阻力、降低刀具磨损，可以获得较小的表面粗糙度，甚至可以实现镜面切削加工。

综合上述，切削加工的表面粗糙度受切削刃相对于加工零件的运动轨迹(几何因素)和工件材料力学性能及切削过程中的某些物理现象(物理因素)的综合影响。所以，减小切削加工表面的粗糙度，应根据切削过程中的基本规律和切削条件，合理选择刀具及刀具几何参数、切削用量和切削液，提高刀具的耐用度，抑制积屑瘤和鳞刺的产生，并应减小或消除切削过程中的振动。

2) 磨削加工的表面粗糙度

(1) 几何因素的影响。磨削表面是由砂轮上大量的磨粒刻划出的无数极细的沟槽形成的。在单位面积上刻痕越多，即通过单位面积的磨粒数越多，刻痕的等高性越好，则磨削表面的粗糙度值越小。

(2) 表面层金属的塑性变形(物理因素)的影响。砂轮的磨削速度远比一般切削加工的速度高，且磨粒大多为负前角，磨削时磨轮单位面积施加给工件的压力(后简称磨削比压)大，磨削区温度很高，工件表面层的温度有时可达 900℃，工件表面层金属容易产生相变而烧伤。因此，磨削过程的塑性变形要比一般切削过程大得多。

(3) 磨削用量。磨削深度对表层金属塑性变形的影响很大，增大磨削深度，塑性变形将随之增大，被磨削表面的表面粗糙度亦会增大。

(4) 砂轮的选择。对于磨削加工，砂轮的粒度、硬度、组织和材料对被磨削工件的表面粗糙度影响很大。一般来讲，砂轮的粒度越细，磨削的表面粗糙度越小，但随着磨粒变细，砂轮的磨削能力也随之降低，同时砂轮易被磨屑堵塞；在磨削过程中若导热情况不好，还会在加工表面产生烧伤现象。所以，在选择粒度小的砂轮进行磨削时，应选择相应的磨削工艺，才能得到所要求的表面粗糙度。

砂轮的硬度是指磨粒在磨削力作用下从砂轮上脱落的难易程度。砂轮太硬，磨钝了的磨粒不能及时脱落，便降低了切削能力，增大了表层金属的塑性变形，使工件表面的粗糙度也增大。砂轮太软，磨粒易脱落，磨削作用减弱，难以保证磨削精度。砂轮的硬度对表面粗糙度的影响涉及到多方面的因素，如磨粒材料的硬度、磨粒的形状等。当磨粒材料较硬而形状又比较尖利时，选用硬度较高的砂轮有利于降低磨削表面的粗糙度。

砂轮的组织是指磨粒、结合剂和气隙的比例关系。紧密组织中的磨粒比较大，气隙小，在成形磨削和精密磨削时，能获得较高的精度和较小的表面粗糙度。疏松组织的砂轮不易堵塞，适于磨削软金属、非金属软材料和热敏材料，可获得较小的表面粗糙度。砂轮材料选择得适当，可获得满意的表面粗糙度。氧化物(刚玉)和高硬磨料的立方氮化硼砂轮适于磨削钢类零件。立方氮化硼砂轮多用于钢件孔类及曲面轮廓的高精密磨削加工。碳化物(碳化硅、碳化硼)砂轮适于磨削铸铁等材料。高硬金刚石砂轮适于磨削硬质合金及粉末高速钢等高硬合金类材料。金刚石砂轮用于磨削钢类工件，可以获得极小的表面粗糙度，但磨削效率较低。

对于磨削加工来说，由于磨削温度很高，热因素的影响往往占主导地位，所以必须保证充分的磨削液送入磨削区，以确保磨削区的冷却。

2．影响表层金属力学物理性能的因素及改善表面质量的途径

由于受到切削力和切削热的作用，表面金属层的力学物理性能会产生很大的变化，最主要的变化是表层金属显微硬度的变化(冷作硬化)、金相组织的变化以及在表层金属中产生残余应力等。

1) 影响加工表面冷作硬化的因素及改进措施

金属切削加工时影响表面层冷作硬化的因素可从四个方面来分析：

(1) 切削力愈大，塑性变形愈大，硬化层深度也愈大。因此，增大进给量 f 和背吃刀量，减小刀具前角，都会增大切削力，使加工冷作硬化严重。

(2) 当变形速度很快(即切削速度很高)时，塑性变形将不充分，冷作硬化层的深度和硬化程度都会减小。

(3) 当切削温度升高时，回复作用会增大，硬化程度会减小。如高速切削或刀具钝化后切削，都会使切削温度上升，硬化程度减小。

(4) 工件材料的塑性越大，冷作硬化程度也越严重。碳钢中含碳量越高，强度越高，其塑性越小，硬化程度减小。

金属磨削时，影响表面冷作硬化的因素主要有：

(1) 磨削用量的影响。① 加大磨削深度，磨削力也随之增大，磨削过程的塑性变形会加剧，表面的冷硬倾向增大。② 加大纵向进给速度，每颗磨粒的切屑厚度会随之增大，磨削力加大，冷作硬化程度也会增大。因此，加工表面的冷硬状况要综合考虑上述两种因素的作用。提高工件转速会缩短砂轮对工件热作用的时间，使软化倾向减弱，因而使表面层的冷硬程度增大。提高磨削速度，每颗磨粒的切削厚度变小，减弱了塑性变形程度，而磨削区的温度增高，弱化倾向会增大。所以，高速磨削时加工表面的冷硬程度总比普通磨削时低。

(2) 砂轮粒度的影响。砂轮的粒度越大，每颗磨粒的载荷越小，冷硬程度也越小。

2) 影响加工表层金属的金相组织变化的因素及改进措施

零件加工过程中，在工件的加工区及其邻近的区域，温度会急剧升高。当温度升高到超过工件材料相变的临界点时，就会发生相变。对于一般的切削加工方法，通常不会上升到如此高的温度。但在磨削加工时，不仅磨削比压特别大，且磨削速度也特别高，切除金属的功率消耗远大于其他加工方法。加工所消耗能量的绝大部分都要转化为热，这些热量中的大部分(约 80%)将传给被加工表面，使工件表面具有很高的温度。对于已淬火的钢件，很高的磨削温度往往会使表层金属的金相组织产生变化，使表层金属的硬度下降，使工件表面呈现氧化膜颜色，这种现象称为磨削烧伤。磨削加工是一种典型的容易产生加工表面金相组织变化的加工方法。磨削加工中的烧伤现象会严重影响零件的使用性能。

磨削淬火钢时，由于磨削条件不同，在工件表面层产生的磨削烧伤有三种形式：

(1) 淬火烧伤。磨削时，如果工件表面层温度超过相变临界温度，则马氏体转变为奥氏体。若此时有充分的冷却液，则工件最外层的金属会出现二次淬火马氏体组织，其硬度比原来的回火马氏体高，但很薄(只有几个微米厚)，其下层为硬度较低的回火索氏体和屈氏体。由于二次淬火层极薄，因此表面层总的硬度是降低的，这种现象被称为淬火烧伤。

(2) 回火烧伤。磨削时，如果工件表面层温度只是超过原来的回火温度，则表面层原来的回火马氏体组织将产生回火现象而转变为硬度较低的过回火组织，此现象称为回火烧伤。

(3) 退火烧伤。磨削时，如果工件表面层温度超过相变临界温度，则马氏体转变为奥氏体，如果此时无冷却液，表面层金属因空冷冷却比较缓慢而形成退火组织，硬度和强度均大幅度下降，这种现象称为退火烧伤。磨削烧伤时，表面会出现黄、褐、紫、青等烧伤色，这是工件表面在瞬时高温下产生的氧化膜颜色。不同烧伤色表示烧伤程度的不同。对于较深的烧伤层，虽然可在加工后期采用无进给磨削，能够除掉烧伤色，但烧伤层并未除掉，成为将来使用中的隐患。

磨削烧伤与温度有着十分密切的关系。一切影响温度的因素都在一定程度上对烧伤有影响。因此，研究磨削烧伤问题可以从研究切削时的温度入手，通常从以下三个方面考虑：

(1) 合理选用磨削用量。以平磨为例来分析磨削用量对烧伤的影响：磨削深度对磨削温度影响极大；加大横向进给量对减轻烧伤有利，但会导致工件表面粗糙度变大，这时可采用较宽的砂轮来弥补；加大工件的回转速度，会使磨削表面的温度升高，但其与磨削深度相比影响小得多。从要减轻烧伤而同时又要尽可能保持较高的生产率方面考虑，在选择磨削用量时，应选用较大的工件速度和较小的磨削深度。

(2) 正确选择砂轮。磨削导热性差的材料(如耐热钢、轴承钢及不锈钢等)时容易产生烧伤现象，应特别注意合理选择砂轮的硬度、结合剂和组织。硬度太高的砂轮，其磨粒钝化之后不易脱落，容易产生烧伤。因此，为避免产生烧伤，应选择较软的砂轮。选择具有一定弹性的结合剂(如橡胶结合剂、树脂结合剂)有助于避免烧伤现象的产生。

(3) 改善冷却条件。磨削时磨削液若能直接进入磨削区，对磨削区进行充分冷却，便能有效地防止烧伤现象的产生。如图 6-15 所示是一种较为有效的内冷却方法。其工作原理是：经过严格过滤的冷却液通过中空主轴法兰套引入砂轮中心腔 3 内，由于离心力的作用，这些冷却液就会通过砂轮内部的孔隙向砂轮四周的边缘甩出，因此冷却水就有可能直接注入磨削区。

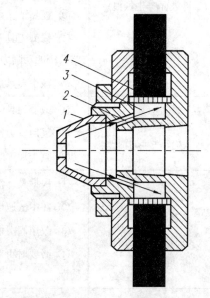

1—锥形盖；2—切削液通孔；
3—砂轮中心腔；4—有径向小孔的薄壁套
图 6-15 内冷却砂轮结构

3) 表层金属的残余应力

在机械加工过程中，当表层金属组织发生形状变化、体积变化或金相组织变化时，将在表面层的金属与其基体间产生相互平衡的残余应力。

表层金属产生残余应力的原因是：机械加工时在加工表面的金属层内有塑性变形产生，使表层金属的密度发生变化。由于塑性变形只在表面层中产生，而表面层金属的体积会膨胀，将不可避免地要受到与它相连的里层金属的阻碍，这样就在表面层内产生了压缩残余应力，而在里层金属中产生了拉伸残余应力。当刀具从被加工表面上切除金属时，表层金属的纤维被拉长，刀具后刀面与已加工表面的摩擦又加大了这种拉伸作用。刀具切离之后，拉伸弹性变形将逐渐恢复，而拉伸塑性变形则不能恢复。表面层金属的拉伸塑性变形，受到与它相连的里层未发生塑性变形金属的阻碍，因此就在表层金属产生压缩残余应力，而在里层金属中产生拉伸残余应力。

3. 降低表面粗糙度的方法

在模具零件的加工中，降低表面粗糙度的基本方法见表 6-3。

表 6-3　降低表面粗糙度的基本方法

影响表面粗糙度的因素	消　除　方　法
机床自身振动的影响 (工件表面产生振痕)	① 消除由外界周期性的干扰力引起的机床振动，如断续的切削力、电机、带轮、主轴及砂轮不平衡的惯性力引起的振动，使刀具与工件的距离发生周期性变化，使工件表面产生振痕； ② 采用隔离基础的方法，消除来自机床外的空压机、柴油机及其他从地面传入的干扰力； ③ 提高工艺系数的刚度，特别要提高工件、刀杆等刚度； ④ 修磨刀具及改变刀具的装夹方法，改变切削力的方向，减小作用于工艺系统的切削力； ⑤ 减小刀具后角，用油石修磨刀具，使其锋利
几何因素影响 (表面产生刀痕)	① 改变刀具的几何参数，增大刀尖圆弧半径和减小负偏角； ② 采用宽刃精铣刀、精车刀时，要减少振动； ③ 减少加工时的进给量
工艺因素影响 (表面产生积屑瘤)	① 根据具体情况，改用更低或较高的切削速度，并配有较小的进给量； ② 在中低速切削时，加大刀具前角或适当增大后角； ③ 改用润滑性能良好的切削液，如动、植物油； ④ 必要时可对工件材料进行正火、调质热处理以提高硬度、降低塑性及韧性
磨削影响 (表面出现拉毛、烧伤)	① 正确选用砂轮磨削用量和磨削液； ② 降低工件线速度和纵向进给速度； ③ 仔细修整砂轮，适当增加光磨次数； ④ 减小磨削深度； ⑤ 更换新磨削液使之清洁

—— 思 考 题 ——

1. 模具零件机械加工的表面质量包括哪些主要内容？它们对零件的使用性能有何影响？

2. 影响表面粗糙度的因素有哪些？

3. 什么是加工硬化和表面层残余应力，它们是如何形成的？对工件有什么影响？

4. 机械加工过程中为什么会造成零件表面层物理、力学性能的改变？这些常见的物理、力学性能改变包括哪些方面？它们对产品质量有何影响？

5. 表面粗糙度与加工公差等级有什么关系？试举例说明机器零件的表面粗糙度对其使用寿命及工作精度的影响。

6. 为什么机器上许多静止连接的接触表面往往要求较低的表面粗糙度，而有相对运动的表面又不能对表面粗糙度要求过低？

7. 为什么有色金属用磨削加工得不到低表面粗糙度？通常为获得低表面粗糙度的加工表面应采用哪些加工方法？若需要磨削有色金属，为提高表面质量应采取什么措施？

8. 磨削淬火钢时，加工表面层的硬度可能升高或降低，试分析其原因。

9. 为什么会产生磨削烧伤及裂纹？它们对零件的使用性能有何影响？减少磨削烧伤及裂纹的方法有哪些？

参 考 文 献

[1] 姚开彬. 工模具制造工艺学. 南京: 江苏科学技术出版社, 1989

[2] 陈良杰. 国内外模具设计与制造发展动态. 工模具设计与制造资料汇编, 1981

[3] 《金属机械加工工艺人员手册》修订组. 金属机械加工工艺人员手册. 第二版. 上海: 上海科学技术出版社, 1982

[4] 黄毅宏. 模具制造工艺学. 北京: 机械工业出版社, 1988

[5] (日)高木六弥. 模具制造技术. 北京: 北京模具协会, 1988

[6] (日)吉田弘美. 模具加工技术. 上海: 上海交通大学出版社, 1987

[7] (日)汽车产业振兴协会. 电动机定、转子连续模的设计与制造. 国际模具信息, 1987

[8] 北京市《金属切削理论与实践》编委会. 电火花加工. 北京: 北京出版社, 1980

[9] (日)井上. 放电加工原理. 北京: 原子能出版社, 1983

[10] 曹乃光. 金属塑性加工原理. 北京: 冶金工业出版社, 1983

[11] 《简便模具设计与制造》编写组. 简便模具设计与制造. 北京: 北京出版社, 1985

[12] 郑智受. 锌合金冲压模具. 北京: 中国农业出版社, 1983

[13] 何景素等. 金属的超塑性. 北京: 科学出版社, 1986

[14] 成都科技大学. 塑料成型模具. 北京: 轻工业出版社, 1982

[15] 《实用数控加工技术》编委会. 实用数控加工技术. 北京: 兵器工业出版社, 1995

[16] 黄毅宏, 李明辉. 模具制造工艺. 北京: 机械工业出版社, 1996

[17] 李天佑. 冲模图册. 北京: 机械工业出版社, 1988

[18] 金庆同. 特种加工. 北京: 航空工业出版社, 1988

[19] 许发越. 模具标准应用手册. 北京: 机械工业出版社, 1994

[20] 《模具制造手册》编写组. 模具制造手册. 北京: 机械工业出版社, 1996

[21] 孙凤勤. 模具制造工艺与设备. 北京: 机械工业出版社, 1999

[22] 李云程. 模具制造工艺学. 北京: 机械工业出版社, 1998

[23] 张铮. 模具制造技术. 北京: 电子工业出版社, 2002

[24] 李云程. 模具制造技术. 北京: 机械工业出版社, 2002

[25] 潘宝权. 模具制造工艺. 北京: 机械工业出版社, 2004

[26] 彭建声, 吴成明. 简明模具工实用技术手册. 北京: 机械工业出版社, 2004

[27] 李胜凯, 刘航. 机械制造技术. 北京: 北京邮电大学出版社, 2010.

[28] 刘航. 模具制造技术. 北京: 机械工业出版社, 2011.